Hans-Joachim Breidert · Michael Hoffmann

Formeln, Tabellen und Diagramme für die Kälteanlagentechnik

Hans-Joachim Breidert · Michael Hoffmann

Formeln, Tabellen und Diagramme für die Kälteanlagentechnik

7., aktualisierte und überarbeitete Auflage

VDE VERLAG GMBH

ICS 27.200; 91.140.30; 27.080

Bibliografische Information der Deutschen Nationalbibliothek
Die Deutsche Nationalbibliothek verzeichnet diese Publikation in der Deutschen Nationalbibliografie; detaillierte bibliografische Daten sind im Internet über http://dnb.dnb.de abrufbar.

ISBN 978-3-8007-5612-4 (Print)
ISBN 978-3-8007-5613-1 (E-Book)

Titelmotiv: TEKO Gesellschaft für Kältetechnik mbH, Altenstadt

Satz: Reemers Publishing Services GmbH, Krefeld
Druck: Plump Druck + Medien GmbH Rheinbreitbach
Printed in Germany

2023-06

Vorwort zur 7. Auflage

Das Autorenteam der vorgelegten Formelsammlung dankt Ihnen für Ihr Interesse! Wir haben das Werk überarbeitet und ergänzt. Besonderer Dank geht an die Herren Dipl.-Ing. Bösel und Dipl.-Ing. Meyers von der Bundesfachschule Kälte-Klima-Technik in Maintal. Herr Meyers hat die neuen Rohrdimensionierungsnomogramme entwickelt und Herr Bösel hat sie bereitgestellt.

Das Autorenteam wünscht Ihnen wie immer viel Erfolg bei Ihrer Arbeit.

Hans-Joachim Breidert, Dieblich

Michael Hoffmann, Harztor

Inhaltsverzeichnis

Teil I: Grundlagen

1 Formelzeichen, Einheiten und Umrechnungstabellen

1.1 Formelzeichen und Einheiten (DIN 1304-1 und DIN 1946-6)

Benennung	Formelzeichen	SI-Einheit
Länge	l	m
Breite	b	m
Höhe	h	m
Durchmesser	d	m
Fläche	A	m^2
Volumen	V	m^3
Zeit, Zeitspanne, Dauer	t	s
Zeitkonstante, Periodendauer, Schwingungsdauer	T	s
Frequenz, Periodenfrequenz	f	s^{-1}
Geschwindigkeit	v	m/s
Erdbeschleunigung (Gravitation)	g	$m \cdot s^{-2}$
Drehzahl	n	s^{-1}
allgemeine Zahl, Anzahl	n	–
Volumenstrom	$\dot{V}$	m^3/s
Masse	m	kg
Dichte	ρ	kg/m^3
spezifisches Volumen	v	m^3/kg
Massenstrom	$\dot{m}$	kg/s
Kraft (Stell-)	F	N
Gewicht (Gravitationskraft)	G	kg*
Drehmoment	M	Nm
Atmosphärendruck (umgebender)	p_{amb}	Pa, bar
Absolutdruck, Druck allgemein	p	Pa, bar
Überdruck (atmosphärische Druckdifferenz)	p_e	Pa, bar
Druckdifferenz	Δp	Pa, bar
Druckgefälle (durch Reibungswiderstand)	R	Pa/m

Benennung	Formelzeichen	SI-Einheit
Arbeit, Energie	W	J
Wärme, Wärmemenge	Q	J
Leistung	P	W
Wärmeleistung (Strom)	$\dot{Q}$	W
Wirkungsgrad	η	–
Temperatur (thermodynamisch)	T	K
Celsius-Temperatur	t	°C
Temperaturdifferenz (Temperaturabstand)	ΔT (Δt)	K
Wärmeleitfähigkeit	λ	W/m K
Wärmeübergangskoeffizient	α	$W/m^2/K$
Wärmedurchgangskoeffizient	k	$W/m^2/K$
Temperaturleitfähigkeit	a	m^2/s
spezifische Wärmekapazität	c	J/kg K
Entropie	S	J/K
spezifische Entropie	s	J/kg K
Enthalpie (Wärmeinhalt)	H	J
spezifische Enthalpie	h	J/kg
spezifische Verdampfungswärme	r	J/kg
Wassergehalt (Feuchte) absolut	x	g/kg
relative Feuchte	φ	% rH
absolute Feuchte	f	kg/m^3
Stromstärke	I	A
elektrische Spannung	U	V
elektrischer Widerstand	R	Ω

1.2 Griechisches Alphabet

A	α	alpha	N	ν	ny
B	β	beta	Ξ	ξ	xi
Γ	γ	gamma	O	o	omikron
Δ	δ	delta	Π	π	pi
E	ε	epsilon	P	ρ	rho
Z	ζ	zeta	Σ	σ	sigma
H	η	eta	T	τ	tau
Θ	ϑ	theta	Y	υ	ypsilon
I	ι	iota	Φ	φ	phi
K	κ	kappa	X	χ	chi
Λ	λ	lambda	Ψ	ψ	psi
M	μ	my	Ω	ω	omega

1.3 Vorsätze und Vorsatzzeichen zur Bezeichnung von dezimalen Vielfachen und Teilen von Einheiten

Vielfache und Teile	Zehner-potenz	Bezeichnung	Vorsatz	Vorsatz-zeichen
1 000 000 000 000 000 000 000 000	10^{24}	Quadrillion	Yotta	Y
1 000 000 000 000 000 000 000	10^{21}	Trilliarde	Zetta	Z
1 000 000 000 000 000 000	10^{18}	Trillion	Exa	E
1 000 000 000 000 000	10^{15}	Billiarde	Peta	P
1 000 000 000 000	10^{12}	Billion	Tera	T
1 000 000 000	10^{9}	Milliarde	Giga	G
1 000 000	10^{6}	Million	Mega	M
1 000	10^{3}	Tausend	Kilo	k
100	10^{2}	Hundert	Hekto	h
10	10^{1}	Zehn	Deka	da
0,1	10^{-1}	Zehntel	Dezi	d
0,01	10^{-2}	Hundertstel	Zenti	c
0,001	10^{-3}	Tausendstel	Milli	m
0,000 001	10^{-6}	Millionstel	Mikro	µ
0,000 000 001	10^{-9}	Milliardstel	Nano	n
0,000 000 000 001	10^{-12}	Billionstel	Piko	p
0,000 000 000 000 001	10^{-15}	Billiardstel	Femto	f
0,000 000 000 000 000 001	10^{-18}	Trillionstel	Atto	a
0,000 000 000 000 000 000 001	10^{-21}	Trilliardstel	Zepto	z
0,000 000 000 000 000 000 000 001	10^{-24}	Quadrillionstel	Yokto	y

Anmerkung:
In den USA, Frankreich, Spanien und Italien wird 10^{9} als Billion, 10^{12} als Trillion bezeichnet.

1.4 Umrechnungstabellen

Druck, Festigkeit

	Pa	bar	N/mm^2	kp/m^2	kp/cm^2 at	atm	Torr
1 Pa = (= 1 N/m^2)	1	10^{-5}	10^{-6}	0,102	$0{,}102 \cdot 10^{-4}$	$0{,}987 \cdot 10^{-5}$	0,0075
1 bar	100 000 = 10^5	1	0,1	10 200	1,02	0,987	750
1 N/mm^2 =	10^6	10	1	102 000	10,2	9,87	7 500
1 kp/m^2 =	9,81	$9{,}81 \cdot 10^{-5}$	$9{,}81 \cdot 10^{-6}$	1	10^{-4}	$0{,}968 \cdot 10^{-4}$	0,0736
1 kp/cm^2 = (= 1 at)	98 100	0,981	0,0981	10 000	1	0,968	736
1 atm = (= 760 Torr)	101 325	1,013	0,1013	10 330	1,033	1	760
1 Torr = $\left(= \frac{1}{760} \text{atm}\right)$	133	0,001 33	$1{,}33 \cdot 10^{-4}$	13,6	0,001 36	0,001 32	1

Energie, Arbeit, Wärmemenge

	J	kJ	kWh	kcal	PSh	kp m
1 J = (= 1 Nm = 1 Ws)	1	0,001	$2{,}78 \cdot 10^{-7}$	$2{,}39 \cdot 10^{-4}$	$3{,}77 \cdot 10^{-7}$	0,102
1 kJ =	1 000	1	$2{,}78 \cdot 10^{-4}$	0,239	$3{,}77 \cdot 10^{-4}$	102
1 kWh =	3 600 000	3 600	1	860	1,36	3 670 000
1 kcal =	4 200	4,2	0,001 16	1	0,001 58	427
1 PSh =	2 650 000	2 650	0,736	632	1	270 000
1 kpm =	9,81	0,009 81	$2{,}72 \cdot 10^{-6}$	0,002 34	$3{,}7 \cdot 10^{-6}$	1

Leistung, Energiestrom, Wärmestrom

	W	kW	kcal/s	kcal/h	kp m/s	PS
1 W = (= 1 Nm/s = 1 J/s)	1	0,001	$2{,}39 \cdot 10^{-4}$	0,860	0,102	0,001 36
1 kW =	1 000	1	0,239	860	102	1,36
1 kcal/s =	4 190	4,19	1	3 600	427	5,69
1 kcal/h =	1,16	0,001 16	$\frac{1}{3\,600}$	1	0,119	0,001 58
1 kp m/s =	9,81	0,009 81	0,002 34	8,43	1	0,013 3
1 PS =	736	0,736	0,176	632	75	1

1 kW = 3 412 BTU/h 1 ton of refrigeration = 3,5 kW

Temperatur

	°C (Celsius)	K (Kelvin)	°F (Fahrenheit)
°C (Celsius)	1	$K = X_c + 273{,}15$	$°F = \frac{x_c}{0{,}56} + 32$
K (Kelvin)	$°C = X_k - 273{,}15$	1	$°F = \frac{(x_k - 273{,}15)}{0{,}56} + 32$
°F (Fahrenheit)	$°C = 0{,}56\,(X_F - 32)$	$K = [0{,}56\,(X_F - 32) + 273{,}15]$	

Dichte

	kg/l	kg/m³	pound per cubic inch lb/in³
1 kg/l	1	1 000	0,036 13
1 kg/m³	0,001	1	$0{,}036\,13 \cdot 10^{-3}$
1 lb/in³	27,679 7	27 679,7	1
1 lb/ft³	0,016 02	16,02	$0{,}578\,7 \cdot 10^{-3}$
1 lb/yd³	$0{,}593\,27 \cdot 10^{-3}$	0,593 27	$0{,}214\,3 \cdot 10^{-4}$
1 lb/gal (Imp)	0,099 78	99,78	$0{,}360\,5 \cdot 10^{-2}$
1 lb/gal (U. S.)	0,119 8	119,8	$0{,}432\,9 \cdot 10^{-2}$

Entropie-Differenz, Spezifische Wärmekapazität

Δs	$\frac{\text{kJ}}{\text{kg K}}$	$\frac{\text{kJ}}{\text{kg °C}}$	$\frac{\text{Btu}}{\text{pound °F}}$
1 kJ/kg K	1	0,239	0,239
1 kcal/kg °C	4,19	1	1
1 Btu/lb °F	4,19	1	1

Wärmedurchgangskoeffizient, Wärmeübergangskoeffizient

k, α	$\frac{\text{J}}{\text{m}^2\,\text{s K}} = \frac{\text{W}}{\text{m}^2\,\text{K}}$	$\frac{\text{kJ}}{\text{m}^2\,\text{h K}}$	$\frac{\text{kcal}}{\text{m}^2\,\text{h °C}}$	$\frac{\text{Btu}}{\text{sq. ft. h °F}}$
$1\ \text{J/m}^2\ \text{s K} = \frac{\text{W}}{\text{m}^2\,\text{K}}$	1	3,60	0,860	0,1761
$1\ \text{kJ/m}^2\ \text{h K}$	0,278	1	0,239	0,0489
$1\ \text{kcal/m}^2\ \text{h °C}$	1,163	4,1868	1	0,2050
$1\ \text{Btu/ft}^2\ \text{h °F}$	5,680	20,40	4,880	1

$$\frac{\text{cal}}{\text{cm}^2\,\text{s °C}} = 41{,}868\,\frac{\text{J}}{\text{m}^2\,\text{s K}} = 150{,}700\,\frac{\text{kJ}}{\text{m}^2\,\text{h K}} = 36\,000\,\frac{\text{kcal}}{\text{m}^2\,\text{h °C}} = 7\,380\,\frac{\text{Btu}}{\text{sq. ft. h °F}}$$

Wärmeleitkoeffizient

λ	$\frac{\text{J}}{\text{m s K}} = \frac{\text{W}}{\text{m h K}}$	$\frac{\text{kJ}}{\text{m h K}}$	$\frac{\text{kcal}}{\text{m h °C}}$	$\frac{\text{Btu}}{\text{ft. h °F}}$	$\frac{\text{Btu in}}{\text{sq. ft. h °F}}$
$1\ \text{J/m s K} = \frac{\text{W}}{\text{m K}}$	1	3,60	0,860	0,578	6,94
1 kJ/m h K	0,278	1	0,239	0,1605	1,926
1 kcal/m h °C	1,163	4,19	1	0,6719	8,064
1 Btu/ft. h °F	1,730	6,23	1,488	1	12
$1\ \text{Btu in/ft}^2\ \text{h °F}$	0,144	0,519	0,124	0,0833	1

$$1\,\frac{\text{cal}}{\text{cm s °C}} = 41\,868\,\frac{\text{J}}{\text{m s K}} = 1{,}507\,\frac{\text{kJ}}{\text{m h K}} = 360\,\frac{\text{kcal}}{\text{m h °C}} = 242\,\frac{\text{Btu}}{\text{ft. h °F}} = 2\,900\,\frac{\text{Btu in}}{\text{sq. ft. h °F}}$$

Enthalpie-Differenz, Latente Wärme

Δh	$\frac{\text{kJ}}{\text{kg}}$	$\frac{\text{kcal}}{\text{kg}}$	$\frac{\text{Btu}}{\text{pound}}$
1 kJ/kg	1	0,239	0,43
1 kcal/kg	4,19	1	1,80
1 Btu/lb	2,33	0,556	1

$1\frac{\text{cal}}{\text{g}}=\frac{\text{kcal}}{\text{kg}}$

Strahlungskoeffizient, Strahlungsfaktor, Strahlungskonstante

	$\frac{\text{J}}{\text{m}^2\,\text{s}\,(\text{K})^4}=\frac{\text{W}}{\text{m}^2\,\text{h}\,(\text{K})^4}$	$\frac{\text{kJ}}{\text{m}^2\,\text{h}\,(\text{K})^4}$	$\frac{\text{kcal}}{\text{m}^2\,\text{h}\,(\text{K})^4}$	$\frac{\text{Btu}}{\text{sq. ft. h}\,(°\text{R})}$
$1\ \text{J/m}^2\,\text{s}\,(\text{K})^4=\frac{\text{W}}{\text{m}^2\,(\text{K})^4}$	1	3,60	0,860	0,0302
$1\ \text{kJ/m}^2\,\text{h}\,(\text{K})^4$	0,278	1	0,239	0,0084
$1\ \text{kcal/m}^2\,\text{h}\,(\text{K})^4$	1,163	4,1868	1	0,0351
$1\ \text{Btu/ft}^2\,\text{h}\,(°\text{R})^4$	33,1	119,2	28,5	1

Wärmeübertragung

Wärmemenge je Flächeneinheit	$\frac{\text{kcal}}{\text{m}^2}$	$\frac{\text{Btu}}{\text{sq. in}}$	$\frac{\text{Btu}}{\text{sq. ft.}}$
$1\ \text{kcal/m}^2$	1	$2{,}560\cdot10^{-3}$	0,36
1 Btu/sq. in	390,6	1	144
1 Btu/sq. ft	2,71	$6{,}944\cdot10^{-3}$	1

Geschwindigkeit

	$\frac{\text{m}}{\text{s}}$	$\frac{\text{ft}}{\text{s}}$	$\frac{\text{ft}}{\text{min}}$	$\frac{\text{km}}{\text{h}}$
1 m/s	1	3,28	196,8	3,60
1 ft/s	0,305	1	60	1,097
1 ft/min	0,00508	0,0167	1	0,0183
1 km/h	0,278	0,911	54,7	1

Teil II: Kältetechnik

2 Begriffe, Definitionen, Postulate, Hauptsätze

2.1 System

Der Bereich einer Anlage oder Maschine, die thermodynamisch untersucht werden soll, wird als System bezeichnet. Ein System ist demnach ein Raum oder eine Stoffmenge, die durch eine vorhandene oder gedachte Systemgrenze von der Umgebung abgegrenzt wird.

Geschlossenes System

Über die Systemgrenze eines geschlossenen Systems gibt es keinen Stofftransport.
Ein Energietransport über die Systemgrenze ist dagegen möglich.

Offenes System

Über die Systemgrenze können Stoff- und Energieströme fließen.

Abgeschlossenes System

Die Systemgrenze wird weder von Stoff- noch von Energieströmen überschritten.

Adiabates System

Als adiabat wird ein System bezeichnet, welches gegenüber seiner Umgebung wärmeisoliert ist.

2.2 Zustandsgrößen, Zustandsänderungen

Die physikalischen Eigenschaften eines Körpers (wie z. B. Druck p in $\frac{\mathrm{N}}{\mathrm{m}^2}$; spezifisches Volumen v in $\frac{\mathrm{m}^3}{\mathrm{kg}}$; Masse m in kg; Temperatur t in °C), die man unmittelbar oder mittelbar messen kann, werden als Zustandsgrößen bezeichnet.
Ändert sich der Wärmezustand eines Körpers, so ist dies gekennzeichnet durch eine Änderung der Zustandsgrößen.

2.3 Prozess, Prozessgrößen

Als Prozess wird der Vorgang des Einwirkens auf ein System bezeichnet.

Der Prozess wird im Allgemeinen eine Zustandsänderung bewirken.

Wärme und Arbeit sind Prozessgrößen und keine Zustandsgrößen.

Prozessgrößen wirken über die Prozessdauer und damit während der Zustandsänderung auf das System ein.

2.4 Erster Hauptsatz der Thermodynamik (Energieerhaltungssatz)

In einem abgeschlossenen System kann der Gesamtbetrag der Energie weder vergrößert noch verkleinert werden.

Es können lediglich die verschiedenen Energiearten ineinander umgewandelt werden.

! Arbeit und Wärme sind äquivalent.

2.5 Arbeit

Arbeit ist gleich Kraft mal Weg. Wird an einem Körper Arbeit geleistet, dann erhöht sich seine Energie.

Arbeit ist eine Form der Energieübertragung.

$$W = F \cdot s \quad \text{in Nm}$$

mit: F in N oder $\frac{\text{kg m}}{\text{s}^2}$

s in m

2.6 Thermische Energie

Die Atome und Moleküle aller Stoffe weisen eine ständige, ungeordnete thermische Bewegung auf.

Die Gesamtheit der potenziellen und kinetischen Energien aller Moleküle einer Stoffmenge bezeichnet man als thermische Energie.

Das Maß für die thermische Bewegung der Atome und Moleküle eines Körpers ist die Temperatur.

Innere Energie

Als innere Energie U des Systems bezeichnet man die in den Stoffmengen des Systems gespeicherte thermische Energie. Wird ein adiabates System von einem Zustand auf einen zweiten, vom ersten verschiedenen Zustand gebracht, so ändert sich die innere Energie.

Führt man die gleiche Zustandsänderung an einem nicht adiabaten System durch, so wird die Änderung der inneren Energie nicht mehr gleich der am System verrichteten Arbeit sein.

Wärme

Ein geschlossenes System habe gegenüber seiner Umgebung eine andere Temperatur.

Ist das System nicht adiabat, wird sich über die Systemgrenze hinweg ein Temperaturgefälle ausbilden. Dieses Temperaturgefälle bewirkt einen Transport von thermischer Energie über die Systemgrenze hinweg, die als Wärme Q bezeichnet wird. Wärme ist eine Prozessgröße.

Die auf die Zeit bezogene Wärme stellt den **Wärmestrom** dar.

$$\dot{Q} = \frac{Q}{\tau} \quad \text{in} \ \frac{\mathrm{J}}{\mathrm{s}}$$

mit: Q = Wärmemenge in J

τ = Zeit in s

Erstes Gleichgewichtspostulat

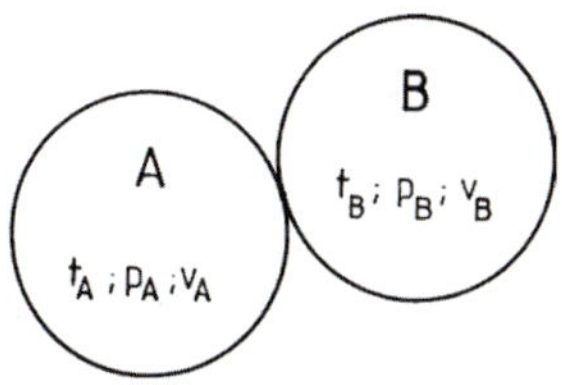

Werden zwei Körper A und B mit verschiedenen Wärmezuständen in Berührung gebracht, so ändern sich die Zustände durch Wechselwirkung so lange, bis ein Wärmegleichgewicht eintritt.

Zweites Gleichgewichtspostulat

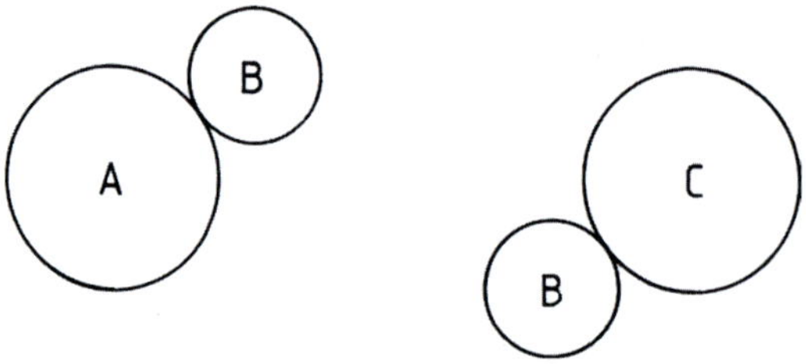

Ist ein Körper B im Wärmegleichgewicht mit einem Körper a und außerdem im Gleichgewicht mit einem Körper C, so sind auch die Körper A und C miteinander im Wärmegleichgewicht, d. h., sie haben gleiche Temperaturen.

Aus den beiden Gleichgewichtspostulaten ist ersichtlich, dass Wärme eine austauschbare Energieform ist.

Der Energiestrom tritt immer in Richtung des Energiegefälles auf, d. h., es findet ein Wärmestrom vom wärmeren zum kälteren Körper statt.

2.7 Zweiter Hauptsatz der Thermodynamik

Während der erste Hauptsatz der Thermodynamik besagt, dass Wärme und Arbeit äquivalent sind, so ergibt sich aus den Gleichgewichtspostulaten nach Clausius die Formulierung:

> **!** Wärme kann nie von selbst von einem Körper niederer Temperatur auf einen Körper höherer Temperatur übergehen.

3 Wärmeübertragung

3.1 Wärmeübergang

Unter dem Begriff Wärmeübergang versteht man die Übertragung von Wärme zwischen zwei benachbarten Medien ungleichen Aggregatzustands.

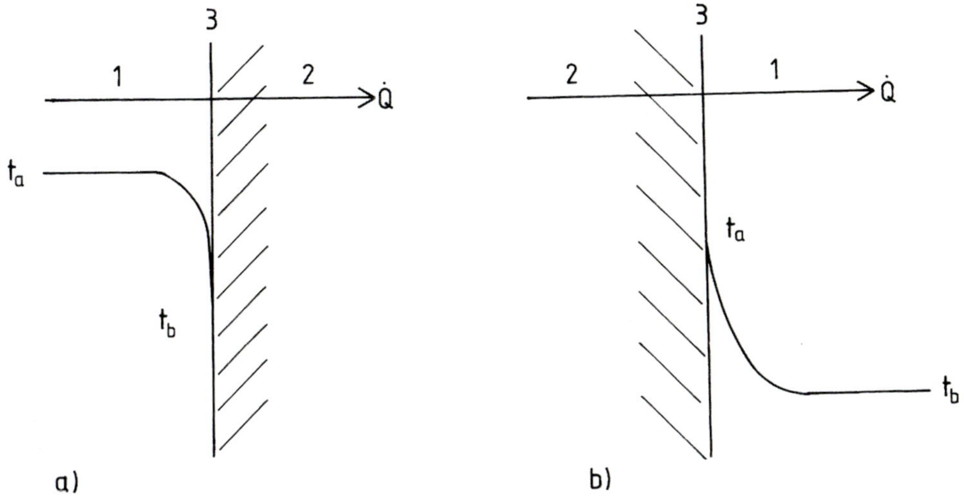

a) Wärmeübergang von einer Flüssigkeit oder einem Gas an eine kältere Wand
b) Wärmeübergang von einer wärmeren Wand an eine Flüssigkeit oder ein Gas

1: Medium mit geringerer Dichte
2: Medium mit höherer Dichte
3: begrenzende Oberfläche von Medium 2

Wenn $t_a > t_b$, ergibt sich der **übertragene Wärmestrom** zu:

$$\dot{Q} = \alpha \cdot A \cdot (t_a - t_b) \quad \text{in W}$$

mit: Wärmeübergangskoeffizient α in $\frac{\text{W}}{\text{m}^2\,\text{K}}$

Wärmeübertragungsfläche A in m^2

Temperaturdifferenz $t_a - t_b$ in K

Der Wärmeübergangskoeffizient α ist der Wärmestrom in Watt von einem Stoff auf eine Fläche von 1 m^2, oder in umgekehrter Richtung, wenn die Temperaturdifferenz zwischen der Fläche und dem Stoff 1 Kelvin beträgt.
Der Kehrwert $\frac{1}{\alpha}$ wird als Wärmeübergangswiderstand mit der Einheit $\frac{\text{m}^2\,\text{K}}{\text{W}}$ bezeichnet.

3.2 Wärmeleitung

Unter dem Begriff Wärmeleitung versteht man das Fließen des Wärmestroms innerhalb eines festen, flüssigen oder gasförmigen Körpers.

Der Wärmestrom hängt ab von:

1. der Temperaturdifferenz ΔT in K
2. der Schichtdicke der Wand δ in m
3. der Übertragungsfläche A in m^2
4. der Art des Stoffs, d. h. von seiner Wärmeleitfähigkeit

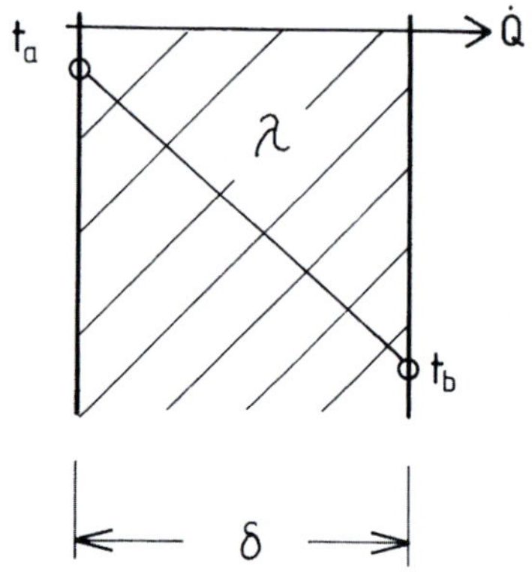

Wenn $t_a > t_b$, ergibt sich der **Wärmestrom** zu:

$$\dot{Q} = \frac{\lambda}{\delta} \cdot A \cdot (t_a - t_b) \quad \text{in W}$$

mit: Wärmeleitkoeffizient λ in $\frac{\text{W}}{\text{m K}}$
Schichtdicke δ in m
Wärmeübertragungsfläche A in m^2
Temperaturdifferenz $t_a - t_b$ in K

Die Wärmeleitfähigkeit λ ist der Wärmestrom in Watt, der in einer Sekunde durch einen Quadratmeter einer Wand mit einer Schichtdicke von einem Meter hindurchgeleitet wird, wenn die Temperaturdifferenz zwischen den beiden Oberflächen 1 Kelvin beträgt.

3.3 Wärmedurchgang

Unter dem Begriff Wärmedurchgang versteht man das Fließen eines Wärmestroms von einem flüssigen oder gasförmigen Medium durch eine ein- oder mehrschichtige Wand aus festem Material auf ein zweites flüssiges oder gasförmiges Medium. Der Wärmedurchgang setzt sich folgendermaßen zusammen:

Wärmeübergang + Wärmeleitung + Wärmeübergang

Wärmedurchgang durch eine einschichtige Wand:

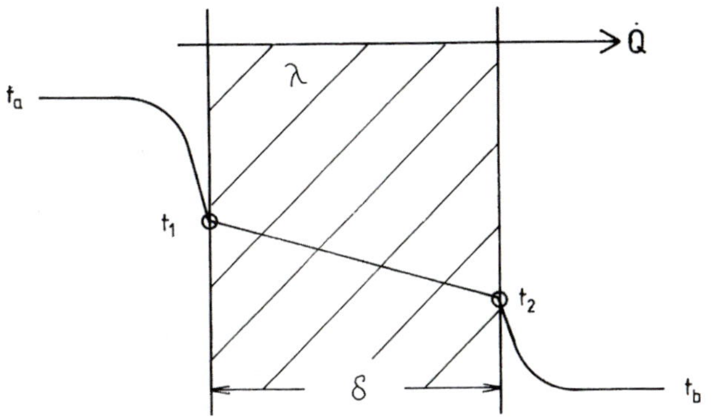

Wenn $t_a > t_b$, ergibt sich der **Wärmestrom** zu:

$$\dot{Q} = k \cdot A \cdot (t_a - t_b) \quad \text{in W}$$

mit: Wärmedurchgangskoeffizient k in $\frac{\text{W}}{\text{m}^2\ \text{K}}$

Wärmeübertragungsfläche A in m^2

Temperaturdifferenz $t_a - t_b$ in K

Wie oben erwähnt, setzt sich der Wärmedurchgang aus den Teilvorgängen „Wärmeübergang + Wärmeleitung + Wärmeübergang“ zusammen.

Der **Wärmedurchgangskoeffizient** ergibt sich zu:

$$k = \frac{1}{\frac{1}{\alpha_a} + \sum_{i=1}^{n} \frac{\delta_n}{\lambda_n} + \frac{1}{\alpha_i}} \quad \text{in } \frac{\text{W}}{\text{m}^2\ \text{K}}$$

mit: Wärmeübergangswiderstand $\frac{1}{\alpha_a}$ in $\frac{\text{m}^2\ \text{K}}{\text{W}}$

Wärmeleitwiderstand $\frac{\delta}{\lambda}$ in $\frac{\text{m}^2\ \text{K}}{\text{W}}$

Wärmeübergangswiderstand $\frac{1}{\alpha_i}$ in $\frac{\text{m}^2\ \text{K}}{\text{W}}$

3.4 Temperaturen an den Grenzflächen beim Wärmedurchgang durch eine mehrschichtige Wand

Wärmedurchgang durch eine mehrschichtige Wand (Dampfsperre zeichnerisch vernachlässigt):

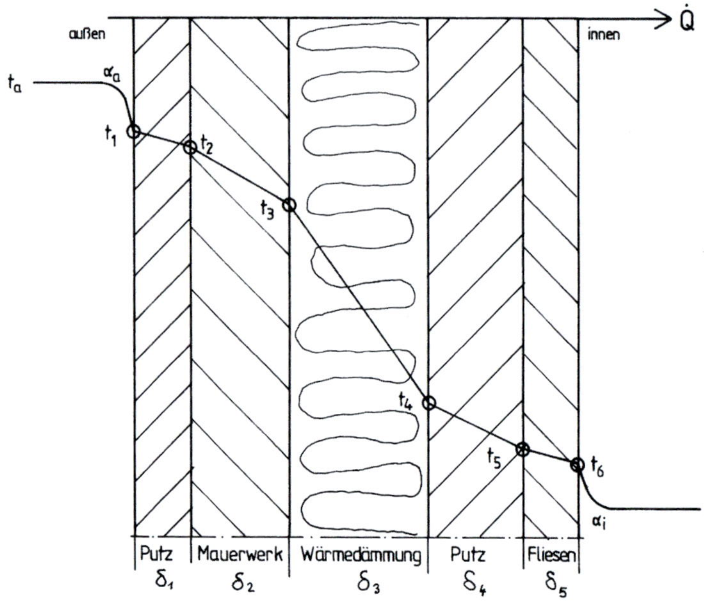

Berechnungsformeln für eine Wand mit 5 Schichten:

$$t_1 = t_a - k \cdot \Delta T_{ges.} \cdot \frac{1}{\alpha_a} \quad \text{in K}$$

$$t_2 = t_1 - k \cdot \Delta T_{ges.} \cdot \frac{\delta_1}{\lambda_1} \quad \text{in K}$$

$$t_3 = t_2 - k \cdot \Delta T_{ges.} \cdot \frac{\delta_2}{\lambda_2} \quad \text{in K}$$

$$t_4 = t_3 - k \cdot \Delta T_{ges.} \cdot \frac{\delta_3}{\lambda_3} \quad \text{in K}$$

$$t_5 = t_4 - k \cdot \Delta T_{ges.} \cdot \frac{\delta_4}{\lambda_4} \quad \text{in K}$$

$$t_6 = t_5 - k \cdot \Delta T_{ges.} \cdot \frac{\delta_5}{\lambda_5} \quad \text{in K}$$

$$t_i = t_6 - k \cdot \Delta T_{ges.} \cdot \frac{1}{\alpha_i} \quad \text{in K}$$

4 Wärmeübertrager

Wird eine Stoffmasse einmalig um eine bestimmte Temperaturdifferenz abgekühlt, und erfolgt diese Abkühlung bei nahezu konstantem Druck, so ergibt sich der erforderliche **Wärmeentzug** zu:

$$Q = m \cdot c \cdot (t_a - t_b) \quad \text{in kJ}$$

mit: Stoffmasse m in kg
spezifische Wärmekapazität der Stoffmasse c in $\frac{\text{kJ}}{\text{kg K}}$
Temperaturdifferenz $t_a - t_b$ in K

$$m = V \cdot \rho \quad \text{in kg}$$

mit: Volumen in m^3
Dichte in $\frac{\text{kg}}{\text{m}^3}$

Unter dem Begriff **spezifische Wärmekapazität** c in $\frac{\text{kJ}}{\text{kg K}}$ versteht man diejenige Wärmemenge, die benötigt wird, um bei 1 kg einer Stoffmasse (fest oder flüssig) die Temperatur um 1 Kelvin zu ändern.

Die spezifische Wärmekapazität ist druck- und temperaturabhängig. Bei festen Stoffen kann die Druckabhängigkeit vernachlässigt werden.

Wird eine Stoffmasse, z. B. eine Flüssigkeit, dauernd in einem Durchflusskühler abgekühlt, so ergibt sich der erforderliche **Wärmestrom** zu:

$$\dot{Q} = \dot{m} \cdot c \cdot \Delta T \quad \text{in} \frac{\text{kJ}}{\text{s}}$$

mit: Massenstrom in $\frac{\text{kg}}{\text{s}}$
spezifische Wärmekapazität c in $\frac{\text{kJ}}{\text{kg K}}$
Temperaturdifferenz ΔT in K

Bei der Durchflusskühlung findet die Wärmeübertragung zwischen zwei durch eine Trennwand voneinander getrennten, strömenden Medien statt.

Die hierbei verwendeten Apparate werden aufgrund der Stoffstromführung folgendermaßen eingeteilt:

Gleichstromwärmeübertrager

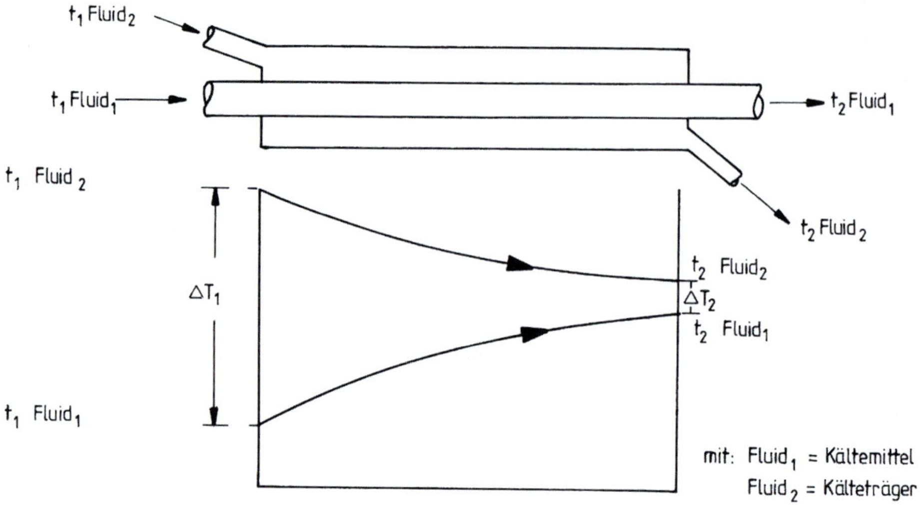

Gegenstromwärmeübertrager

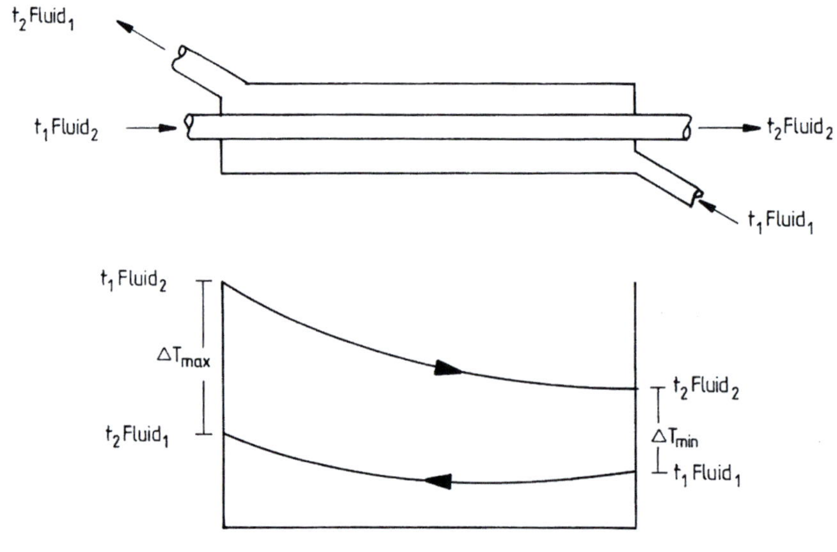

Der Verlauf der Temperatur der beiden Stoffströme ist, wie aus den beiden Schemata hervorgeht, nicht geradlinig. Aus diesem Grund kann als mittlere Temperaturdifferenz nicht das arithmetische Mittel eingesetzt werden.

Es wird mit der mittleren **logarithmischen Temperaturdifferenz ΔT_m** gerechnet.

Sie ergibt sich zu:

$$\Delta T_m = \frac{\Delta T_1 - \Delta T_2}{\ln \frac{\Delta T_1}{\Delta T_2}}$$

mit: ΔT_1 = größte Temperaturdifferenz

ΔT_2 = kleinste Temperaturdifferenz

Kreuzstromwärmeübertrager

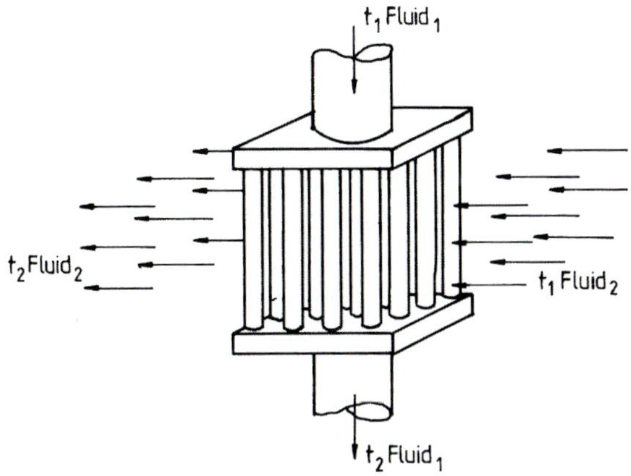

Für den Kreuzstrom liegt die **mittlere Temperaturdifferenz** angenähert bei:

$$\Delta T_m = \sqrt{\Delta T_1 \cdot \Delta T_2}$$

5 Der Arbeitsprozess zur Kälteerzeugung im T,s-Diagramm und im log p,h-Diagramm

Kälteanlagen sind Anlagen, die unter Verwendung von Kältemitteln einem Stoff oder einem Raum Wärme entziehen und kühlen.

Kälteanlagen arbeiten mit Kältemitteln, die in einem geschlossenen Kreislauf bewegt werden. Das Kältemittel ändert bei der Zirkulation durch die Kälteanlage seinen Aggregatzustand, wobei es einerseits seiner Umgebung Wärme entzieht und verdampft und andererseits durch Abgabe der Wärme wieder verflüssigt wird.

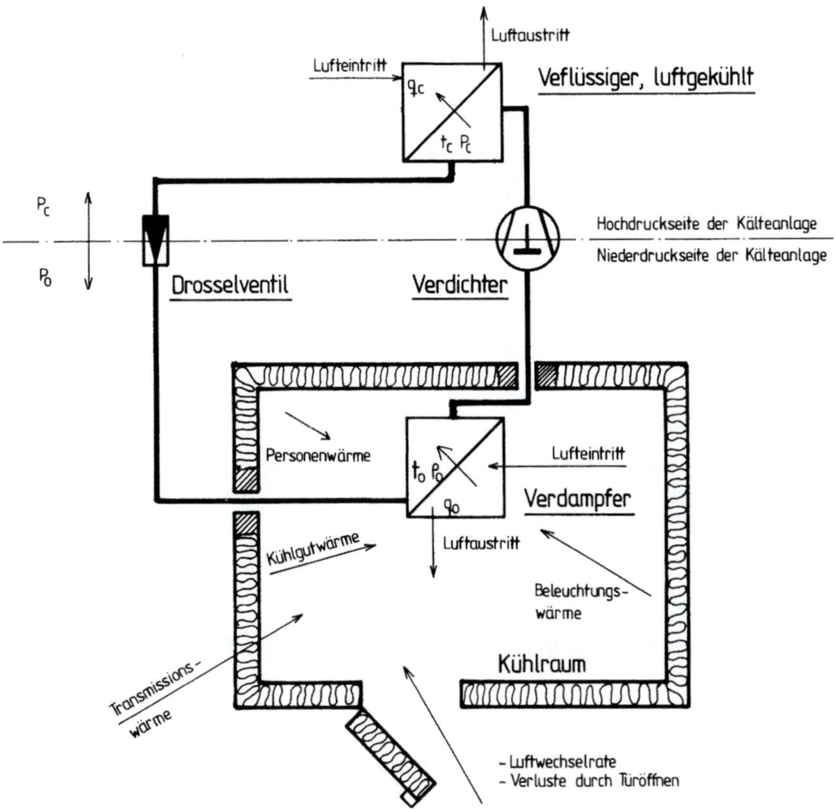

5.1 Der Carnot'sche Kreisprozess als idealer Vergleichsprozess im T,s-Diagramm

Bezogen auf ein kg umlaufendes Kältemittel ergibt sich:

die aufgenommene Wärmemenge:	$q_0 = T_0 \cdot (s_2 - s_1)$; Fläche 1 – 4 – 6 – 7 – 1
die abgeführte Wärmemenge:	$q_c = T_c \cdot (s_2 - s_1)$; Fläche 2 – 3 – 6 – 7 – 2
die erforderliche Arbeit:	$w_{ca} = q_c - q_0 = (T_c - T_0) \cdot (s_2 - s_1)$; Fläche 1 – 2 – 3 – 4 – 1
Expansionsarbeit:	Fläche 3 – 5 – 4 – 3

Die **Leistungsziffer** ε_{ca} resultiert nun aus dem Verhältnis von Nutzen und Aufwand mit:

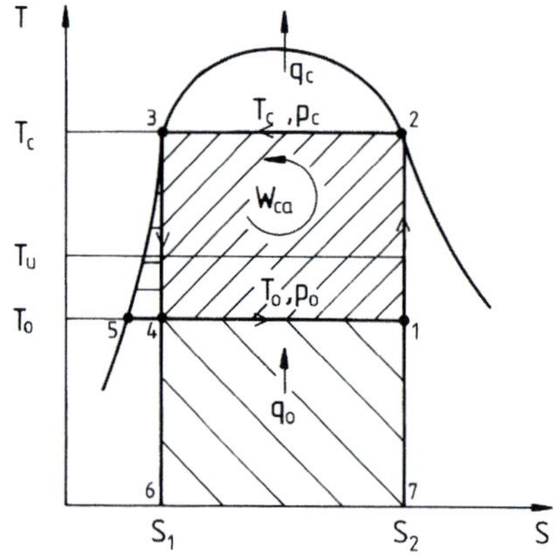

$$\varepsilon_{ca} = \frac{q_0}{w_{ca}} = \frac{T_0 \cdot (s_2 - s_1)}{(T_c - T_0) \cdot (s_2 - s_1)} = \frac{T_0}{T_c - T_0}$$

5.2 Der theoretische Vergleichsprozess im T,s-Diagramm

Der Carnot-Prozess als idealer Kreisprozess zwischen zwei Isothermen und zwei Adiabaten liefert mit ε_{ca} zwar die größte theoretische Leistungsziffer, sie ist aber nicht realisierbar, weil weder die Kompression noch die Expansion isentrop verlaufen.

Zur Veranschaulichung der realen, tatsächlichen Gegebenheiten wird die Darstellung des Kreisprozesses erweitert.

Die Drosselung vom Verflüssigungsdruck p_c auf den Verdampfungsdruck p_0 erfolgt durch das Expansionsventil, wobei die Isentrope durch eine Isenthalpe ersetzt wird, weil der Drosselvorgang bei h = const. verläuft (Punkt 3 $\rightarrow$ 4).

Die Verdichtung von Nassdampf ist unerwünscht, sodass der Verdichtungsbeginn auf die rechte Grenzkurve gelegt wird (von b nach 1).

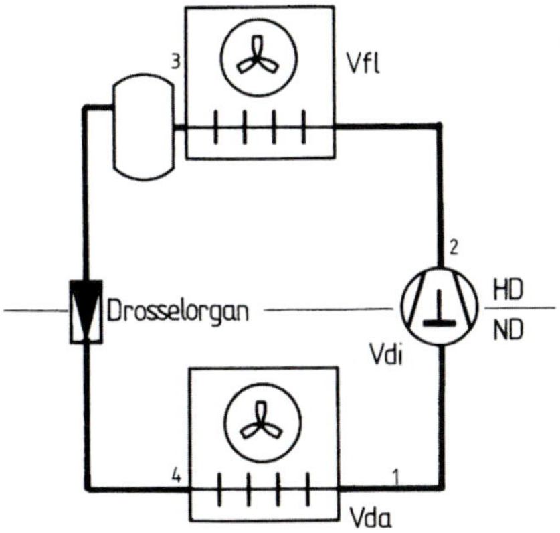

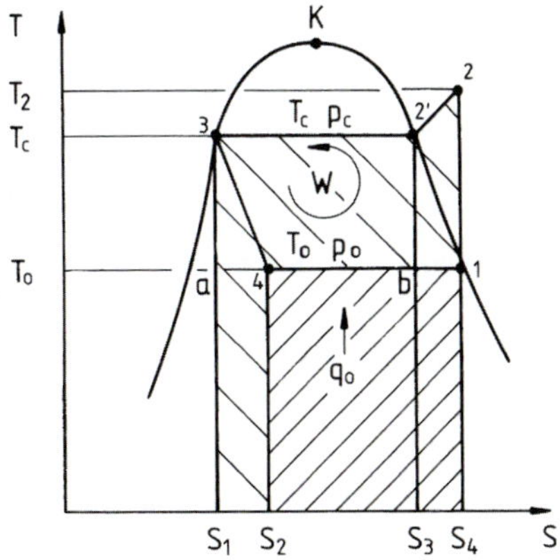

Bezogen auf 1 kg umlaufendes Kältemittel ergibt sich Folgendes:

die aufgenommene Wärmemenge:	Fläche $1 - 4 - s_2 - s_4 - 1$
die abgeführte Wärmemenge:	Fläche $2 - 3 - s_1 - s_4 - 2$
die erforderliche Arbeit:	Fläche $2 - 3 - s_1 - s_2 - 4 - 1 - 2$

5.3 Der praktische Vergleichsprozess im T,s-Diagramm

Das nachfolgend gezeigte RI-Fließbild zeigt den Kältekreislauf mit eingebautem Sauggaswärmeübertrager. Im Gegenstrom geführt, wird das verflüssigte Kältemittel unterkühlt und das Sauggas um den gleichen Enthalpiebetrag überhitzt.

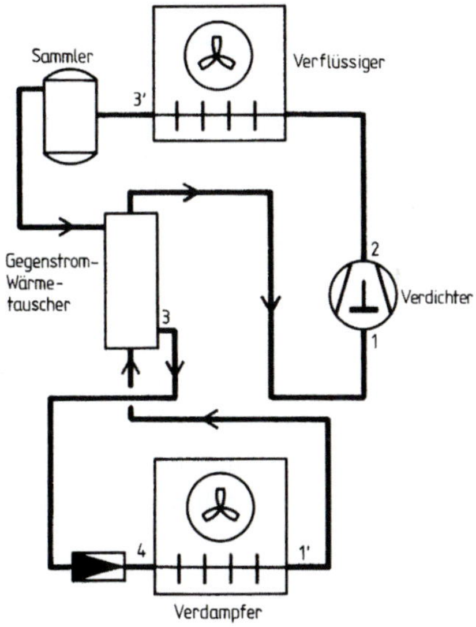

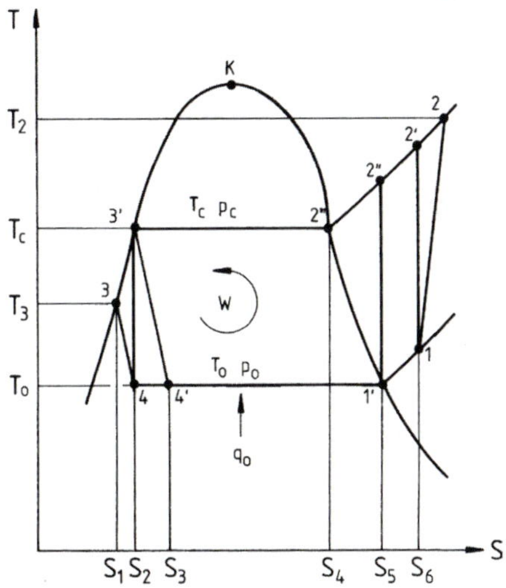

Bezogen auf 1 kg umlaufendes Kältemittel ergibt sich:

die aufgenommene Wärmemenge:	Fläche 1 – 4 – s_2 – s_6 – 1
die abgeführte Wärmemenge:	Fläche 2 – 3 – s_1 – s_6 – 2
die erforderliche Arbeit:	Fläche 2 – 3 – s_1 – s_2 – 4 – 1 – 2

Leistungsziffern:	**Kreisprozesse:**
$\varepsilon_{ca} = \frac{T_0}{T_c - T_0} = \varepsilon_{max}$	ideal, verlustfrei; nicht kältemittelabhängig; nur von T_0 und T_c bestimmt
$\varepsilon_{is} = \frac{q_0}{w_{is}}$	verlustbehaftet durch Drosselung; isentrope Verdichtung von trockengesättigtem Dampf
$\varepsilon_i = \frac{q_0}{w_i}$	verlustbehaftet durch Drosselung; polytrope Verdichtung von überhitztem Dampf; Kältemittelunterkühlung

5.4 Darstellung des theoretischen und des praktischen Vergleichsprozesses im log p,h-Diagramm

Das Temperatur-Entropiediagramm veranschaulicht den Kälte-Kreisprozess insofern deutlich, als die zu- bzw. abgeführten Wärmemengen als Flächen im Diagramm erscheinen.

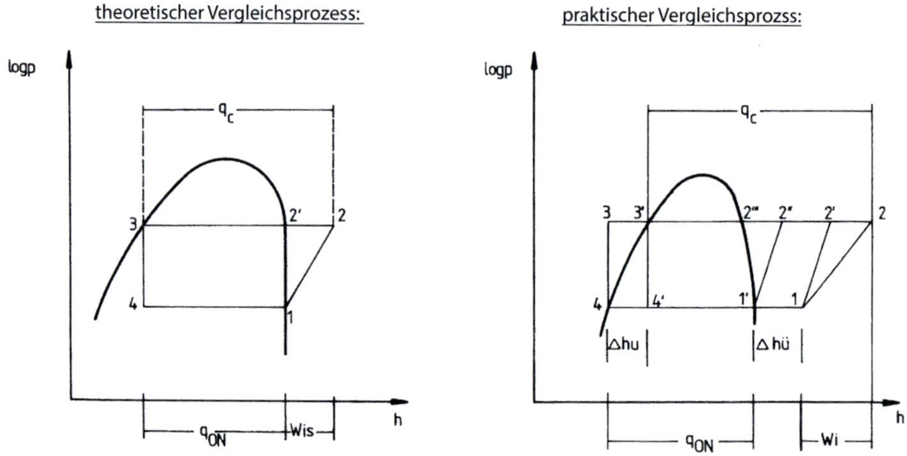

In der kältetechnischen Praxis wird aber häufig dem log p,h-Diagramm der Vorzug gegeben, weil die Werte der spezifischen Enthalpie z. B. zur Berechnung des spezifischen Nutzkältegewinns $q_{0N} = h_1' - h_4$ unmittelbar abgelesen werden können. Zu- bzw. abgeführte Wärmemengen erscheinen im log p,h-Diagramm als Strecken.

6 Formeln aus der Kältetechnik

6.1 p,V-Diagramm des praktischen einstufigen Verdichters

Die Berechnung der Kaltdampfkompressionskältemaschine erfolgt auf der Grundlage des p,V-Diagramms für den Arbeitsprozess des Verdichters.

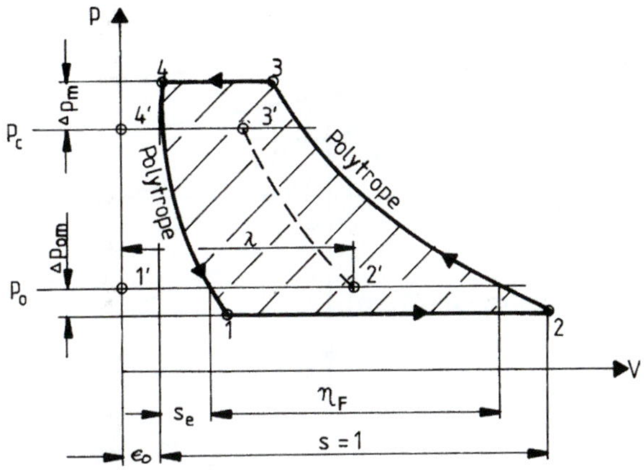

p,V-Diagramm eines praktischen einstufigen Verdichters

p_c Verflüssigungsdruck
p_0 Verdampfungsdruck
Δp_m mittlerer Strömungswiderstand im Druckventil
Δp_{0m} mittlerer Strömungswiderstand im Saugventil
ε_0 schädlicher Raum
s_e rückexpandiertes Volumen
λ wirklich gefördertes Volumen, Liefergrad
s Hubvolumen gleich 1 gesetzt
η_F angesaugtes Volumen, Füllungsgrad, auch η_{vol} (volumetrischer Wirkungsgrad)

1 – 2 Ansaugen
2 – 3 Verdichten
3 – 4 Ausschieben
4 – 1 Entspannen (Rückexpansion)
1′ – 2′ – 3′ – 4′ Diagramm des verlustlosen Verdichters

Die o. a. Abbildung zeigt den verlustlos arbeitenden, idealen Verdichter (λ = 1,0) im Vergleich zum verlustbehaftet arbeitenden praktischen Verdichter im p,V-Diagramm.

Abweichungen zum idealen Kreisprozess:

- Vergrößerung der Fläche durch Strömungswiderstände in den Arbeitsventilen
- konstruktiv bedingter schädlicher Raum ε_0 (moderner Verdichter ε_0 = 2 %)
- Verminderung des Füllungsgrads η_F durch Rückexpansion s_e aus dem schädlichen Raum (Füllungsgrad $\eta_F \mathrel{\hat{=}}$ volumetrischem Wirkungsgrad η_{vol})

Werden beide Flächen, nämlich 1′ – 2′ – 3′ – 4′ – 1′ und 1 – 2 – 3 – 4 – 1, ins Verhältnis zueinander gesetzt, so ergibt sich der sog. indizierte Wirkungsgrad η_i. Das DKV-Arbeitsblatt 3-01 (Abbildung siehe folgende Seite) zeigt anhand eines Beispiels die Verknüpfung von λ und η_i auf.

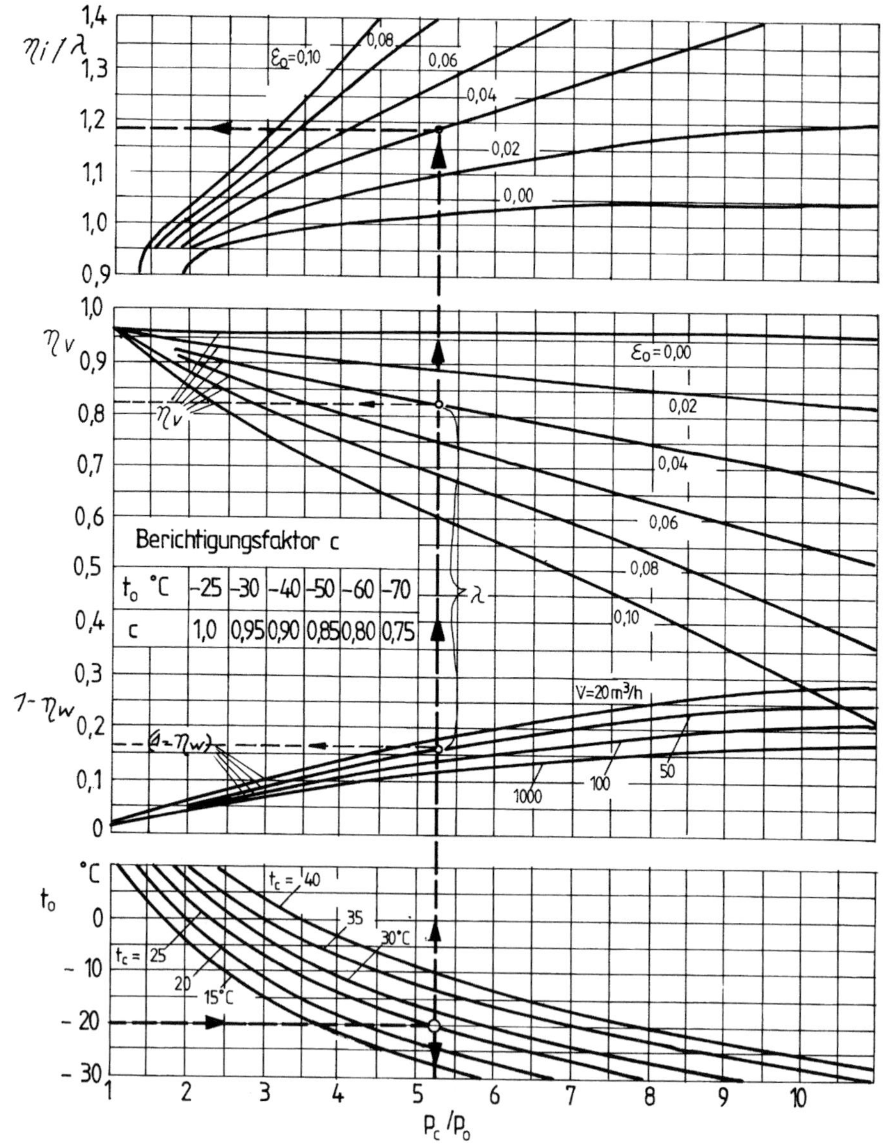

Beispiel:

Verdampfungstemperatur $t_0 = -20$ °C;
Verflüssigungstemperatur $t_c = +25$ °C;
Schädlicher Raum $\varepsilon_0 = 0{,}04$;
stündliches Hubvolumen einer Zylinderseite $\dot{V} = 50\ \text{m}^3/\text{h}$

ergibt:

Druckverhältnis $p_c / p_0 = 5{,}3$;
Volumetrischer Wirkungsgrad $\eta_V = 0{,}82$;
Wandungsverlust $(1 - \eta_W) = 0{,}16$;
Berichtigungsfaktor für alle t_0 über −25 °C: $c = 1$;
Liefergrad $\lambda = [\eta_V - (1 - \eta_W)] \cdot c = 0{,}66$; $\eta_i / \lambda = 1{,}18$;
Indizierter Wirkungsgrad $\eta_i = 1{,}18 \cdot 0{,}66 = 0{,}78$.

DKV-Arbeitsblatt 3-01

6.2 Liefergrad und indizierter Wirkungsgrad von Ammoniak-Verdichtern

Geometrisches Fördervolumen des Verdichters:

$$\dot{V}_{geo} = \frac{d^2 \cdot \pi \cdot L_H \cdot i \cdot n}{4 \cdot 60} \quad \text{in } \frac{m^3}{s}$$

mit:

$\frac{d^2 \cdot \pi}{4}$ = Zylinderfläche in m^2

L_H = Hublänge in m

i = Zylinderzahl

n = Drehzahl pro Min

Liefergrad λ des Verdichters:

$$\lambda = \frac{\dot{V}_{tat}}{\dot{V}_{geo}}$$

Dabei gilt für den **tatsächlichen Volumenstrom:**

$$\dot{V}_{tat} = \dot{m}_R \cdot v_1 = \frac{\dot{Q}_0 \cdot 24 \cdot v_1}{\tau \cdot q_{0N}} \quad \text{in } \frac{m^3}{s}$$

mit:

$\dot{m}_R$ = Kältemittelmassenstrom in $\frac{kg}{s}$

v_1 = spezifisches Dampfvolumen am Eintritt des Verdichters in $\frac{m^3}{kg}$

q_{0N} = Nutzkältegewinn in $\frac{kJ}{kg}$

τ = Betriebszeit in $\frac{h}{d}$

$24 \frac{h}{d}$

$\dot{Q}$ = Kälteleistung in $\frac{kJ}{s}$

$\dot{V}_{geo}$ = geometrisches Fördervolumen in $\frac{m^3}{s}$

Liefergrad λ nach Prof. Dr.-Ing. K. Linge:

$$\lambda = \left[\eta_{vol} - (1 - \eta_w)\right] \cdot c$$

mit:

η_{vol} = volumetrischer Wirkungsgrad, im DKV-Arbeitsblatt auch mit η_V bezeichnet

η_w = Wandungsverluste

c = Korrekturfaktor für Verdampfungstemperaturen $t_0 \leq -30$ °C

Der **Liefergrad** kann alternativ folgendermaßen dargestellt werden:

$$\lambda = \frac{\dot{V}_{tat}}{\dot{V}_{geo}} = \frac{\dot{m}_R \cdot v_1}{\dot{V}_{geo}} = \frac{\dot{Q}_0 \cdot v_1}{q_{0N} \cdot \dot{V}_{geo}} = \frac{\dot{Q}_0}{\frac{q_{0N} \cdot \dot{V}_{geo}}{v_1}} = \frac{\dot{Q}_0}{q_{vol} \cdot \dot{V}_{geo}}$$

mit: q_{0N} = Nutzkältegewinn in $\frac{kJ}{kg}$

$\dot{m}_R$ = Kältemittelmassenstrom in $\frac{kg}{s}$

v_1 = spezifisches Dampfvolumen am Eintritt des Verdichters in $\frac{m^3}{kg}$

q_{vol} = volumetrische Kälteleistung in $\frac{kJ}{m^3}$

Der **Nutzkältegewinn** beträgt:

$$q_{0N} = h_1' - h_4 \quad \text{in } \frac{kJ}{kg}$$

mit: h_1' = Enthalpie des überhitzten Dampfs am Ausgang des Verdampfers in $\frac{kJ}{kg}$

h_4 = Enthalpie des flüssigen Kältemittels am Eingang des Verdampfers in $\frac{kJ}{kg}$

Die **volumetrische Kälteleistung** errechnet sich aus:

$$q_{vol} = \frac{q_{0N}}{v_1} \quad \text{oder:}$$

$$q_{vol} = \frac{\dot{Q}_0}{\dot{V}_{geo} \cdot \lambda} \text{ in } \frac{kJ}{m^3}$$

mit: $\dot{Q}_0$ = Kälteleistung in $\frac{kJ}{s}$

$\dot{V}_{geo}$ = geometrisches Fördervolumen in $\frac{m^3}{s}$

λ = Liefergrad

Stellt man die o. a. Gleichung nach der **Kälteleistung** um, so ergibt sich:

$$\dot{Q}_0 = q_{vol} \cdot \dot{V}_{geo} \cdot \lambda \quad \text{in } \frac{kJ}{s}$$

! Mit sinkender Verdampfungstemperatur fällt die volumetrische Kälteleistung ab, weil das spezifische Dampfvolumen zunimmt.

Fazit:

Ein und derselbe Verdichter erbringt mit abnehmender Verdampfungstemperatur weniger Kälteleistung.

Der Auszug aus dem Datenblatt des halbhermetischen Bock-Verdichters HGX44e verdeutlicht dieses:

HG44e

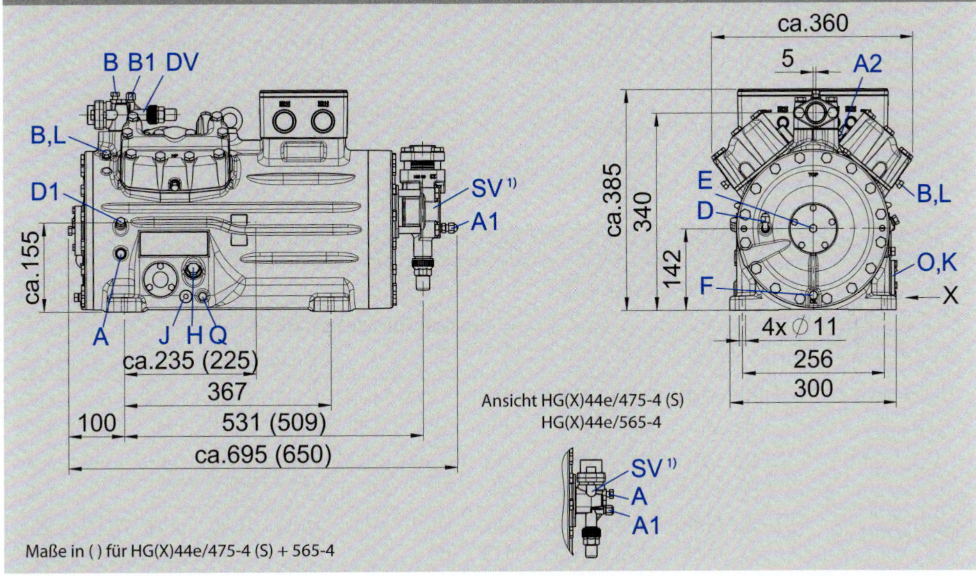

R134a Einsatzgrenzen

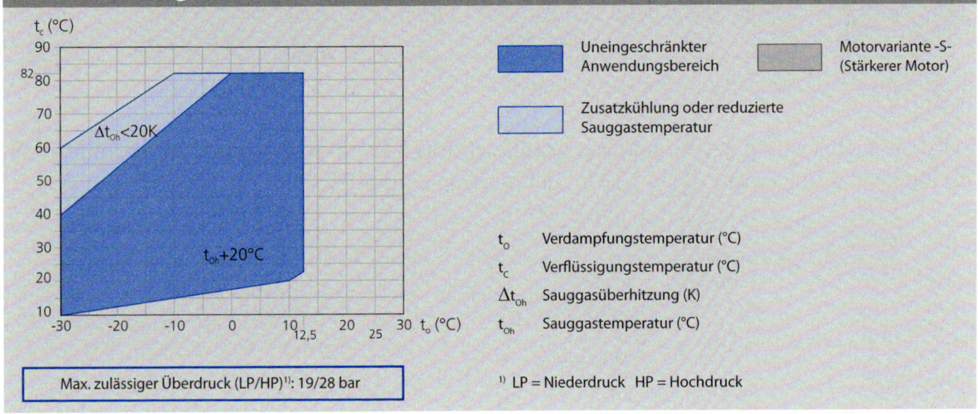

R134a Hinweise

Einsatzgrenzen

Der Verdichterbetrieb ist innerhalb des dargestellten Einsatzgrenzen-Diagramms möglich. Die Bedeutung der farblich unterlegten Flächen ist zu beachten. Grenzbereiche sollten nicht als Auslegungs- oder Dauerbetriebspunkt gewählt werden.

Beim Betrieb mit Bock EFC (Electronic Frequency Control) können Einschränkungen der Einsatzgrenzen auftreten.

Weitere Erläuterungen siehe www.bock.de.

Leistungsdaten

Die Leistungsdaten für R134a basieren auf der europäischen Norm DIN EN 12900 bei 50 Hz Netzfrequenz.

Das bedeutet: 20 °C Sauggastemperatur ohne Flüssigkeitsunterkühlung.

Gegenüber Angaben mit Flüssigkeitsunterkühlung und/oder anderen Sauggastemperaturen ergeben sich dadurch deutliche Unterschiede.

Umrechnungsfaktor für 60 Hz = 1,2

Leistungsdaten für andere Betriebspunkte siehe Bock-Software

R134a			Leistungsdaten										50 Hz
Typ	Verfl. Temp. °C		Kälteleistung $\dot{Q}_0$ [W]								Leistungsaufnahme P_e [kW]		
			Verdampfungstemperatur °C										
			12,5	10	7,5	5	0	−5	−10	−15	−20	−25	−30
HGX44e/770-4S	30	Q	63600	58000	52800	47900	39100	31600	25100	19700	15100	11300	8100
		P	7,62	7,68	7,70	7,67	7,48	7,14	6,69	6,14	5,54	4,90	4,25
	40	Q	56000	51100	46400	42100	34200	27500	21800	16900	12800	9360	6460
		P	9,63	9,54	9,42	9,24	8,79	8,21	7,53	6,78	5,99	5,19	4,40
	50	Q	48700	44200	40100	36300	29500	23600	18600	14300	10700	7510	4830
		P	11,50	11,20	11,00	10,70	9,97	9,14	8,23	7,26	6,28	5,30	4,35
	60	Q	41300	37500	33900	30600	24700	19600	15300	11600	8390	5630	3160
		P	13,20	12,80	12,30	11,90	10,90	9,82	8,66	7,48	6,29	5,13	4,02
	70	Q	34000	30700	27700	24900	19900	15600	12000	8810	6070		
		P	14,50	13,90	13,40	12,70	11,50	10,10	8,74	7,32	5,93		

Auszug aus dem Datenblatt zum Bock Verdichter HG44e

Wird die **Kälteleistung** als Produkt aus zirkulierendem Kältemittelmassenstrom $\dot{m}_R$ und spezifischem Nutzkältegewinn $q_{0N} = h_1' - h_4$ definiert, so ergibt sich:

$$\dot{Q}_0 = \dot{m}_R \cdot q_{0N} \quad \text{in } \frac{\text{kJ}}{\text{s}}$$

mit: $$q_{0N} = h_1' - h_4 \quad \text{in } \frac{\text{kJ}}{\text{kg}}$$

$$\dot{m}_R = \frac{\dot{Q}_0}{q_{0N}} = \frac{\dot{Q}_0 \cdot 24}{\tau \cdot (h_1' - h_4)} \quad \text{in } \frac{\text{kg}}{\text{s}}$$

Für die Berechnung der Verflüssigungsleistung $\dot{Q}_c$ in kW ist es erforderlich, den Leistungsbedarf des elektrischen Antriebsmotors für den Kälteverdichter zu ermitteln (im o. a. Herstellerdatenblatt in der Zeile „P" unter der jeweiligen Kälteleistung bei gewähltem Betriebspunkt einfach ablesbar).

Antriebsleistung für den theoretischen Vergleichsprozess:

$$P_{is} = \dot{m}_R \cdot w_{is} \quad \text{in } \frac{kJ}{s}$$

mit: $\dot{m}_R$ in $\frac{kg}{s}$

$w_{is} = h_2' - h_1$ in $\frac{kJ}{kg}$

Antriebsleistung für den praktischen Vergleichsprozess:

$$P_i = \dot{m}_R \cdot w_i \quad \text{in } \frac{kJ}{s}$$

mit: $\dot{m}_R$ in $\frac{kg}{s}$

$w_i = \frac{w_{is}}{\eta_i}$ in $\frac{kJ}{kg}$

η_i lässt sich aus dem Verhältnis η_i/λ berechnen, das seinerseits über das DKV-Arbeitsblatt 3-01 (s. S. 38) bestimmt wird:

$$\eta_i = \lambda \cdot \frac{\eta_i}{\lambda} \quad \text{mit } \lambda = \left[\eta_{vol} - \left(1 - \eta_w\right)\right] \cdot c$$

aufgeführt.

Unter Berücksichtigung des mechanischen Wirkungsgrads η_m ergibt sich die **effektive Antriebsleistung** zu:

$$P_e = \frac{P_i}{\eta_m} \quad \text{in } \frac{kJ}{s} \mathrel{\hat{=}} kW \quad \text{oder:}$$

$$P_e = \frac{\dot{m}_R \cdot w_i}{\eta_m} = \frac{\dot{m}_R \cdot w_{is}}{\eta_m \cdot \eta_i} = \frac{\dot{m}_R \cdot w_{is}}{\eta_e} \quad \text{in } \frac{kJ}{s} \mathrel{\hat{=}} kW$$

mit: Kältemittelmassenstrom $\dot{m}_R = \frac{\dot{Q}_0}{q_{0N}}$ in $\frac{kg}{s}$

indizierte Arbeit w_i in $\frac{kJ}{kg}$

isentrope Arbeit w_{is} in $\frac{kJ}{kg}$

mechanischer Wirkungsgrad $\eta_m = 0{,}85 - 0{,}95$

indizierter Wirkungsgrad η_i

effektiver Wirkungsgrad $\eta_e = \eta_m \cdot \eta_i$

Die **Verflüssigungsleistung** $\dot{Q}_c$ ergibt sich für offene Verdichter zu:

$$\dot{Q}_c = \dot{Q}_0 + P_i \quad \text{oder} \quad \dot{Q}_c = \dot{m}_R + q_c = \dot{m}_R \cdot (h_2 - h_3') \quad \text{in kW}$$;

für hermetische oder halbhermetische Verdichter resultiert die **Verflüssigungsleistung** $\dot{Q}_c$ aus:

$$\dot{Q}_0 + P_{Kl} \quad \text{in kW}$$

mit: P_{Kl} = Klemmenleistung aus den technischen Unterlagen der Hersteller

Wird für einen offenen Verdichter ein elektrischer Antriebsmotor bemessen, so ergibt sich das **Übersetzungsverhältnis** zu:

$$i = \frac{n_1}{n_2} = \frac{d_2}{d_1}$$

mit: n_1 = Drehzahl Elektromotor
n_2 = Drehzahl Verdichter
d_1 = Scheibe Elektromotor
d_2 = Scheibe Verdichter

Berechnung des **Durchmessers der Riemenscheibe des Elektromotors**:

$$d_1 = \frac{n_2 \cdot d_2}{n_1}$$

mit: d_1; d_2 in mm
n_2 = Drehzahl Verdichter in min^{-1}
n_1 = Drehzahl Elektromotor in min^{-1}

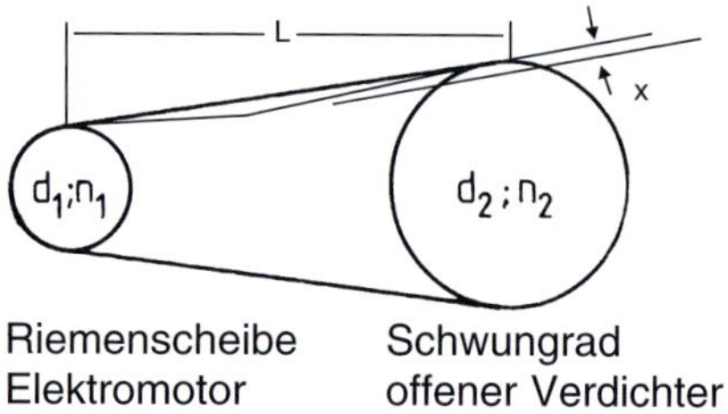

Maximale Eindrücktiefe:

$$x = 2{,}5 \cdot \frac{L}{100}$$

mit: L in mm

6.3 Zweistufige Verdichtung mit Flüssigkeitsunterkühlung

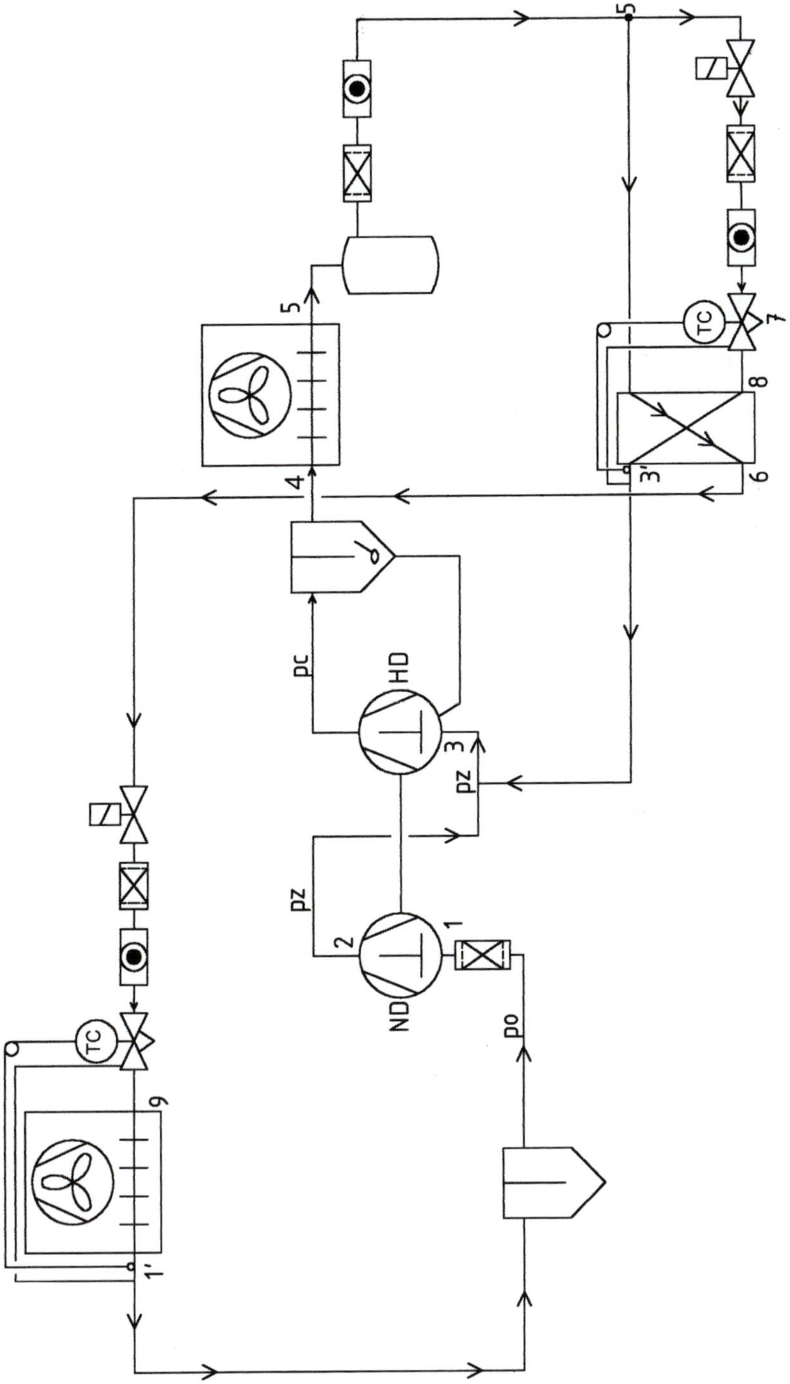

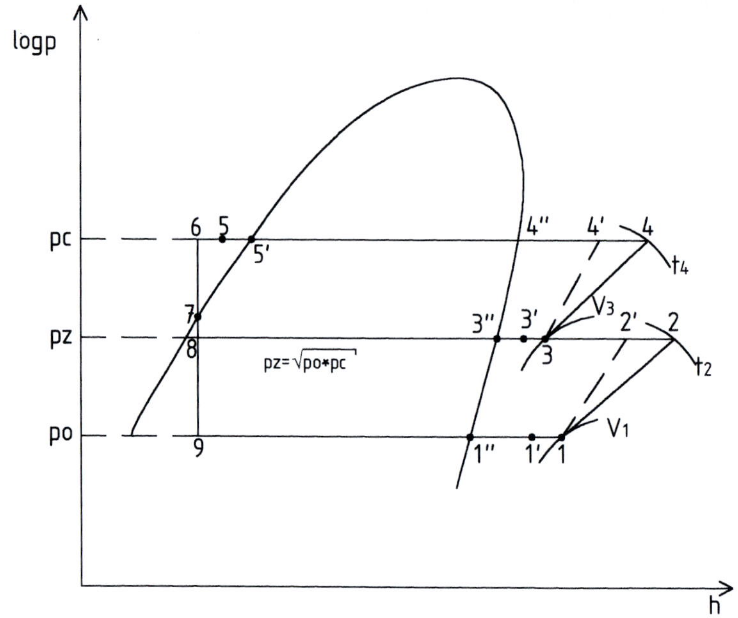

	R507	R407F
t_0	−60 °C	−50 °C
p_0	0,502 bar	
t_c	+40 °C	+40 °C
p_c	18,742 bar	
p_z	3,06 bar	

mit: $p_z = \sqrt{0{,}502 \cdot 18{,}742}$

Aufteilung Druckstufe ND: $\frac{p_z}{p_0} = \frac{3{,}06}{0{,}502} = 6{,}10$

Aufteilung Druckstufe HD: $\frac{p_c}{p_z} = \frac{18{,}742}{3{,}06} = 6{,}12$

Verdichterauslegung: 2-stufige halbhermetische Hubkolbenverdichter

	R507	R407F
Vorgabewerte:		
Kälteleistung in kW	**6**	**6**
Kältemittel	R507	R507
Verdampfung in °C	-60	-50
Verflüssigung in °C mit Unterkühler	40	40
Sauggastemperatur in °C	20	20
Netzversorgung	50 Hz (400 V)	50 Hz (400 V)
Nutzbare Überhitzung in K	100 %	100 %
Ergebnis:		
Verdichtertyp	Bitzer **S6J-16.2Y**	Bitzer **S6J-16.2Y**
Kälteleistung	6,57 kW	7,58 kW
Leistungsaufnahme	7,24 kW	7,10 kW
Strom	13,95 A	13,78 A
Einsatzgrenzen:	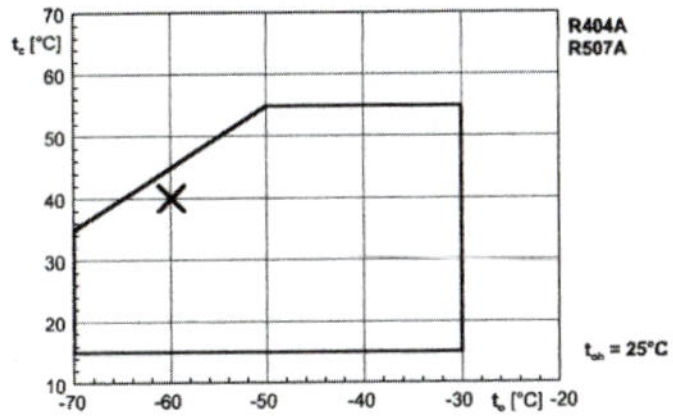	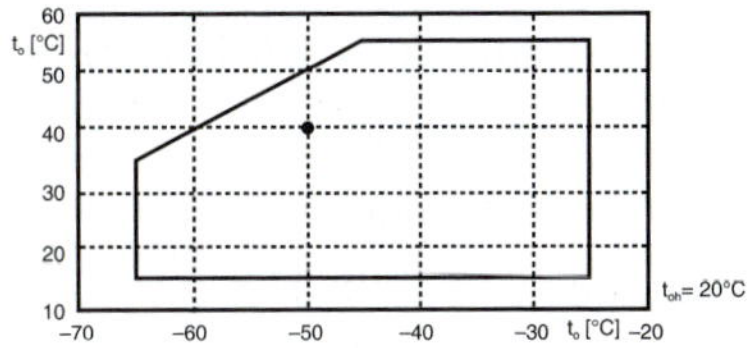

Maße und Anschlüsse

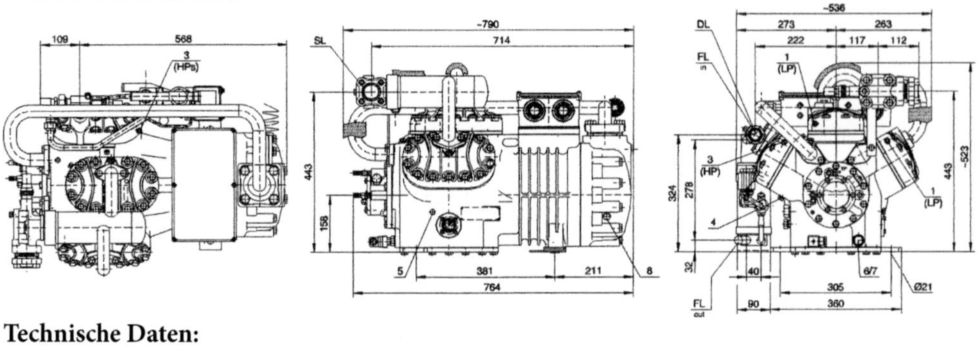

Technische Daten:

Fördervolumen ND/HD (1 450/min)	63,50 / 31,80 m^3/h
Fördervolumen ND/HD (1 750/min)	76,64 / 38,38 m^3/h
Zylinderzahl × Bohrung ND/HD × Hub	6 × 65/65 mm × 55 mm
Motorspannung (weitere auf Anfrage)	400 V-3-50 Hz
Max. Betriebsstrom	31,0 A
Anlaufstrom (Rotor blockiert)	81,0 A Y / 132,0 A YY
Gewicht	209 kg
Max. Überdruck (ND/MD/HD)	19 / 19 / 28 bar
Anschluss Saugleitung	42 mm - 1 5/8″
Anschluss Druckleitung	35 mm - 1 3/8″
Ölfüllung R404A/R507A	BSE32 (Option)
Ölfüllung R22	B5.2 (Standard)
Ölfüllmenge	4,75 dm^3
Ölsumpfheizung	140 W (Option)
Öldrucküberwachung	MP54 (Option)
Ölserviceventil	Option
Druckgasüberhitzungsschutz	Option
Motorschutz	INT69VS (Standard), INT389 (Option)
Schutzklasse	IP54 (Standard), IP66 (Option)
Dämpfungselemente	Standard
Nacheinspritzventil	Standard
CIC (anstatt Nacheinspritzventil)	Option
Schauglas	Standard
Filtertrockner	Standard
Magnetventil	Standard
Flüssigkeitsunterkühler (auch montiert)	Option

Datenblatt: S6J-16.2Y

7 Tabellen zur Berechnung des Kältebedarfs

7.1 Dichte ρ und Wärmeleitkoeffizient λ verschiedener Baustoffe

Baustoff	ρ kg/m^3	λ W/m K
Asbestschiefer	1900	0,35
Asphalt	2000	0,70
Beton (Kiesbeton, Stahlbeton)	1600 … 1800	0,75 … 0,95
	1800 … 2200	0,95 … 1,50
Leichtbetonmauerwerk (Schlackensteine, Zellenbeton, Aerocret, Porenbeton u. Ä.)	800	0,47
	1000	0,56
	1200	0,65
	1400	0,74
	1600	0,81
Leichtbeton in Platten oder gegossen	800	0,31
	1000	0,42
	1200	0,53
	1600	0,81
Bimsbeton, gestampft	800	0,37
	1000	0,50
	1200	0,63
Bimsbetonsteinmauerwerk	800	0,51
	1000	0,62
Bimsbetondielen	800	0,37
	1000	0,51
	1200	0,63
Bimskies als Füllstoff	600	0,33
Bitumen	1100	0,17
Dachpappe	1000 … 1200	0,14 … 0,35
Erdreich		
trocken	1000 … 2000	0,17 … 0,58
10 % Feuchte	1000 … 2000	0,50 … 2,10
20 % Feuchte	1000 … 2000	0,80 … 2,60
Fliesen und Kacheln	2000	1,05
Gipsplatten	800	0,31
Glas (Fensterglas)	2400	0,58
Granit	2600 … 2900	2,90 … 4,10
Gummibelag	1000	0,2
Hartpappe	790	0,15

Baustoff	ρ kg/m³	λ W/m K
Holz, senkrecht zur Faser		
Leichtholz (Balsa)	200 … 300	0,08 … 0,10
Fichte, Kiefer, Tanne	400 … 600	0,12 … 0,16
Buche, Eiche	700 … 900	0,16 … 0,21
Holzfaserplatten	200	0,05
(Celotex, Kapag u. Ä.)	300	0,06
Holzfaserhartplatten	900	0,17
Holzspanplatten	900	0,17
Holzzement		0,17
Kalkmörtel		0,17
Kalksandstein	1600	0,81
Kalkstein (amorph)	2550	1,22
Kesselschlacke	700 … 750	0,33
Kies als Füllstoff	1500 … 1800	0,93
Korkmentlinoleum	535	0,08
Kunststoffbelag	1500	0,23
Leder	1000	0,17
Lehmstampfwände	1700	0,99
Linoleum	1200	0,19
Marmor	2500 … 2800	2,10 … 3,50
Mörtel		
bei Ziegeln	1600 … 1800	0,70 … 0,93
bei Leichtbetonstein	1600 … 1800	0,93 … 1,16
Muschelkalk	2680	2,44
Leichtbauplatten aus mineralischer Holzwolle,	200	0,06
wie Heraklith, Tekton u. Ä.	400	0,08
	600	0,13
Rabitz (Drahtputz)		1,40
Rigips	500	0,21
Sand im Mittel	1500 … 1800	0,93
Seesand		
– 0 % Feuchte	1600	0,31
– 10 % Feuchte		1,24
– 20 % Feuchte		1,76
– gesättigt		2,44
normal verunreinigter Sand		
– 0 % Feuchte		0,33
– 10 % Feuchte		0,97
– 20 % Feuchte		1,33
– gesättigt		1,88

Baustoff	ρ kg/m³	λ W/m K
Sägemehl		
lufttrocken	190 … 215	0,06 … 0,07
als Füllstoff	190 … 215	0,12
Sandstein	2 200 … 2 500	1,60 … 2,10
Schamotte		
bei 500 °C	1 800 … 2 200	1,05 … 1,28
bei 1 000 °C	1 800 … 2 200	1,16 … 1,40
Schiefer		
⊥	2 700	1,50 … 2,00
‖	2 700	2,30 … 3,40
Schlacke als Füllung		
Hochofenschlacke	300 … 400	0,22
Kesselschlacke	700 … 750	0,33
Schlackenbetonsteine im Mauerwerk	1 100 … 1 300	0,60 … 0,80
Schwemmsteine im Mauerwerk,	800	0,47
auch Zellenbeton, Porenbeton u. a.	1 000	0,56
	1 200	0,65
	1 400	0,74
Silika		
bei 500 °C	1 800 … 2 200	1,05 … 1,28
bei 1 000 °C	1 800 … 2 200	1,10 … 1,40
Sperrholz	600	0,13
Steinholz	1 800	0,17
Steinzeug	2 200 … 2 500	1,05 … 1,57
Terrazzo	2 200	1,40
Vermiaclit	–	0,09
Verputz		
außen	1 600 … 1 800	0,93 … 1,16
innen	1 600 … 1 800	0,70 … 0,93
Zement		
gepulvert		0,07
abgebunden		1,05
Zementestrich	2 000	1,40
Zementmörtel	–	1,40
Ziegelstein, trocken	1 600 … 1 800	0,38 … 0,52
Ziegelmauerwerk		
massiv, innen	1 600 … 1 800	0,70
massiv, außen	1 600 … 1 800	0,87
porös, außen	800	0,40
	1 200	0,56
Hohlziegel	800	0,35 … 0,52
	1 600	0,52 … 0,76

7.3 Spezifische Wärmekapazität verschiedener Flüssigkeiten

	°C	kJ/kg · K
Äther	bei +20	2,32
Äthylalkohol	bei 0 bei +40	2,29 2,71
Benzol	bei +10 bei +40 bei +66	1,42 1,77 2,02
Bier	bei +20	3,77
Glycerin	bei +15/50	2,41
Gummimasse	bei +20	3,43
Leimmasse	bei +20	4,19
Maschinenöl		1,67
Methylalkohol	bei +10 bei +18	2,47 2,52
Olivenöl	bei +6	1,97
Petroleum	bei +20/57	2,14
Rizinusöl	bei +20	1,82
Sauerstoff		1,45
Schwefelsäure	bei +20	1,39
Seewasser 0,5 % Salzgehalt 3,0 % Salzgehalt 6,0 % Salzgehalt	 bei +18 bei +18 bei +18	 4,10 3,93 3,78
Stickstoff		1,80
Terpentin	bei 0 bei +20	1,72 1,80
Wasser	bei +13	4,19
Würze	bei +20	3,81

7.4 Lagerung von Kühlgut

Kühlgut		Lagertemperatur °C	relative Feuchtigkeit %	Lagerdauer	höchster Gefrierpunkt °C	spez. Wärmekapazität vor dem Erstarren kJ/(kg K)	spez. Wärmekapazität nach dem Erstarren kJ/(kg K)	Erstarrungswärme kJ/kg	Atmungswärme kJ/(kg d)	Bemerkungen
Fleisch und Fleischerzeugnisse										
Speck	– frisch	+1/–4	85	2– 6 Wo	–2	1,53	1,1	68		
	– gefroren	–18	90–95	4– 6 Mo						
Beefsteak	– frisch	0/–1	88–92	1– 6 Wo	–2	3,2	1,67	231		
	– gefroren	–18	90–95							
Schinken	– frisch	0/+1	85–90	7–12 Ta	–2	2,53	1,46	167		
	– gefroren	–18	90–95	6– 8 Mo						
Lamm	– frisch	0/+1	85–90	5–12 Ta	–2	3,0	1,86	216		
	– gefroren	–18	90–95	8–10 Mo						
Schweineschmalz		+7	90–95	4– 8 Mo		2,09	1,42	210		
		–18	90–95	12–14 Mo						
Leber	– gefroren	–18	90–95	3– 4 Mo	–2					
Schweinefleisch	– frisch	0/+1	85–90	3– 7 Ta		2,13	1,3	128		
	– gefroren	–18	90–95							
Geflügel	– frisch	0	85–90	1 Wo	–2,7	3,3	1,76	246		
	– gefroren	–18	90–95	8–12 Mo						
Kaninchen	– frisch	0/+1	90–95	1– 5 Ta	–2,7	3,1	1,67	228		
	– gefroren	–18	90–95	0– 6 Mo						
Wurst	– frisch	0/+1	85–90	3–12 Ta	–2	3,72	2,34	216		
	– gefroren	–18	90–95	2– 6 Mo						
Kalbfleisch	– frisch	0/+1	90–95	5–10 Ta	–2	3,08	1,67	223		
	– gefroren	–18	90–95	8–10 Mo						

Kühlgut		Lagertemperatur °C	relative Feuchtigkeit %	Lagerdauer	höchster Gefrierpunkt °C	spez. Wärmekapazität vor dem Erstarren kJ/(kg K)	spez. Wärmekapazität nach dem Erstarren kJ/(kg K)	Erstarrungswärme kJ/kg	Atmungswärme kJ/(kg d)	Bemerkungen
Fische										
Fische	– frisch	+0,6/+2	90–95	5–15 Ta	−2,2	3,26	1,74	245		
	– geräuchert	+4/+10	50–60	6– 8 Mo	−2,2	2,93	1,63	213		
	– gepökelt	−2/−1	75–90	4– 8 Mo	−2,2	3,18	1,72	232		
	– gefroren	−18	90–95	6–12 Mo	−2,2		1,74	245		
Fische		+4/+10	90–95	10–12 Mo	−2,2	3,18	1,72	232		
Muscheln	– frisch	−1/−0,5	85–95	3– 7 Ta	−2,2	3,62		277		
	– gefroren	−18 bis −29	90–95	3– 8 Mo	−2,2		1,88	277		
Gemüse										
Artischocke		−1/0	90–95	1– 2 Wo	+1	3,64	1,88	280		
Spargel		0/+2	95	2– 3 Wo	−0,5	3,94	2,00	312	11,1	hochempfindlich
Grüne Bohnen		+4/+7	90–95	7–10 Ta	−0,7	3,81	1,97	298	11,6	
Rote Rüben		0	95	3– 5 Mo	−1	3,77	1,92	293	3,1	
Spargelkohl		0	90–95	10–14 Ta	−0,6	3,85	1,97	302	8,7	weniger empfindlich
Rosenkohl		0	90–95	3– 5 Wo	−0,8	3,68	1,93	284	6,7	
Kohl		0	90–95	3– 4 Mo	−0,9	3,94	1,97	307	1,4	
Mohrrübe		0	90–95	4– 5 Mo	−1,4	3,76	1,93	293	2,4	
Blumenkohl		0	90–95	2– 4 Wo	−0,8	3,89	1,97	307	4,5	
Sellerie		0	90–95	2– 3 Mo	−0,5	3,98	2,0	314	1,9	weniger empfindlich
Mais		0	90–95	4– 8 Ta	−0,5	3,31	1,76	246	10,8	
Gurken		+7/+10	90–95	10–14 Ta	−0,5	4,06	2,05	319		hochempfindlich

Kühlgut		Lager-tempe-ratur °C	relative Feuchtig-keit %	Lager-dauer	höchster Gefrier-punkt °C	spez. Wärme-kapazität vor dem Erstarren kJ/(kg K)	spez. Wärme-kapazität nach dem Erstarren kJ/(kg K)	Erstar-rungs-wärme kJ/kg	Atmungs-wärme kJ/(kg d)	Bemerkungen
Endivie		0	90–95	2– 3 Wo	–0,6	3,94	2,0	307		
Knoblauch	– trocken	0	65–70	6– 7 Mo	–0,8	2,89	1,67	207		
Lauch		0	90–95	1– 3 Mo	–0,7	3,68	1,93	293		
Salat		0	95	2– 3 Wo	–0,1	4,02	2,0	316	3,9	weniger empfindlich
Melone		+2/+4	85–90	5–15 Ta	–1,1	3,89	2,0	307	1,5	
Honigmelone		+7/+10	85–90	3– 4 Wo	–0,9	3,94	2,0	307	1,2	
Wassermelone		+4/+10	80–85	2– 3 Wo	–0,4	4,06	2,0	307		
Champignons		0	90	3– 4 Ta	–0,9	3,89	1,97	302	7,2	
Oliven	– frisch	+7/+10	85-90	4– 6 Wo	–1,5	3,35	1,76	251	1,0	
Zwiebel		0	65–70	1– 8 Mo	–0,8	3,77	1,93	288	1,0	wenig empfindlich
Erbsen		0	90–95	1– 3 Wo	–0,6	3,31	1,76	246	9,6	wenig empfindlich
Pfeffer		+7/+10	90–95	2– 3 Wo	–0,7	3,94	1,97	307	3,14	hochempfindlich
Frühkartoffeln		+10/+13	90		–0,6	3,56	1,84	270	3,0	
Spätkartoffeln		+3/+10	90		–0,6	3,43	1,80	258	1,8	hochempfindlich
Rhabarber		0	95	2– 4 Wo	–0,9	4,02	2,0	312		
Spinat		0	90–95	10–14 Ta	–0,3	3,94	2,0	307	11,1	
Tomaten	– unreife	+13/+21	85–90	1– 3 Wo	–0,5	3,98	2,0	312	7,2	hochempfindlich
	– reife	+7/+10	85–90	4– 7 Ta	–0,5	3,94	2,0	321	4,3	
Weißrübe		0	90–95	4– 5 Mo	–1,0	3,89	1,97	302	2,2	
Molkereierzeugnisse										
Butter		0/+4	80–85	2 Mo	–5,6	1,38	1,05	53		
Butter	– gefroren	–18	70–85	8–12 Mo	–5,6	1,38	1,05	53		

Kühlgut		Lagertemperatur °C	relative Feuchtigkeit %	Lagerdauer	höchster Gefrierpunkt °C	spez. Wärmekapazität vor dem Erstarren kJ/(kg K)	spez. Wärmekapazität nach dem Erstarren kJ/(kg K)	Erstarrungswärme kJ/kg	Atmungswärme kJ/(kg d)	Bemerkungen
Käse		−1/−2	65–70		−1,7	2,10	1,30	126		
Sahne		−18	–	2– 3 Mo		3,27	1,76	242		
Speiseeis		−18	–	1– 2 Mo		2,93	1,63	207		
Milch	– pasteurisiert	+0,6	–	7 Ta	−0,6	3,77	2,51	290		
	– kondensiert	+4	–	mehrere Mo		1,75	–	93		
	– ultrahocherhitzt	Raumtemp.	–	1 Ja		3,01	–	246		
Vollmilch		+7/+13	niedrig	wenige Mo	–	0,92	–	9,3		
Magermilch		+7/+13	niedrig	mehrere Mo	–	0,92	–	9,3		
Eier	– gekocht	−2/0	85–90	5– 6	−2,2	3,05		223		
	– frische	0	–	1 Ja	−2,2		1,76	246		
Obst										
Äpfel		−1/−3	90	1– 6 Mo	−1,5	3,64	1,88	281	1,92	
Aprikosen		−0,6/0	90	1– 2 Wo	−1,0	3,68	1,92	284		
Avocado		+7/+13	85–90	2– 4 Wo	−0,3	3,01	1,67	219	25,6	hochempfindlich
Bananen		+13/+15	90	5–10 Ta	−0,8	3,35	1,76	251		hochempfindlich
schwarze Beeren		−0,6/0	95	3 Ta	−0,8	3,68	1,92	284		
Kirschen		−0,6/0	90–95	2– 3 Wo	−1,8	3,64	1,88	280	1,8	
Kokosnuss		0/+2	80–85	1– 2 Mo	−0,8	2,43	1,42	156		
Preiselbeeren		+2/+4	90–95	2– 4 Mo	−0,8	3,77	1,93	288	1,1	wenig empfindlich
Johannisbeeren		−0,6/0	90–95	10–14 Ta	−1,0	3,68	1,88	280		
Datteln	– getrocknet	−18 od. 0	unter 75	6–12 Mo	−15,7	1,51	1,08	67		
Feigen	– getrocknet	0/+4	50–60	9–12 Mo		1,63	1,13	80		
Stachelbeeren		−0,5/0	90–95	2– 4 Wo	−1,1	3,77	1,93	293		

Kühlgut		Lagertemperatur °C	relative Feuchtigkeit %	Lagerdauer	höchster Gefrierpunkt °C	spez. Wärmekapazität vor dem Erstarren kJ/(kg K)	spez. Wärmekapazität nach dem Erstarren kJ/(kg K)	Erstarrungswärme kJ/kg	Atmungswärme kJ/(kg d)	Bemerkungen
Pampelmuse		+10/+16	85–90	4– 6 Wo	–1,1	3,81	1,93	293	3,6	wenig empfindlich
Weintrauben		–1/0	85–90	1– 6 Mo	–2,2	3,60	1,84	270	0,4	wenig empfindlich
Zitronen		+14/+16	86–88	1– 6 Mo	–1,4	3,81	1,93	295	4,24	hochempfindlich
Orangen		0/+9	85–90	3–12 Wo	–0,8	3,77	1,92	288	1,68	wenig empfindlich
Pfirsiche		–0,5/0	90	2– 4 Wo	–0,9	3,77	1,92	288	1,34	wenig empfindlich
Birnen		–1,7/–1	90–95	2– 7 Wo	–1,5	3,60	1,88	274	0,93	wenig empfindlich
Ananas	– unreife	+10/+13	85–90	3– 4 Wo	–1,0	3,68	1,88	283		
	– reife	+7,2	85–90	2– 4 Wo	–1,1	3,68	1,88	283		
Pflaumen		–0,5/0	90–95	2– 4 Wo	–0,8	3,68	1,88	274	0,64	wenig empfindlich
Himbeeren		–0,5/0	90–95	2– 3 Ta	–0,6	3,56	1,86	284	5,47	
Erdbeeren		–0,5/0	90–95	5– 7 Ta	–0,8	3,85	1,76	300	3,78	
Mandarinen		0/+3	85–90	2– 4 Wo	–1,0	3,77	1,93	290		
Verschiedene Lebensmittel										
Bier		+12	–	3– 6 Wo	–2,2	3,85		300		
Brot		–18		4– 6 Mo		2,93	1,42	115		
Honig		unter +10		1 Ja		1,46	1,10	60		
Hopfen		–1,6/0	50–60	mehrere Mo						
Eis		–4	80	–			1,29			
Pilze		+1,1	75–80	8 Mo						
Samenkörner		0/+4	75–80	2 Wo						
Pflanzen		0/+2	85–90	3– 6 Mo						
Salatöl		+2,0		1 Ja						
Margarine		+2,0	60–70	1 Ja		1,34	1,05	51		

Kühlgut	Temperatur °C	relative Luftfeuchte %
Pflanzen und Blumen		
Erdbeerpflanzen	–2/–3	85
Flieder und Maiblumen	–4/–6	80
Lilien und Gladiolen	–4	80
Rosen	–1/–3	90
Treibsträucher	–1/–3	–
Funkia, Spirea	–4/–6	–
Hortensia	–2/–3	–
Tabak, gegen tierische Eindringlinge	–4/–10	–
Schnittblumen	+2	85
Farnkräuter	–2	–
Heckenrosen	0	–
Pelz- und Wollwaren		
Seidenzucht-Kokons, lebend gelagert	0/+4	–
Seidenzucht-Kokons, abtöten	–15/–20	–
Schmuckfedern	–2/+2	–
Pelzwaren	–2/+2	90
Wollwaren	+2/+5	80
Häute	+1/+2	95
Brot, Mehl und anderes		
Brot	+8/+10	–
Brot (Vermeidung von altbacken werden)	–25/–30	–
Mehl	+2/+4	–
Honig	+7/+10	–
Teigwaren	+8/+10	–
fertige Backwaren	+6/+8	–
Schokoladen-Lagerraum	+4/+6	–
Haferflocken, Reis, Buchweizen	+6/+6	–
Getreide, trocken; Ahorn-Sirup	+7/+7	–
Weine und Säfte		
Rhein- und Mosel-Wein	+6/+10	–
Bordeaux- und Burgunder-Weine	+10/+14	–
schwere Weine	+10/+18	–
Apfelwein	0/+1	–
Traubenmost	0/+1	90
Sirup	+7	–
Schnäpse	+3	–

Kühlgut	Temperatur °C	relative Luftfeuchte %
Verschiedenes		
Restaurationskühlräume	+2/+4	80–85
Schauvitrinen	+6/+8	–
Eiskrem-Härteraum	–25/–30	–
Kunsteis-Lagerraum	–4/–6	–
Speiseeis-Konservator	–8/–12	–
künstlicher Eisbahnraum	+15	–
künstliche Eisbahn, Eis selbst	–5	–
Kriegsschiffe, Munitionsraum	+30/+38	–
Leichen-Entkleideraum	+10	–
Leichen-Pritschenraum	–5	–
Leichen-Gefrierzellen	–20	–
Leichen-Schauzellen	–5/0	–
Bücher in Bibliotheken	+18/+24	55–65
Filme	–8	–
Filmpapier	+8	–
Zigarren	+20/+22	60–70

7.5 Gefrierpunkte von Lebensmitteln und Blumen in °C

Fleisch	–1,0
Blut	–0,55
Fische	
Aale, Schollen	–0,95
Austern, Hummer	–2,0
Blaufisch	–1,0
Kabeljau	–1,05
Rochen	–1,95 bis –2,05
Schellfisch	–1,0
Steinbutt, Heilbutt	–0,9
Eier	
Eigelb	–0,54
Eiweiß	–0,45

Milch	
Milch frisch	−0,55
Milch pasteurisiert	−0,6
Früchte	
Äpfel	−2,0
Apfelsinen	−2,23
Bananen	
grün: Schale	−1,21
Fleisch	−1,0
reif: Schale	−1,48
Fleisch	−3,37
Birnen	−2,2 bis −2,8
Brombeeren	−1,60
Erdbeeren	−1,16
Himbeeren	−0,88
Johannisbeeren	−1,00
Kastanien	−4,60
Kirschen	−2,35
Pampelmusen	−2,0
Pfirsiche	−1,45
Pflaumen	−1,95
Preiselbeeren	−2,97
Stachelbeeren	−1,73
Walnüsse	−6,5
Weintrauben	−2,15
Zitronen	−2,16
Gemüse	
Artischocken	−1,22
Blumenkohl	−1,06
Brechbohnen	−1,25
Erbsen, grün	−1,09
Gurken	−0,84
Kartoffeln	−1,71
Karotten	−1,35
Knoblauch	−3,7
Kohl	−0,42
Kohlrabi	−1,10
Mais	−1,70
Meerrettich	−3,1

Netzmelonen		−1,6 bis −1,95
Oliven		−1,06
Pilze		−1,0
Rhabarber		−2,0
Salat		−0,45
Sellerie		−1,07
Spargel		−1,22
Spinat		−0,75
Steckrüben		−1,0
Tomaten		−0,90
Wassermelonen		−1,55 bis −1,8
Zwiebeln		−1,66 bis −1,95
Blumen		
Efeu		−22,3
Lilien: Blüten		−2,5
Blätter		−1,5
Moose		−14 bis −19,0
Päonien: Blüten		−1,64
Blätter		−2,01
Pfingstrosen		−2,2
Oleander		−5,0
Rhododendron		−23,0
Rosen: Blüten		−1,09
Blätter		−2,07
Schnittblumen		−1,0 bis −2,0
Tulpenzwiebeln		−3,0
Veilchen		−9,0
Weine und Liköre		
	Alkoholgehalt Gew. %	
gewöhnlicher Rotwein	6,6	−2,7
gewöhnlicher Weißwein	7,0	−3,0
Beaujolais	10,3	−4,4
Champagner	10,0	−4,2
Bordeaux	11,8	−5,2
Sherry, Portwein	17,5	−9,0
Marsala	20,7	−10,1
Chartreuse	32,0	−23,0
Whisky	37,0	−28,0
Curaçao	42,0	−32,5

7.6 Transport-Temperaturen

Lebensmittel	Beförderungs-temperatur °C	zulässige Temperatur-erhöhung K
tiefgefroren		
Eiskrem	–26	3
konzentrierte Fruchtsäfte	–20	3
Fisch	–18	3
sonstige Lebensmittel	–18	3
gefroren		
Butter	–14	3
Fette	–14	3
frische Schlachtnebenprodukte	–12	3
Geflügel	–12	3
Wild	–12	3
Eigelb	–12	3
Fleisch	–10	3
sonstige Lebensmittel	–10	3
gekühlt		
frische Schlachtnebenprodukte	+3	
Butter	+6	
Wild	+4	
Milch, frisch oder pasteurisiert	+4	
Industriemilch	+6	
Milcherzeugnisse	+4	
Fisch	+2	
Fleischerzeugnisse	+6	
Fleisch	+7	
Geflügel	+4	
Kaninchen	+4	

7.7 Schlachtgewichte verschiedener Tiere

Rinder	250	–	370	kg
Bullen	350	–	530	kg
Ochsenviertel	70	–	90	kg
Schweine	80	–	100	kg
Sauen	200	–	250	kg
Kälber			45	kg
Schafe	25	–	35	kg
Rehe	10	–	14	kg
Rebhühner	0,25	–	0,35	kg
Fasanen	0,75	–	1	kg
Hasen	3	–	4	kg
Gänse	5	–	6	kg

7.8 Gewicht der Innereien von Rindern

Kopf	ca. 10 kg
Zunge	ca. 1 kg
Lunge	ca. 5 kg
Leber	ca. 7 kg
Milz	ca. 1 kg
Herz	ca. 2 kg
Schlund	ca. 1 kg
	ca. 27 kg

7.9 Belegungsmassen m_B von Kühlgütern

Kühlgut	m_B kg/m^3	Verpackung
Äpfel	350	Kisten
Apfelsinen	400	Kisten
Bananen	250	Bündel
	300	Kartons
Bier	600	Fässer
	650	Kisten
Bohnen	600	Säcke
	700	lose
Brot	250	lose
Butter	650	Fässer
	1 000	Kartons
Därme	500	Fässer
Eier	350	Kisten
Eigelb	600	Fässer
gefroren	1 000	Dosen
Erbsen	700	Säcke
Erdnüsse		
geschält	400	Säcke
ungeschält	250	Säcke
Fett	900	Kisten
Fisch, in Lake	350	Fässer
Heringe	800	Fässer
Klippfisch	600	Kisten
Sardinen	900	Fässer
Fleisch, gefroren		
Rindfleisch	400	lose
Rinderviertel	300	lose
Hammelfleisch	300	lose
Schweinefleisch	350	lose
Fleisch, gekühlt		
hängend	350	lose
gesalzen	650	Büchsen
getrocknet	650	Ballen
Getreide	650	lose
Honig	900	Fässer
Kaffee		
geschält	500	Säcke
ungeschält	450	Säcke
Kakao	450	Säcke

Kühlgut	m_B kg/m³	Verpackung
Kartoffeln	700 400	lose Säcke
Käse	500	Kisten
Linsen	600	Säcke
Mais	700	Säcke
Makkaroni	200	Kisten
Malz	400 650	Fässer Säcke
Mandarinen	450	Kisten
Kohl	440	Expresso
Cremetorte	70	Schachtel
Möhren, gewürfelt	420	Expresso
Mandeln geschält ungeschält	 500 350	 Säcke Säcke
Mehl	700	Säcke
Milch	800	Kisten
Muscheln	400	Körbe
Öl	650	Fässer
Pfeffer	400	Säcke
Pflaumen, getrocknet	600 800	Kisten lose
Reis	700	Säcke
Rosinen	600	Kisten
Rüben	600	lose
Rum	550	Fässer
Schmalz	550	Kübel
Sojabohnen	800	Säcke
Speck, gesalzen	650	Fässer
Südfrüchte	350	Kisten
Tabak	350 250	Fässer Ballen
Talg	500	Fässer
Wein	400 650	Fässer Kisten
Zucker	750	Säcke
Zwiebeln	450	Säcke

Kühlgut	m_B kg/m³	Verpackung
Gefrierkonserven		
Beeren	450	Expresso
Blechkuchen	240	Kartons mit Folie
Blumenkohl	330	Expresso
Bohnen, grün	370	Expresso
Desserts	155	Kartons mit Folie
Erbsen, grün	440	Expresso
Fertiggerichte	175 325	Assietten, 3-teilig Assietten, 1-teilig
Gurken in Scheiben	500	Expresso
Kleingebäck	100	Beutel
Kohl	610	Expresso
Spinat	610	Expresso

7.10 Belegungskoeffizienten η_B unter Berücksichtigung von Kontrollgängen, Wand- und Palettenabständen

Lagerungsart	η_B
gekühlte Güter	
Langlagerung, palettisiert	0,65 … 0,7
Sortimentslagerung, palettisiert	0,45 … 0,5
Gefrierkonserven	
Langlagerung, palettisiert	0,75 … 0,8
Sortimentslagerung, palettisiert	0,5 … 0,6

Aus den angegebenen Belegungsmassen m_B von Kühlgütern sowie den Belegungskoeffizienten η_B lassen sich die **tatsächlich in einem Kühlraum gelagerten Massen** praktisch leicht berechnen:

$$m = A_B \cdot H_{St} \cdot m_B \cdot \eta_B \quad \text{in kg}$$

mit m = tatsächliche Kühlungsmasse in einem Kühlraum in kg
A_B = Grundfläche des Kühlraums in m^2
H_{St} = max. Stapelhöhe des Kühlguts in m
m_B = Belegungsmasse in kg/m^3
η_B = Belegungskoeffizient

Wenn anhand der o. g. Formel die Kühlgutmasse m in kg berechnet wurde, kann die tägliche Wechselrate $\dot{\ }$ in $\frac{\text{kg}}{\text{d}}$ mit 20 % der Gesamtmasse eingesetzt werden. Alternativ kann mit gutem Erfolg die **tägliche Wechselrate** $\dot{m}$ auch folgendermaßen durch Einsetzen von

$$\frac{50\ \text{kg}}{\text{m}^2\ \text{d}} \quad \text{bei kleiner Beschickung}$$

$$\frac{100\ \text{kg}}{\text{m}^2\ \text{d}} \quad \text{bei mittlerer Beschickung}$$

$$\frac{150\ \text{kg}}{\text{m}^2\ \text{d}} \quad \text{bei großer Beschickung}$$

ermittelt werden.

Mit der Fläche des Kühlraums multipliziert ergibt sich dann die tägliche Wechselrate $\dot{m}$ in $\frac{\text{kg}}{\text{d}}$.

Im nächsten Schritt findet $\dot{m}$ dann Eingang in die Formel zur Berechnung der Kälteleistung für die Produktabkühlung:

$$\dot{Q}_A = \frac{\dot{m} \cdot c \cdot \Delta T}{86\,400\ \text{s/d}}$$

7.11 Enthalpie der Luft für Kühlräume

Aus dieser Tabelle können die Enthalpien in kJ/m³ direkt entnommen werden. In anderen Fällen ist das Mollier-h,x-Diagramm heranzuziehen.

t_R	Außenluft-Zustand							
	+5 °C		+10 °C		+15 °C		+20 °C	
	70 % r. F.	80 % r. F.	70 % r. F.	80 % r. F.	70 % r. F.	80 % r. F.	50 % r. F.	60 % r. F.
+15 °C	–	–	–	–	–	–	2,77	7,0
+10 °C	–	–	–	–	10,5	13,8	16,6	20,9
+5 °C	–	–	9,6	12,0	22,8	26,2	29,0	33,5
0 °C	9,1	10,9	20,8	23,3	34,4	37,9	40,8	45,4
-5 °C	19,2	20,9	31,0	33,5	44,6	48,2	51,2	55,8
-10 °C	28,7	30,5	40,8	43,4	54,8	58,4	61,4	66,1
-15 °C	37,8	39,7	50,2	52,8	64,5	68,2	71,3	76,1
-20 °C	46,1	48,0	58,8	61,5	73,4	77,1	80,4	85,3
-25 °C	55,1	57,1	68,0	70,8	82,9	86,8	90,1	95,1
-30 °C	64,2	66,2	77,5	80,1	92,6	96,5	99,8	105,0
-35 °C	73,3	75,3	86,7	89,6	102,0	106,0	110,0	115,0
-40 °C	83,3	85,4	97,1	100,0	113,0	117,0	121,0	126,0

t_R	Außenluft-Zustand							
	+25 °C		+30 °C		+35 °C		+40 °C	
	50 % r. F.	60 % r. F.	50 % r. F.	60 % r. F.	50 % r. F.	60 % r. F.	50 % r. F.	60 % r. F.
+15 °C	16,8	23,3	34,5	42,7	56,4	66,4	81,4	96,5
+10 °C	30,87	37,5	48,8	57,2	70,1	81,3	96,5	112,0
+5 °C	43,7	50,5	62,1	70,6	83,9	95,4	111,0	127,0
0 °C	55,9	62,9	74,9	83,7	97,4	109,0	125,0	141,0
-5 °C	66,4	73,5	85,5	94,4	108,0	120,0	136,0	153,0
-10 °C	77,0	84,2	96,6	106,0	120,0	132,0	148,0	165,0
-15 °C	87,2	94,6	107,0	116,0	131,0	143,0	160,0	177,0
-20 °C	96,6	104,0	117,0	127,0	141,0	154,0	171,0	189,0
-25 °C	107,0	114,0	127,0	137,0	152,0	165,0	183,0	201,0
-30 °C	117,0	125,0	138,0	148,0	163,0	177,0	195,0	213,0
-35 °C	127,0	135,0	149,0	159,0	174,0	188,0	207,0	225,0
-40 °C	138,0	147,0	161,0	171,0	187,0	201,0	220,0	231,0

7.12 Luftwechselraten je Tag für Kühlräume durch Türöffnen

Die Tabelle gibt eine durchschnittliche praktische Luftwechselrate je Tag in Abhängigkeit des Kühlraumvolumens an.

Raumvolumen	Luftwechsel je Tag	Raumvolumen	Luftwechsel je Tag	Raumvolumen	Luftwechsel je Tag	Raumvolumen	Luftwechsel je Tag
über 0 °C							
2,5	70	20	22	100	9	600	3,2
3,0	63	25	19,5	150	7	800	2,8
4,0	53	30	17,5	200	6	1 000	2,4
5,0	47	40	15,0	250	5,3	1 500	1,95
7,5	38	50	13,0	300	4,8	2 000	1,65
10,0	32	60	12,0	400	4,1	2 500	1,45
15,0	26	80	10,0	500	3,6	3 000	1,3
unter 0 °C							
2,5	52	20	16,5	100	6,8	600	2,5
3,0	47	25	14,5	150	5,4	800	2,1
4,0	40	30	13,0	200	4,6	1 000	1,9
5,0	35	40	11,5	250	4,1	1 500	1,5
7,5	28	50	10,0	300	3,7	2 000	1,3
10,0	24	60	9,0	400	3,1	2 500	1,1
15,0	19	80	7,7	500	2,8	3 000	1,05

7.13 Wärmestrom von Personen

Raumtemperatur in °C	Wärmestrom je Person in W
20	180
15	200
10	210
5	240
0	270
– 5	300
–10	330
–15	360
–20	390
–25	420

7.14 Beleuchtungswärmestrom

Anwendung	Leuchtentyp	Leistung	Leistung + Vorschaltgerät	Raumhöhe	Stückzahl	Gesamtleistung	Wärmebelastung pro m^2
Kühlraum bis –20 °C	Kunststoffleuchte *Norka Malmö*	40 W	50 W	3 m 5 m	11 13	550 W 650 W	5,5 W 6,5 W
Tiefkühlraum bis –30 °C	Kunststoffleuchte *Norka Oslo*	115 W	135 W	4 m 6 m	5 6	675 W 810 W	6,75 W 8,1 W
	HQL *Norka Pollux* NAVE 983102	250 W	275 W	8 m 10 m	1,5 2	470 W 560 W	4,7 W 5,6 W
	HQL *Norka Pollux* NAVE 983105	400 W	450 W	8 m 10 m	1 1,2	450 W 540 W	4,5 W 5,4 W

8 Formeln aus der Projektierung

8.1 Berechnung des Wärmedurchgangskoeffizienten (U-Wert[1])

$$U = \frac{1}{\frac{1}{\alpha_a} + \sum_{i=1}^{n} \frac{\delta_n}{\lambda_n} + \frac{1}{\alpha_i}} \text{ in } \frac{\text{W}}{\text{m}^2\ \text{K}}$$

mit: α_a = Wärmeübergangskoeffizient außen in $\frac{\text{W}}{\text{m}^2\ \text{K}}$

α_i = Wärmeübergangskoeffizient innen in $\frac{\text{W}}{\text{m}^2\ \text{K}}$

δ = Schichtdicke in m

λ = Wärmeleitkoeffizient in $\frac{\text{W}}{\text{m K}}$

Anmerkung:
Bei erdreichberührten Bauteilen, z. B. Kühlhausboden über Erdreich, wird $\frac{1}{\alpha_a} = 0$ gesetzt.

Anhaltswerte zur Wahl der Wärmeübergangskoeffizienten α in W/(m² K) an Umgrenzungsbauteilen des Kühlraums

Position	α_a	Position	α_i
Wände, die an die Umgebung (Außenluft) grenzen	29	Kaltlagerraumwände innen	
		bewegte Kühlung	19
Wände zu Nebenräumen	8	stille Kühlung	8

U-Werte für verschiedene Dämmmaterialien in W/(m² K)

Dämmmaterial	Rohdichte in kg/m³	Wärme-Dämmdicke in mm									
		20	40	60	80	100	120	140	160	180	200
Backkorkplatten	112	1,8	0,925	0,62	0,46	0,37	0,31	0,26	0,23	0,2	0,18
Backkorkplatten	114	2,1	1,05	0,70	0,52	0,42	0,35	0,30	0,26	0,23	0,21
feucht	192	2,45	1,22	0,82	0,61	0,49	0,41	0,35	0,31	0,27	0,24
Kork, lose, grobkörnig	80–112	2,45	1,22	0,82	0,61	0,49	0,41	0,35	0,31	0,27	0,24
Korkplatten, körnig	80–96	1,95	0,97	0,65	0,49	0,39	0,32	0,28	0,24	0,22	0,19
reine Glaswolle	80	1,65	0,82	0,55	0,41	0,33	0,27	0,24	0,21	0,18	0,16
Glaswolle, bitumenbeschichtet	48–80	1,65	0,82	0,55	0,41	0,33	0,27	0,24	0,21	0,18	0,16
Polystyrol	24	1,65	0,82	0,55	0,41	0,33	0,27	0,24	0,21	0,18	0,16
	32	1,50	0,75	0,50	0,37	0,30	0,25	0,21	0,19	0,17	0,15
	64	1,65	0,82	0,53	0,41	0,33	0,27	0,24	0,21	0,18	0,16
	88	1,75	0,87	0,58	0,44	0,35	0,29	0,25	0,22	0,19	0,17

[1] U-Wert: früher „k-Wert", wird in der Kältetechnik und Thermodynamik teiweise immer noch verwendet

Dämmmaterial	Rohdichte in kg/m³	Wärme-Dämmdicke in mm									
		20	40	60	80	100	120	140	160	180	200
Polystyrol, geschäumt	40	0,95	0,47	0,32	0,24	0,19	0,16	0,14	0,12	0,10	0,10
Polystyrolplatten	48	1,90	0,95	0,63	0,47	0,38	0,32	0,27	0,24	0,21	0,19
Schlackenwolle	136	1,68	0,84	0,56	0,42	0,34	0,28	0,24	0,21	0,19	0,17
Schlackenwolle, lose	176	1,82	0,91	0,61	0,45	0,36	0,30	0,26	0,23	0,20	0,18

U-Werte für verschiedene Schichtdicken bei Polyurethan-Hartschaum mit metallischen Deckschichten (z. B. bei Kühlzellen in Paneelbauweise)

Schichtdicke mm	Wärmedurchgangskoeffizient U $\frac{\text{W}}{\text{m}^2\,\text{K}}$	Empfohlene Temperaturdifferenzen ΔT in K	Einsatz für Temperaturen von ca. °C
50	0,39	20	−4
75	0,26	34	−10
100	0,19	45	−20
125	0,15	56	−30
150	0,13	70	−45

U-Werte für verschiedene Schichtdicken mit Polyurethan-Hartschaum und metallischen Deckschichten bei Kühlraumtüren

$$\delta = 60\ \text{mm:}\quad U = 0{,}32\ \frac{\text{W}}{\text{m}^2\,\text{K}}$$

$$\delta = 80\ \text{mm:}\quad U = 0{,}24\ \frac{\text{W}}{\text{m}^2\,\text{K}}$$

$$\delta = 100\ \text{mm:}\quad U = 0{,}19\ \frac{\text{W}}{\text{m}^2\,\text{K}}$$

U-Werte für Lichtkuppeln

$$\text{zweischalig:}\quad U = 3{,}5\ \frac{\text{W}}{\text{m}^2\,\text{K}}$$

$$\text{dreischalig:}\quad U = 2{,}5\ \frac{\text{W}}{\text{m}^2\,\text{K}}$$

U-Wert Streifenvorhang mit $\delta = 0{,}005\ \text{m},\ \lambda = 0{,}13\ \frac{\text{W}}{\text{m K}},\ \alpha_\text{i} = 19\ \frac{\text{W}}{\text{m}^2\ \text{K}},\ \alpha_\text{a} = 8\ \frac{\text{W}}{\text{m}^2\ \text{K}}$

$$U = 4{,}63\ \frac{\text{W}}{\text{m}^2\ \text{K}}$$

U-Wert Hafa Sektionaltor mit B = 2,60 m und H = 2,80 m

$$U = 0{,}80\ \frac{\text{W}}{\text{m}^2\ \text{K}}$$

8.2 Wärmeeinströmung

$$\dot{Q}_\text{E} = A \cdot k \cdot \Delta T \quad \text{in W}$$

mit: A = Fläche in m^2

U = Wärmedurchgangskoeffizient in $\frac{\text{W}}{\text{m}^2\ \text{K}}$

ΔT = Temperaturdifferenz zwischen Kühlrauminnentemperatur und Umgebungstemperatur in K

ΔT-Zuschläge für Kühlräume, die starker Sonneneinstrahlung ausgesetzt sind

Art der Oberfläche	Ost	Süd	West	Flachdach
dunkelgefärbte Wände und Dächer	4,4 K	2,8 K	4,4 K	11 K
mittel gefärbte Flächen, z. B. Holz, Zement, in den Farben rot, grün oder grau	3,3 K	2,2 K	3,3 K	8,3 K
leicht gefärbte Flächen, z. B. weiße Steine, gef. Zement, weiße Flächen	2,2 K	1,0 K	2,2 K	5 K

Anhaltswerte für Umgebungstemperaturen von Kühlräumen

Umgebungstemperaturen im mitteleuropäischen Raum für die Kühlraumberechnung	
Außentemperatur	
vorwiegend im Schatten	+25 °C
vorwiegend unter Sonne	+30 °C
Innenräume	+20 °C bis +25 °C
Kellerräume	
teilweise unter Erdoberfläche	+20 °C
ganz unter Erdoberfläche	+15 °C
unter Gebäudedächern	+35 °C bis +40 °C
Erdboden	
unter Kühlraumboden	+15 °C
an Kühlraummauern	+18 °C

Kühlgutwärmestrom (Abkühlen)

$$\dot{Q}_A = \frac{\dot{m} \cdot c \cdot \Delta T}{86\,400 \text{ s/d}} \quad \text{in kW}$$

mit: $\dot{m}$ = tägliche Kühlgutmasse in kg/d
c = spezifische Wärmekapazität des Kühlguts entsprechend Kühlguttabelle (ab S. 55) in $\frac{\text{kJ}}{\text{kg K}}$
ΔT = Abkühltemperaturdifferenz in K

Anmerkung:
Spezifische Wärmekapazität vor dem Erstarren einsetzen.

Kühlgutwärmemenge (Abkühlen)

$$Q_A = m \cdot c \cdot \Delta T \quad \text{in kJ}$$

mit: m = Kühlgutmasse in kg
c = spezifische Wärmekapazität des Kühlguts entsprechend Kühlguttabelle (ab S. 55) in $\frac{\text{kJ}}{\text{kg K}}$
ΔT = Temperaturdifferenz in K

Gefriergutwärmestrom

$$\dot{Q}_A = \frac{\dot{m} \cdot q}{86\,400 \text{ s/d}} \quad \text{in kW}$$

mit: $\dot{m}$ = tägliche Gefriergutmasse in kg/d
q = Erstarrungswärme in kJ/kg

Gefriergutwärmemenge

$$Q_A = m \cdot q \quad \text{in kJ}$$

mit: m = Gefriergutmasse in kg
q = Erstarrungswärme in kJ/kg

Gefriergutwärmestrom (Unterkühlen)

$$\dot{Q}_A = \frac{\dot{m} \cdot c \cdot \Delta T}{86\,400 \text{ s/d}} \quad \text{in kW}$$

mit: $\dot{m}$ = tägliche Kühlgutmasse in kg/d
c = spezifische Wärmekapazität des Kühlguts entsprechend Kühlguttabelle (ab S. 55) in $\frac{\text{kJ}}{\text{kg K}}$
ΔT = Unterkühlungstemperaturdifferenz vom höchsten Gefrierpunkt zur gewünschten Temperatur in K

Anmerkung:
Spezifische Wärmekapazität nach dem Erstarren einsetzen.

Gefriergutwärmemenge (Unterkühlen)

$$Q_A = m \cdot c \cdot \Delta T \quad \text{in kJ}$$

mit: m = Kühlgutmasse in kg
c = spezifische Wärmekapazität des Kühlguts entsprechend Kühlguttabelle (ab S. 55) in $\frac{\text{kJ}}{\text{kg K}}$
ΔT = Temperaturdifferenz in K

Werden mehrere unterschiedliche Kühl- oder Gefriergüter gelagert, so ermittelt man die spezifische Wärmekapazität wie folgt:

$$\bar{c} = \frac{m_1 \cdot c_1 + m_2 \cdot c_2 + \ldots + m_n \cdot c_n}{m_1 + m_2 + \ldots + m_n}$$

Atmungswärmestrom (nur bei Obst und Gemüse)

$$\dot{Q}_{At} = \frac{m \cdot q_{At}}{86\,400\ \text{s/d}} \quad \text{in kW}$$

mit: m = Kühlgutmasse in kg
q_{At} = Atmungswärme in $\frac{\text{kJ}}{\text{kg d}}$

Atmungswärmemenge pro Tag

$$Q_{At} = m \cdot q_{At} \quad \text{in } \frac{\text{kJ}}{\text{d}}$$

mit: m = Kühlgutmasse in kg
q_{At} = Atmungswärme in $\frac{\text{kJ}}{\text{kg d}}$

Anmerkung:
Es wird die gesamte Kühlgutmasse, die im Raum lagert, eingesetzt und nicht nur die tägliche Wechselrate.

Wärmestrom durch Lufterneuerung

① $$\dot{V}_L = V_{Raum} \cdot n \quad \text{in } \frac{m^3}{d}$$

mit: V_{Raum} = Raumvolumen in m^3

n = tägliche Luftwechselrate nach Bäckström ermittelt: $n_{Lw} = \frac{70}{\sqrt{V_R}}$ in $\frac{1}{d}$
mit: V_R in m^3

② $$\dot{m}_L = \frac{\dot{V}_L \cdot \rho_L}{86\,400 \text{ s/d}} \quad \text{in } \frac{kg}{s}$$

mit: $\dot{V}_L$ = Luftvolumenstrom in $\frac{m^3}{d}$

ρ_L = Dichte der Luft bei Raumtemperatur in $\frac{kg}{m^3}$ aus h, x-Diagramm

Alternative Berechnung der Dichte der Luft bei Raumtemperatur

$$\rho_L = \frac{\rho_0}{1 + \frac{\vartheta}{273{,}15}}$$

mit: $\rho_0 = 1{,}2930 \frac{kg}{m^3}$

ϑ in °C einsetzen.

③ $$\dot{Q}_L = \dot{m}_L \cdot \Delta h \quad \text{in } \frac{kJ}{s} \mathrel{\hat{=}} kW$$

mit: $\dot{m}_L$ = Luftmassenstrom in $\frac{kg}{s}$

Δh = Enthalpiedifferenz in $\frac{kJ}{kg}$ aus h, x-Diagramm

Alternative Berechnung des Wärmestroms

$$\dot{Q}_L = \frac{V_R \cdot n \cdot \Delta h}{86\,400 \text{ s/d}} \quad \text{in } \frac{kJ}{s}$$

mit: V_R in m^3

n in $\frac{1}{d}$

Δh in $\frac{kJ}{m^3}$ aus Tabelle (S. 70)

Personenwärmestrom

$$\dot{Q}_{Pers} = \frac{i \cdot q \cdot \tau}{24\ h/d} \quad \text{in W}$$

mit: i = Anzahl der Personen
q = Personenwärmestrom gemäß Tabelle (s. S. 72) in W
τ = Begehungszeit während des Tages h/d

Beleuchtungswärmestrom

$$\dot{Q}_{Bel} = \frac{i \cdot P \cdot \tau}{24\ h/d} \quad \text{in W}$$

mit: i = Anzahl der Leuchten
P = Leistung in W aus Tabelle (s. S. 72)
τ = tägliche Einschaltdauer in h/d

Verdampferventilatormotorwärmestrom

$$\dot{Q}_{Vent} = \frac{i \cdot P \cdot \tau}{\text{Betriebszeit der Kälteanlage in h pro d}} \quad \text{in W}$$

mit: i = Anzahl der Ventilatormotoren
P = Leistung der Motoren (Unterlagen Hersteller)
τ = tägliche Betriebszeit der Motoren in h/d

Heizwärmestrom Verdampfer

$$\dot{Q}_{Heiz} = \frac{i \cdot P \cdot \tau}{\text{Betriebszeit der Kälteanlage in h pro d}} \quad \text{in W}$$

mit: i = Anzahl der Heizkreise im Verdampfer
P = Heizleistung in W (Unterlagen Hersteller)
τ = tägliche Abtauzeit in h/d gemäß Tabelle (s. S. 144)

Türrahmenheizung im Dauerbetrieb

Einsatzbereich:

–5 °C bis –15 °C: $23\,\frac{W}{m}$

–15 °C bis –30 °C: $28\,\frac{W}{m}$

unter –30 °C: $35\,\frac{W}{m}$

Abflussheizung

Im Tiefkühlbereich ist grundsätzlich eine elektrische Abflussheizung vorzusehen. Ihre Heizleistung, abhängig von der Länge des Heizkabels (1,3 m: 72 W; 2,0 m: 110 W; 3,0 m: 165 W; 4,0 m: 220 W), wird zur Leistung der Abtauheizung addiert!

Wärmestrom durch Gabelstaplerbefahrung

$$\dot{Q}_{\text{Stapler}} = \frac{i \cdot P \cdot \tau}{24\ \text{h/d}} \quad \text{in W}$$

mit: i = Anzahl und Art der Stapler

P = Hubmotorleistung und Fahrmotorleistung entsprechend aufgeteilt in W

τ = Staplerbetriebszeit pro Tag in h/d

Abhängig davon, ob ein elektrisch betriebener Gabelstaplertyp nur zur Kommissionierung, d. h. nur zum Palettentransport ohne Hubleistung, eingesetzt wird oder ob ein anderer Fahrzeugtyp im Hochregallager Paletten ein- bzw. umsetzt und sie transportiert, werden unterschiedlich große Batterien erforderlich.

Die Fahrzeuge befinden sich ständig im gekühlten Lager.

Wärmeeintrag von außen entfällt.

! Energiemenge (Wh) = Batteriekapazität (Ah) · Nennspannung (V) · Ausnutzungsgrad

Bei vollständiger Batterieentladung kann man 80 % der Kapazität ansetzen.

Technische Daten zu unterschiedlichen Batterietypen im industriellen Einsatz bei einer durchschnittlichen Einsatzdauer von 6 h/d

Hersteller, Typ	Nennspannung (V)	Kapazität (Ah)	Gewicht (kg)
BAE 5 PzS 700L	48	700	1 111
VHB 5 PzS 750HX	48	750	1 160
Hoppecke 3 PzS 420L	24	420	358
BAE 3 PzS 420L	24	420	361
VHB 3 PzS 330L	24	330	376
BAE 3 PzS 300EU	24	300	260
VHB 3 VBS 270	24	270	250
BAE 2 PzS 240HS	24	240	216

Wärmestrom durch Arbeitsmaschinen

$$\dot{Q}_{\text{Maschinen}} = \frac{i \cdot P \cdot \tau}{24\ \text{h/d}} \quad \text{in W}$$

mit:
- i = Anzahl der Arbeitsmaschinen, z. B. Kuttermaschinen in gekühltem Arbeitsraum
- P = Leistung der Maschinen in W (Unterlagen Hersteller)
- τ = Maschinenbetriebszeit in h/d

Feuchtigkeit am Verdampfer in Eis verwandeln

$$\dot{Q}_{\text{Eis}} = \frac{\dot{m}_{\text{W}} \cdot q_{\text{W}}}{86\,400\ \text{s/d}} \quad \text{in kW}$$

mit:
- $\dot{m}_{\text{W}}$ = $\dot{m}_{\text{L}} \cdot \Delta x$ in kg/d
- q_{W} = Schmelzenthalpie von Eis $\frac{\text{kJ}}{\text{kg}} \left(335\,\frac{\text{kJ}}{\text{kg}}\right)$

Unterkühlung des Eises auf Verdampfungstemperatur

$$\dot{Q}_{\text{A}} = \frac{\dot{m}_{\text{L}} \cdot \Delta x \cdot c_{\text{Eis}} \cdot \Delta T}{86\,400\ \text{s/d}} \quad \text{in kW}$$

mit:
- $\dot{m}_{\text{L}}$ = Luftmassenstrom in kg/d
- Δx = in kg/kg aus h,x-Diagramm
- c = spezifische Wärmekapazität von Eis $\left(2{,}11\,\frac{\text{kJ}}{\text{kg K}}\right)$
- ΔT = Temperaturdifferenz von 0 °C zur Verdampfungstemperatur in K

Wärmestrom durch geöffnete Türen (nach Tamm)

$$\dot{Q}_{\text{Tür}} = \left[8{,}0 + \left(0{,}067 \cdot \Delta T_{\text{Tür}}\right)\right] \cdot \tau_{\text{Tür}} \cdot \rho_{\text{L,KR}} \cdot B_{\text{Tür}} \cdot H_{\text{Tür}} \cdot \sqrt{H_{\text{Tür}} \cdot \left(1 - \frac{\rho_{\text{L,a}}}{\rho_{\text{L,i}}}\right)} \cdot \left(h_{\text{L,a}} - h_{\text{L,i}}\right) \cdot \eta_{\text{LS}} \quad \text{in W}$$

mit:
- $\Delta T_{\text{Tür}}$ = $T_{\text{a}} - T_{\text{i}}$ in K
- $\tau_{\text{Tür}}$ = Öffnungszeit in min bezogen auf eine Tonne Warenumschlag
- $\rho_{\text{L,KR}}$ = Dichte der Luft im Kühlraum in kg/m^3
- $B_{\text{Tür}}$ = Türbreite in m
- $H_{\text{Tür}}$ = Türhöhe in m
- $\rho_{\text{L,a}}$ = Dichte der den Kühlraum umgebenden Luft in kg/m^3
- $\rho_{\text{L,i}}$ = Dichte der Luft im Kühlraum in kg/m^3

$h_{L,a}$ = spezifische Enthalpie der Luft außerhalb des Kühlraums

$h_{L,i}$ = spezifische Enthalpie der Luft im Kühlraum in $\frac{kJ}{kg}$

η_{LS} = Wirkungsgrad der eventuell vorhandenen Luftschleieranlage.
Für Räume ohne Luftschleieranlage gilt: $\eta_{LS} = 1$;
für Räume mit Luftschleieranlage gilt: $\eta_{LS} = 0{,}25$

$\rho_{L,KR} \mathrel{\hat{=}} \rho_{L,i}$

Art der Schiebetür	Art der Ware	$\tau_{Tür}$ min/t Warenumschlag
handbedient	gefrorene Tierkörper palettisierte Ware	15 6
mechanisch bedient	gefrorene Tierkörper palettisierte Ware	1 0,8

Gesamtwärmestrom in Watt

① $$\dot{Q}_{ges} = \dot{Q}_{Transmissionswärme} + \dot{Q}_{Kühlgut} + \dot{Q}_{Atmung} + \dot{Q}_{Lufterneuerung} + \dot{Q}_{Türöffnungsverluste} + \dot{Q}_{Personen} + \dot{Q}_{Beleuchtung} + \dot{Q}_{Gabelstapler} + \dot{Q}_{Arbeitsmaschinen}$$

② Umrechnen des Gesamtwärmestroms auf die tägliche Betriebszeit der Kälteanlage in Watt:

$$\dot{Q}_{0,\,vorläufig} = \frac{\dot{Q}_{ges} \cdot 24\,\frac{h}{d}}{\text{Betriebszeit Kälteanlage in } \frac{h}{d}}$$

z. B.

Tiefkühlanlagen: $18\,\frac{h}{d}$

Normalkühlanlagen: $16\,\frac{h}{d}$

③ Zuschlag auf die vorläufige Verdampfungsleistung für unbekannte Verdampferabtauheizleistung und unbekannte Verdampferventilatormotorleistung:

$$\dot{Q}_0 = \dot{Q}_{0,\,vorläufig} + 20\,\%$$

④ Auswahl des Verdampfers/der Verdampfer mit Kälteleistung aus ③

⑤ Rückrechnung der Verdampferleistung zur Probe:

1. $$\dot{Q}_{Ventilator} = \frac{i \cdot P \cdot \tau}{\text{Betriebszeit der Kälteanlage in h/d}} \quad \text{in W}$$

mit: i = Anzahl der Ventilatormotoren (aus den Herstellerunterlagen)
P = Leistung der Motoren in W (aus den Herstellerunterlagen)
τ = tägliche Betriebszeit in $\frac{\text{h}}{\text{d}}$

2. $$\dot{Q}_{\text{Abtauheizung}} = \frac{i \cdot P \cdot \tau}{\text{Betriebszeit der Kälteanlage in h/d}} \quad \text{in W}$$

mit: i = Anzahl der Heizkreise (aus den Herstellerunterlagen)
P = Abtauheizleistung gesamt in W (aus den Herstellerunterlagen)
τ = tägliche Abtauzeit in $\frac{\text{h}}{\text{d}}$ (siehe Tabelle S. 144)

3. Ermittlung der tatsächlichen Verdampferleistung:

$$\dot{Q}_{0,\,\text{Vda}} = \dot{Q}_{0,\,\text{vorläufig}} + \dot{Q}_{\text{Ventilator}} + \dot{Q}_{\text{Abtauheizung}} \quad \text{in W}$$

⑥ Überprüfung der Verdampferleistung anhand der Herstellerunterlagen

Betriebszeitüberprüfung

geplant: $\dot{Q}_0 = 10\ \text{kW}$

$t = 16\ \frac{\text{h}}{\text{d}}$

$\dot{Q}_{0,\,\text{Verdichter}} = 11\ \text{kW}$

$t_{\text{eff}} = ?$

① $$\frac{10\ \text{kW} \cdot 16\ \text{h}}{\text{d}} = 160\ \frac{\text{kWh}}{\text{d}}$$

② $$t_{\text{eff}} = \frac{160\ \frac{\text{kWh}}{\text{d}}}{11\ \frac{\text{kW}}{1}} = 14{,}55\ \frac{\cancel{\text{kW}}\text{h}}{\text{d}} \cdot \frac{1}{\cancel{\text{kW}}}$$

③ $$t_{\text{eff}} = 14{,}55\ \frac{\text{h}}{\text{d}}$$

9 Der luftgekühlte Verflüssiger

Verflüssigungsleistung für offene Verdichter

$$\dot{Q}_c = \dot{Q}_0 + P_i \quad \text{in kW}$$

Verflüssigungsleistung für halb- und vollhermetische Verdichter

$$\dot{Q}_c = \dot{Q}_0 + P_{Kl} \quad \text{in kW}$$

$$\dot{Q}_c = \dot{Q}_0 + P_{Kl} - \dot{Q}_{Öl} \quad \text{bei Schraubenverdichteranlagen mit Ölkühler}$$

Verflüssigungsleistung bei unbekannter Leistungsaufnahme für offene Verdichter

$$\dot{Q}_c = \dot{Q}_0 \cdot f_1 \quad \text{in kW}$$

mit: $f_1 = 1{,}18$ bei $t_0 = -10\ °C$ und $t_c = +40\ °C$
$f_1 = 1{,}23$ bei $t_0 = -10\ °C$ und $t_c = +45\ °C$
$f_1 = 1{,}43$ bei $t_0 = -30\ °C$ und $t_c = +40\ °C$
$f_1 = 1{,}60$ bei $t_0 = -38\ °C$ und $t_c = +40\ °C$

Verflüssigungsleistung bei unbekannter Leistungsaufnahme für halb- und vollhermetische Verdichter

$$\dot{Q}_c = \dot{Q}_0 \cdot f_1 \quad \text{in kW}$$

mit: $f_1 = 1{,}30$ bei $t_0 = -10\ °C$ und $t_c = +40\ °C$
$f_1 = 1{,}35$ bei $t_0 = -10\ °C$ und $t_c = +45\ °C$
$f_1 = 1{,}625$ bei $t_0 = -30\ °C$ und $t_c = +40\ °C$
$f_1 = 1{,}82$ bei $t_0 = -38\ °C$ und $t_c = +40\ °C$

9.1 Korrekturfaktoren für luftgekühlte Verflüssiger zur Bestimmung der Verflüssiger-Nennleistung

$\dot{Q}_{C,N} = \frac{\dot{Q}_c}{f_2 \cdot f_3 \cdot f_4}$ in kW bezogen auf die Verflüssiger-Nennleistung bei: $t_c = +40$ °C; $t_{LE} = +25$ °C; R 404A

Korrekturfaktor in Abhängigkeit von t_c und t_{LE}, praxisrelevante Werte

Lufteintrittstemperatur:	$t_{LE} = +32$ °C	$t_{LE} = +35$ °C
Verflüssigungstemperatur Normalkühlung:	$t_c = +45$ °C; $f_2 = 0{,}875$	$f_2 = 0{,}70$
Verflüssigungstemperatur Tiefkühlung:	$t_c = +40$ °C; $f_2 = 0{,}575$	$f_2 = 0{,}40$

Korrekturfaktoren in Abhängigkeit von der Aufstellhöhe

Meter über NN	0	500	1 000	1 500	2 000	2 500
f_3 Ventilator ≤ ∅ 650	1,0	0,97	0,94	0,91	0,88	0,85
f_3 Ventilator ≥ ∅ 900	1,0	0,96	0,91	0,87	0,83	0,80

Korrekturfaktoren für Kältemittel

Kältemittel	R 22	R 134 a	R 404A/R 507	R 407C
f_4	0,96	0,93	1,0	0,86

Energieeffizienzklassen von Verflüssigern (luftgekühlt)

Klasse	Energieverbrauch	*R*
A	extrem niedrig	$R > 110$
B	sehr niedrig	$70 < R < 110$
C	niedrig	$45 < R < 70$
D	mittel	$30 < R < 45$
E	hoch	$30 < R$

mit: $R = \frac{\dot{Q}_{C,\,Nenn}}{P_{Klemme\ Ventilatormotor}}$

Praktikerformel zur Bestimmung von $\dot{Q}_{C,Nenn}$

$$\dot{Q}_{C,\,Nenn} = \frac{\dot{Q}_C \ 15\,K}{\Delta T_{tatsächlich}}$$

(siehe auch Kapitel 13.8)

9.2 Schalldruckpegeländerung nach dem Hüllflächenverfahren

Der Schalldruckpegel $dB_A/5$ m ist der rechnerische Messflächen-Schalldruckpegel bezogen auf die Quaderoberfläche in 5 m Entfernung vom Gerät im Freifeld auf einer reflektierenden Ebene. Das unten für einen luftgekühlten Verflüssiger der Fa. Güntner beispielhaft dargestellte Nomogramm zur Bestimmung der Schalldruckpegeländerung ΔL_{PA} für andere Entfernungen basiert auf einer quaderförmigen Hüllfläche um das Gerät (Hüllflächenverfahren). Der Schalldruckpegel ist eine Berechnung aus dem Eurovent zertifizierten Schallleistungspegel: L_p (5 m) = L_{Wa} – 26.

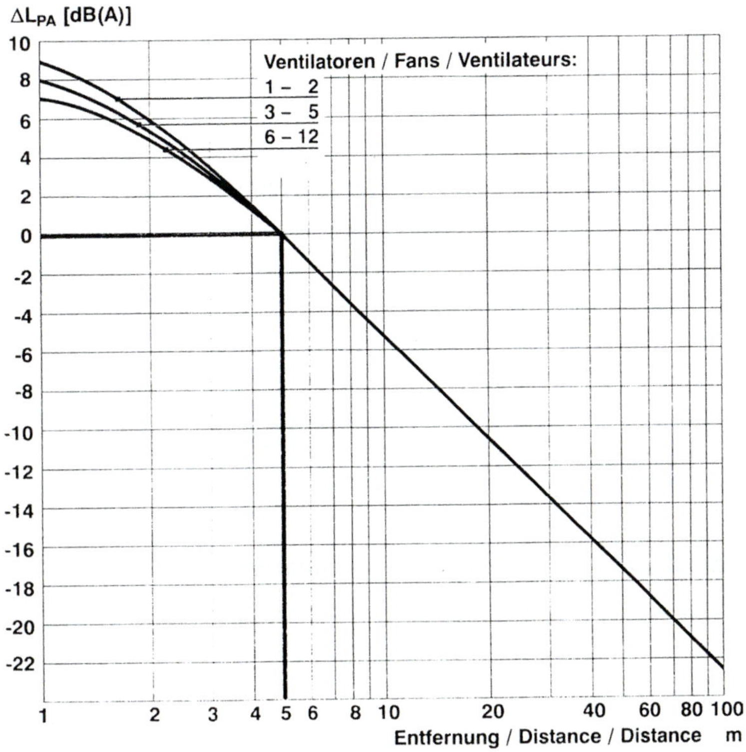

Anzahl der Ventilatoren	2	3	4	5	6	8	10	12
Schallzunahme	3	5	6	7	8	9	10	11

Addition von Schalldruckpegeln zum Gesamtschalldruckpegel

$$L_{P_{ges}} = 10 \cdot \log\left(10^{0,1 \cdot L_{P1}} + 10^{0,1 \cdot L_{P2}}\right)$$

Zwei luftgekühlte Verflüssiger stehen parallel nebeneinander. Im Volllastbetrieb hat das Modell Güntner GCHC RD 050.1/13-50 (s. S. 89) im Abstand von 10 m einen Schalldruckpegel von 50 dB(A). Der zweite Güntner-Verflüssiger GCHC RD 050.1/12-49 (s. S. 89) hat im Volllastbetrieb im Abstand von 10 m einen Schalldruckpegel von 49 dB(A).

Wie hoch ist der resultierende Gesamtschalldruckpegel beider Geräte?

$$L_{P_{ges}} = 10 \cdot \log\left(10^{0,1 \cdot 50} + 10^{0,1 \cdot 49}\right)$$
$$= 52{,}54 \text{ dB(A)}$$

Zwei luftgekühlte Verflüssiger des Typs Güntner GCHC RD 050.1/13-50 haben im Volllastbetrieb im Abstand von 10 m einen Schalldruckpegel von je 50 dB(A).

Wie hoch ist der resultierende Gesamtschalldruckpegel beider Geräte?

$$L_{P_{ges}} = 10 \cdot \log\left(10^{0,1 \cdot 50} + 10^{0,1 \cdot 50}\right)$$
$$= 53{,}01 \text{ dB(A)}$$

! Haben zwei Schallgeber den gleichen Schalldruckpegel, so erhöht sich der resultierende Gesamtschalldruckpegel immer um 3 dB(A).

Änderung des Schalldruckpegels mit zunehmender Entfernung

Wie ändert sich der Schalldruckpegel, wenn sich der Abstand vom Schallgeber verdoppelt?

$$L_{P_2} = L_{P_1} - 20 \cdot \log\left(\frac{r_2}{r_1}\right)$$

Der luftgekühlte Verflüssiger Güntner GCHC RD 050 hat in 10 m Entfernung einen Schalldruckpegel L_{P_1} von 50 dB(A).

Wie ändert sich der Schalldruckpegel L_{P_1} in 20 m Entfernung?

$$L_{P_2} = 50 \text{ dB(A)} - 20 \cdot \log\left(\frac{20 \text{ m}}{10 \text{ m}}\right)$$
$$= 43{,}98 \text{ dB(A)} \sim 44 \text{ dB(A)}$$

! Wird der Abstand vom Schallgeber beispielsweise von 10 m (Werksangabe) auf 20 m verdoppelt, so reduziert sich der Schalldruckpegel um ca. 6 dB(A).

Verflüssiger	**GCHC RD 050.1/13-50**		
Leistung:	65,0 kW	**Kältemittel:**	R407F
		Heißgastemperatur:	75,0 °C
Luftvolumenstrom:	24 120 m^3/h	Verflüssigungstemp. (Taupkt.):	45,2 °C
Luft Eintritt:	35,0 °C	Kondensataustritt:	39,6 °C
Geodätische Höhe:	0 m	Heißgasvolumenstr.:	14,61 m^3/h
Luftgeschwindigkeit:	1,8 m/s	Massenstrom:	1 152 kg/h
U-Wert:	33,49 $W/(m^2 \cdot K)$	Druckabfall:	0,11 bar/0,22 K
Ventilatoren (AC): 3 Stück 1 ~ 230 V 50 Hz		Schalldruckpegel:	50 dB(A)
Daten je Motor (Nominaldaten):		im Abstand:	10,0 m
Drehzahl:	1 300 min^{-1}	Schallleistung:	83 dB(A)
Leistung (el.):	0,68 kW	ErP:	Konform
Stromaufnahme:	3,00 A		
Gesamte el. Leistungsaufnahme: 1,77 kW		Energieeffizienzklasse:	D (2014)
Gehäuse:	Stahl verzinkt	WT-Rohre:	Kupfer
Austauschfläche:	301,1 m^2	Lamellen:	Aluminium
Rohrinhalt:	26,0 l	Anschlüsse je Gerät:	
Lam. Teilung:	2,10 mm	Eintrittsstutzen:	42,0 × 1,60 mm
Pässe:	4	Austrittsstutzen:	42,0 × 1,60 mm
Leergewicht:	253 kg	Stränge:	40
Max. Betriebsdruck:	32,0 bar	DGRL-Einstufung:	Kategorie I, Modul A
Abmessungen:			
Gerätelänge:	3 669 mm		
Gerätebreite:	1 088 mm		
Gerätehöhe:	919 mm		
Zahl der Füße:	4		

Verflüssiger	**GCHC RD 050.1/12-49**		
Leistung:	37,0 kW	**Kältemittel:**	R407F
		Heißgastemperatur:	75,0 °C
Luftvolumenstrom:	17 013 m^3/h	Verflüssigungstemp. (Taupkt.):	45,0 °C
Luft Eintritt:	35,0 °C	Kondensataustritt:	39,4 °C
Geodätische Höhe:	0 m	Heißgasvolumenstr.:	8,34 m^3/h
Luftgeschwindigkeit:	2,0 m/s	Massenstrom:	654 kg/h
U-Wert:	34,42 $W/(m^2 \cdot K)$	Druckabfall:	0,14 bar/0,29 K
Ventilatoren (AC): 2 Stück 3 ~ 400 V 50 Hz Δ/(Y)		Schalldruckpegel:	49 dB(A)
Daten je Motor (Nominaldaten):		im Abstand:	10,0 m
Drehzahl:	1 390 min^{-1}/(1 180 min^{-1})	Schallleistung:	81 dB(A)
Leistung (el.):	0,72 kW	ErP:	Konform
Stromaufnahme:	1,41 A		
Gesamte el. Leistungsaufnahme: 1,22 kW		Energieeffizienzklasse:	D (2014)
Gehäuse:	Stahl verzinkt	WT-Rohre:	Kupfer
Austauschfläche:	150,5 m^2	Lamellen:	Aluminium
Rohrinhalt:	13,5 l	Anschlüsse je Gerät:	
Lam. Teilung:	2,10 mm	Eintrittsstutzen:	35,0 × 1,50 mm
Pässe:	6	Austrittsstutzen:	35,0 × 1,50 mm
Leergewicht:	200 kg	Stränge:	20
Max. Betriebsdruck:	32,0 bar	DGRL-Einstufung:	Art. 3, Abs. 3
Abmessungen:			
Gerätelänge:	2 469 mm		
Gerätebreite:	1 088 mm		
Gerätehöhe:	1 519 mm		
Zahl der Füße:	4		

9.3 Wandabstand für luftgekühlte Verflüssiger in vertikaler Aufstellung

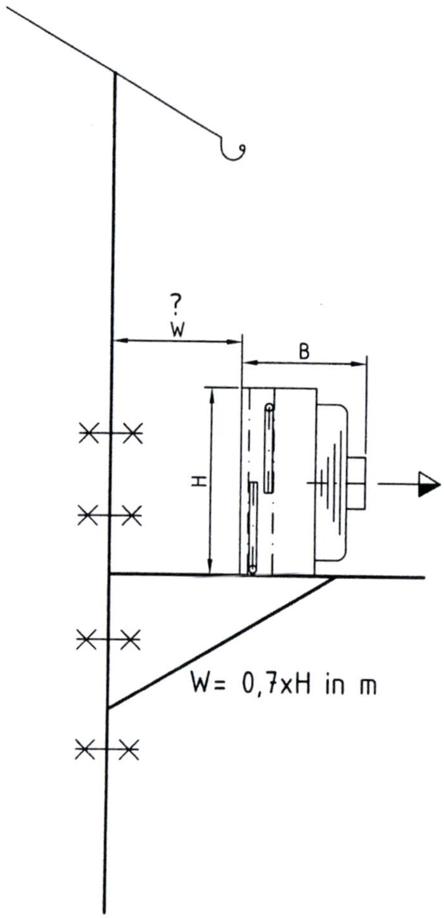

Wandabstand luftgekühlter Verflüssiger

$$W = \frac{\text{Verflüssigerfläche } A \quad \text{in m}^2}{\text{Umfang Verflüssiger } U \quad \text{in m}} \quad \text{in m}$$

In guter Näherung gilt auch:

$$W = 0{,}7 \cdot H \quad \text{in m}$$

10 Der wassergekühlte Verflüssiger

Praxisübliche Kühlwassererwärmung

Seewasser: 2–3 K
Kühlturmwasser: 4–6 K
Stadtwasser: 10–30 K

Der **Kühlwasservolumenstrom** ergibt sich aus

$$\dot{V}_W = \frac{\dot{Q}_c}{c_W \cdot \rho_W \cdot \Delta T} \quad \text{in } \frac{m^3}{s}$$

mit: $\dot{Q}_c$ = Verflüssigungsleistung in $\frac{kJ}{s}$

c_W = spezifische Wärmekapazität (Wasser) in $\frac{kJ}{kg\,K}$

ρ_W = Dichte (Wasser) in $\frac{kg}{m^3}$

ΔT = $t_{Wa} - t_{We}$ = Temperaturdifferenz zwischen Wasseraus- und Wassereintritt in K

Bestimmung des **Kühlwassermassenstroms**

$$\dot{m}_W = \dot{m}_R \cdot \frac{q_c}{c_W \cdot (t_{Wa} - t_{We})} \quad \text{in } \frac{kg}{s}$$

mit: $\dot{m}_R$ = Kältemittelmassenstrom in $\frac{kg}{s}$

q_c = spezifische Verflüssigungsleistung in $\frac{kJ}{kg}$ aus log p, h-Diagramm

c_W = spezifische Wärmekapazität (Wasser) in $\frac{kJ}{kg\,K}$

Bestimmung der **Wasseraustrittstemperatur**

$$t_{Wa} = t_{We} + \Delta t_W$$

mit: t_{We} = Wassereintrittstemperatur
Δt_W = Kühlwassererwärmung

$$\Delta t_W = \frac{\dot{Q}_c}{c_W \cdot \dot{m}_W} \quad \text{in K}$$

mit: $\dot{Q}_c$ in $\frac{J}{s}$

c_W in $\frac{J}{kg\,K}$

$\dot{m}_W$ in $\frac{kg}{s}$

Alternative Berechnung der **Kühlwassererwärmung**

$$\Delta t_W = \frac{\dot{Q}_c}{c_W \cdot \rho_W \cdot \dot{V}} \quad \text{in K}$$

mit: $\dot{Q}_c$ in $\frac{J}{s}$

c_W in $\frac{J}{kg\,K}$

ρ_W in $\frac{kg}{l}$

$\dot{V}$ in $\frac{l}{s}$

Kühlturmbetrieb

Steht nicht genügend Frischwasser für die Kühlung des Verflüssigers zur Verfügung, dann muss das im Verflüssiger erwärmte Kühlwasser in einem Kühlturm durch teilweise Verdunstung zurückgekühlt werden.

Leistungsbilanz für den Rückkühlbetrieb

$$\dot{m}_W \cdot c_W \cdot (t_{W1} - t_{W2}) \approx \dot{Q}_c \approx \dot{m}_L \cdot \left[(h_{L2} - h_{L1}) - (x_2 - x_1) \cdot h_W \right]$$

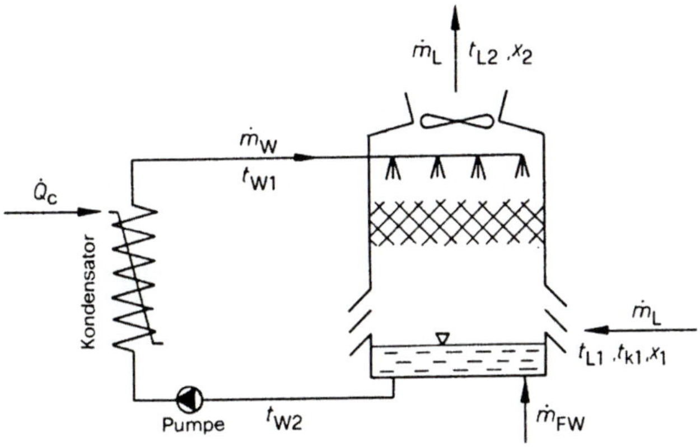

Kühlturm und Kühlwasserkreislauf (Schema)

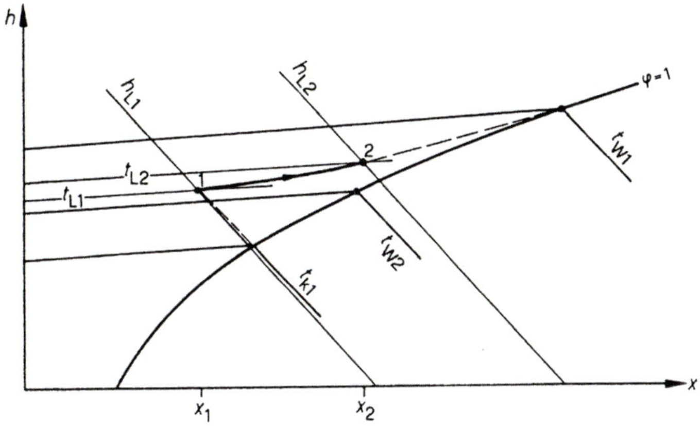

Zustandsänderung der Luft im Kühlturm und Kühlwassertemperaturen im h,x-Diagramm der feuchten Luft ($p = 1$ bar)

Kühlzonenbreite

$$\Delta T_W = t_{W1} - t_{W2}$$

Kühlgrenzabstand

Differenz zwischen $t_{W\ Austritt}$ und $t_{Feuchtkugel\ Lufteintritt}$

Frischwasserzufuhr zum Kühlturm

$$\dot{m}_{FW} = \dot{m}_L \cdot (x_2 - x_1) \quad \text{in } \frac{kg}{s}$$

mit: $\dot{m}_L$ = Luftmassenstrom in $\frac{kg}{s}$

Δx = Differenz der absoluten Feuchte in $\frac{kg}{kg}$ aus dem h,x-Diagramm

Im idealen Kühlturm würde das Kühlwasser von seiner Eintrittstemperatur t_{W1} bis auf die Kühlgrenztemperatur (Feuchtkugeltemperatur) der Außenluft abgekühlt werden. Damit kann für den wirklichen Rückkühlbetrieb der **Abkühlungsgrad η_A** definiert werden:

$$\eta_A = \frac{t_{W1} - t_{W2}}{t_{W1} - t_{Feuchtkugel\ 1}}$$

Kälteträger

t_c ca. 5 K oberhalb von $t_{Wasseraustritt}$

Wassergeschwindigkeit: $w = 1{,}5$ bis $1{,}8\ \frac{m}{s}$

Kälteträgergeschwindigkeit: $w = 1{,}0$ bis $1{,}3\ \frac{m}{s}$

ΔT zwischen Kälteträgervorlauf- und Kälteträgerrücklauftemperatur ca. 3 K

ΔT zwischen t_R bzw. t_{Medium} und $t_{Kälteträger}$ ca. 5 K

ΔT zwischen $t_{Kälteträgeraustritt}$ und t_0 ca. 5 K

ΔT zwischen t_0 und $t_{Kälteträgererstarrung}$ ca. 8 K

11 Bemessung kältemittelführender Rohrleitungen und Bauteile

11.1 Formeln zur Rohrleitungsdimensionierung

Rohroberfläche

$$A = d_a \cdot \pi \cdot l \quad \text{in m}^2$$

mit: $A = U \cdot l$ in m^2

$U = d_a \cdot \pi$ in m

Rohrgewicht (Masse in kg)

$$m = V \cdot \rho \quad \text{in kg}$$

mit: $\rho_{Cu} = 8\,900 \frac{kg}{m^3}$

$V = \frac{\left(d_a^2 - d_i^2\right) \cdot \pi}{4} \cdot l$ in m^3

Rohrinhalt

$$V = A \cdot l \quad \text{in dm}^3$$

mit: $A = \frac{d_i^2 \cdot \pi}{4}$

mit: d_i in dm

l in dm

Volumenstrom

$$\dot{V} = \frac{\dot{Q}_0}{q_{vol}} \quad \text{in } \frac{m^3}{s}$$

mit: $\dot{Q}_0$ in J/s

$q_{vol} = \frac{q_{0N}}{v_1}$ in $\frac{J}{m^3}$

Volumenstrom

$$\dot{V} = \frac{\dot{m}_R}{\rho_R} \quad \text{in} \ \frac{m^3}{s}$$

mit: $\dot{m}_R$ in $\frac{kg}{s}$

ρ_R in $\frac{kg}{m^3}$

Volumenstrom

$$\dot{V} = \dot{m}_R \cdot v_1 \quad \text{in} \ \frac{m^3}{s}$$

mit: $\dot{m}_R$ in $\frac{kg}{s}$

v_1 in $\frac{m^3}{kg}$

Kontinuitätsgleichung

$$\dot{V} = A \cdot w \quad \text{und} \quad \dot{m} = \rho \cdot w \cdot A$$

mit: $\dot{V}$ in $\frac{m^3}{s}$ und $\dot{m}$ in $\frac{kg}{s}$

Erforderlicher Rohrquerschnitt

$$A = \frac{\dot{V}}{w} \quad \text{in} \ m^2$$

Erforderlicher Rohrinnendurchmesser

$$d_i = \sqrt{\frac{A \cdot 4}{\pi}}$$

Statischer Druckverlust im geraden Rohrleitungsabschnitt

$$\Delta p = \lambda \cdot \frac{l}{d} \cdot \frac{\rho}{2} \cdot w^2 \quad \text{in } \frac{\mathrm{N}}{\mathrm{m}^2}$$

mit: λ = dimensionslose Rohrreibungszahl, Praxiswert $\lambda_{\mathrm{Cu}} = 0{,}03$

l in m

d in m

ρ in $\frac{\mathrm{kg}}{\mathrm{m}^3}$

w in $\frac{\mathrm{m}}{\mathrm{s}}$

Statischer Druckverlust im Einzelwiderstand

$$\Delta p = \zeta \cdot \frac{\rho}{2} \cdot w^2 \quad \text{in } \frac{\mathrm{N}}{\mathrm{m}^2}$$

mit: ζ = dimensionsloser Widerstandsbeiwert

ρ in $\frac{\mathrm{kg}}{\mathrm{m}^3}$

w in $\frac{\mathrm{m}}{\mathrm{s}}$

ζ-Werte für Rohrleitungseinbauten sind den entsprechenden Tabellenwerten zu entnehmen (s. S. 138).

Gesamtdruckverlust im Rohrleitungssystem ohne Steigleitungsanteil

$$\Delta p_{\mathrm{ges}} = \sum\left(\lambda \cdot \frac{l}{d} \cdot \frac{\rho}{2} \cdot w^2\right) + \sum\left(\zeta \cdot \frac{\rho}{2} \cdot w^2\right) \quad \text{in } \frac{\mathrm{N}}{\mathrm{m}^2}$$

Geodätischer Druckverlust

$$\Delta p = \Delta h \cdot \rho \cdot g \quad \text{in } \frac{\mathrm{N}}{\mathrm{m}^2}$$

mit: Δh = Steigleitungsanteil in m

ρ in $\frac{\mathrm{kg}}{\mathrm{m}^3}$

$g = 9{,}81 \ \frac{\mathrm{m}}{\mathrm{s}^2}$

Empfohlene Geschwindigkeit in Rohrleitungen in m/s

Bezeichnung	Sole, Glykolmischung	Wasser	Kältemittel
Saugleitung	0,5–1,5	0,5–2	6–12
Druckleitung	1–2	1,5–3	6–15
Flüssigkeitsleitung			0,3–1,2

Aus

$$\dot{V} = \frac{\dot{m}_R}{\rho_R} = A \cdot w$$

folgt mit

$$\dot{m}_R = \frac{\dot{Q}_0}{q_{0N}} \quad \text{und} \quad A = \frac{d_i^2 \cdot \pi}{4}:$$

$$\frac{\dot{Q}_0}{q_{0N} \cdot \rho_R} = \frac{d_i^2 \cdot \pi}{4} \cdot w$$

Damit ergibt sich die **Geschwindigkeit in Rohrleitungen** bzw. der erforderliche **Rohrinnendurchmesser** zu:

$$w = \frac{\dot{Q}_0 \cdot 4}{q_{0N} \cdot {}_{R} \cdot d_i^2 \cdot \pi} \text{ in } \frac{m}{s} \quad \text{oder:} \quad d_i = \sqrt{\frac{\dot{Q}_0 \cdot 4}{q_{0N} \cdot {}_{R} \cdot \pi \cdot w}} \text{ in m}$$

11.2 Druckdifferenz am Expansionsventil

$$\Delta p_{ges} = p_c - \left(p_0 + \Delta p_{FL} + \Delta p_{MV} + \Delta p_{TR} + \Delta p_{ST} + \Delta p_{Venturiverteiler+Verteilerrohre}\right) \quad \text{in bar}$$

mit:
- p_c = Verflüssigungsdruck
- p_0 = Verdampfungsdruck
- Δp_{FL} = Druckdifferenz in der Flüssigkeitsleitung
- Δp_{MV} = Druckdifferenz über dem Magnetventil in der Flüssigkeitsleitung
- Δp_{TR} = Druckabfall über dem Filtertrockner nach DIN 8949 Δp = 0,14 bar (gilt nur bei Durchflussleistung)
- Δp_{ST} = Druckdifferenz Steigleitung
- Δp_{Vent} = Druckabfall über Venturiflüssigkeitsverteiler und Verteilerrohren zusammen
  Δp = 1,0 bar setzen; wird ein Staudüsenverteiler eingesetzt, ergibt sich: Δp = 3,5 bar

Druckdifferenz über dem Magnetventil

$$\Delta p_B = \Delta p_{gewählt} \cdot \left(\frac{\dot{Q}_N}{\dot{Q}_{NK}}\right)^2 \quad \text{in bar}$$

mit:
- $\Delta p_{gewählt}$ = gewählter Druckabfall im Ventil in bar
- $\dot{Q}_N$ = berechnete Ventilnennleistung in kW
- $\dot{Q}_{NK}$ = Katalognennleistung in kW

11.3 Auslegung von Armaturen nach dem k_V-Wert

Der k_V-Wert dient zur Angabe der Durchflusskapazität einer Armatur. Er ist eine Eichgröße und bezeichnet den Durchfluss in m^3/h von Wasser mit einer Temperatur t_w = +20 °C bei einem Druckabfall von 1 bar.

Für kältemittelbeaufschlagte Komponenten wie z. B. Magnetventile oder pilotgesteuerte Druckregler wird anhand der nachfolgend gezeigten Gleichungen entsprechend dem Anwendungsfall umgerechnet.

1. k_v-Wert für **Flüssigkeitsleitungen** mit

$$k_V = \frac{\dot{m}_R \cdot 3\,600}{\sqrt{\rho_{FL} \cdot \Delta p \cdot 10^3}} \quad \text{in } \frac{m^3}{h}$$

mit: ρ_{FL} in $\frac{kg}{dm^3}$

$\Delta p_{\text{gewählt}}$ in bar

$\dot{m}_R = \frac{\dot{Q}_0}{q_{0N}}$ in $\frac{kg}{s}$

Anmerkung:
Wird $\dot{m}_R$ durch $\frac{\dot{Q}_0}{q_{0N}}$ ersetzt, wird der Zähler mit 3 600 s/h berücksichtigt.

Druckdifferenz über dem Magnetventil oder der Armatur

$$\frac{k_{V1}}{k_{V2}} = \sqrt{\frac{\Delta p_2}{\Delta p_1}}$$

nach Δp_2 auflösen ergibt:

$$\Delta p_2 = \Delta p_1 \cdot \left(\frac{k_{V1}}{k_{V2}}\right)^2 \quad \text{in bar}$$

mit: Δp_1 in bar; gewählter Wert

k_{V1} = berechneter k_V-Wert in $\frac{m^3}{h}$

k_{V2} = k_V-Wert des Herstellers; Katalogangabe in $\frac{m^3}{h}$

2. k_v-Wert für **Saugdampfleitungen** mit

$$k_V = \frac{\dot{Q}_0 \cdot 3\,600}{31{,}65 \cdot q_{0N}} \cdot \sqrt{\frac{v_1}{\Delta p}} \quad \text{in } \frac{m^3}{h}$$

mit: q_{0N} in $\frac{kJ}{kg}$

$\dot{Q}_0$ in $\frac{kJ}{s}$

v_1 in $\frac{m^3}{kg}$

Δp gewählt in bar

3. k_v-Wert für **Heißdampfleitungen im unterkritischen Bereich** $\left(\text{d. h. } p_1 > \frac{p_1}{2}\right)$

$$k_V = \frac{\dot{m}_R}{514} \cdot \sqrt{\frac{T_1}{\Delta p \cdot \rho_N \cdot p_2}} \quad \text{in } \frac{m^3}{h}$$

mit: $\dot{m}_R$ in $\frac{kg}{h}$

T_1 in K; Temperatur vor der Armatur

Δp in bar; Druckabfall im Ventil; gewünschter Wert, z. B. 0,1 bar

ρ_N = Dichte von Gasen/Dämpfen im Normzustand (Normdichte ρ_N)

bei 0 °C und p = 1,013 25 bar;
- für R22: $\rho_N = 3{,}92\ kg/m^3$
- für R134a: $\rho_N = 4{,}60\ kg/m^3$
- für R407C: $\rho_N = 3{,}89\ kg/m^3$
- für R404A: $\rho_N = 4{,}41\ kg/m^3$
- für R507: $\rho_N = 4{,}46\ kg/m^3$

p_1 = Druck vor dem Ventil

p_2 = Druck nach dem Ventil; $p_1 - \Delta p$

11.4 Tabellen und Nomogramme zur Rohrleitungsberechnung

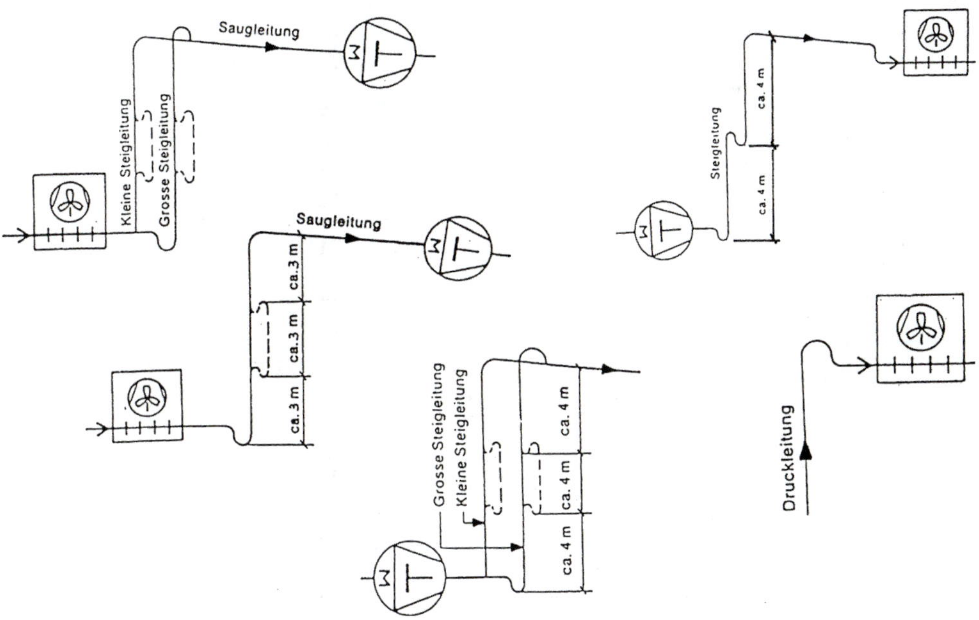

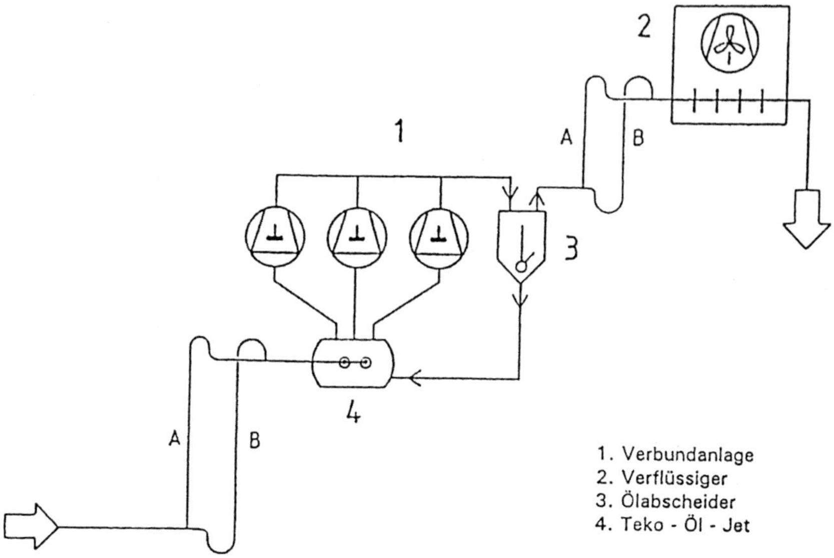
1
2
3
4
A
B
A
B
1. Verbundanlage
2. Verflüssiger
3. Ölabscheider
4. Teko - Öl - Jet

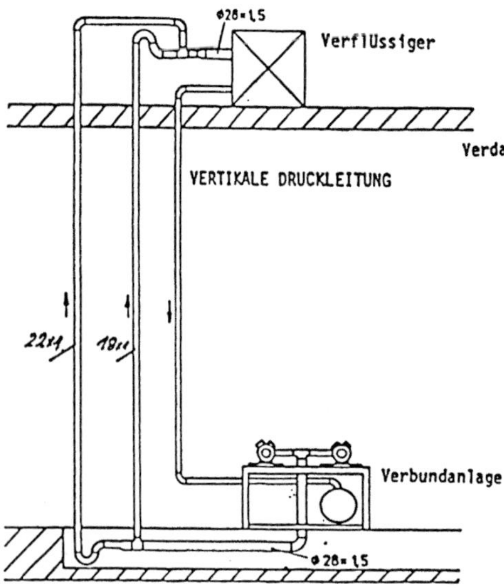
Verflüssiger
VERTIKALE DRUCKLEITUNG
Verbundanlage

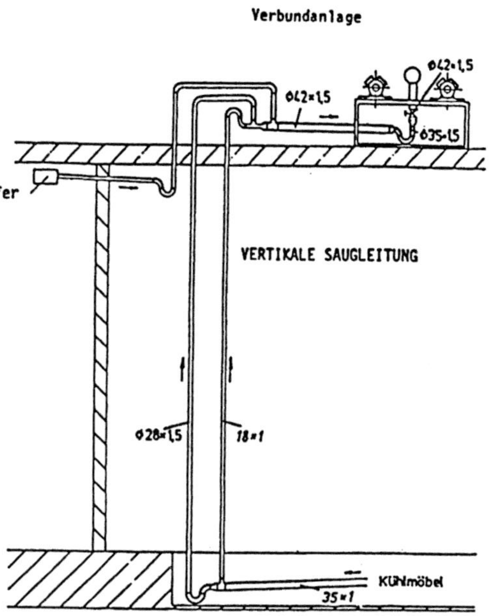
Verbundanlage
Verdampfer
VERTIKALE SAUGLEITUNG
Kühlmöbel

Äquivalente Rohrlängen von Cu-Fittings

Cu-Rohr		Winkelstück		Cu T-Stück					
		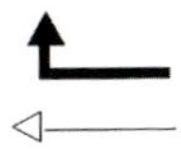		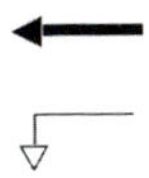		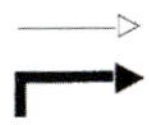		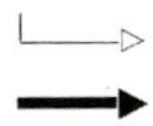	
d_a mm	d_a inch	m	inch	m	inch	m	inch	m	inch
6	1/4	0,20	8	0,20	8	0,15	6	0,10	4
8	5/16	0,35	14	0,35	14	0,25	10	0,15	6
10	3/8	0,60	24	0,60	24	0,35	14	0,20	8
12	1/2	0,70	28	0,70	28	0,45	18	0,25	10
15	–	1,00	40	1,00	39	0,65	26	0,35	14
16	5/8	1,20	47	1,20	47	0,80	32	0,40	16
18	3/4	1,40	5	1,40	55	0,90	35	0,50	20
22	7/8	1,80	71	1,80	71	1,20	47	0,60	24
28	1 1/8	2,40	95	2,40	94	1,60	63	0,80	32
35	1 3/8	3,20	127	3,20	126	2,20	87	1,10	43
36	1 1/2	3,30	130	3,30	130	2,20	87	1,10	43
42	1 3/4	4,20	170	4,20	165	2,80	110	1,40	55
54	2	5,80	270	5,80	228	3,90	154	2,00	79
64	2 1/2	–	–	7,60	299	5,00	197	2,50	98
70	2 3/4	–	–	8,30	327	5,50	217	2,80	110
76	3	–	–	9,10	358	6,00	236	3,10	122
80	3 1/8	–	–	9,40	370	6,30	248	3,20	126
89	3 1/2	–	–	10,90	429	7,00	276	3,80	150
104	4 1/8	–	–	13,50	532	9,00	354	4,50	177
108	4 1/4	–	–	14,10	555	9,40	370	4,70	185

Äquivalente Rohrlängen für Ventile und Cu-Fittings $l_{äq}$ in m (FAS, Sanha)

Cu-Rohr d_a in mm	Kugel-Durchgang Absperr-ventil/ Lötaus-führung	Eck-Absperr-ventil HVE FAS	Bogen 90° Nr. 5002a	Bogen 45° Nr. 5041	Bogen 180° Nr. 5060	Über-spring-bogen Nr. 5085
6	0,03	–	0,10	0,10	–	–
8	0,05	–	0,10	0,10	–	–
10	0,20	–	0,15	0,15	0,25	–
12	0,55	1,50	0,20	0,15	0,30	0,70
15	0,20	2,10	0,25	0,20	0,40	1,00
18	0,45	3,10	0,30	0,20	0,50	1,40
22	0,20	2,70	0,40	0,25	0,60	1,80
28	0,35	11,90	0,45	0,30	0,75	–
35	0,45	6,60	0,60	0,40	0,80	–
42	0,70	8,60	0,70	0,60	1,00	–
54	0,60	19,00	0,90	0,75	1,35	–
64	–	–	1,10	0,75	1,80	–
76	–	42,00	1,30	0,90	2,20	–
89	–	–	1,55	1,05	2,55	–
108	–	–	1,90	1,25	3,15	–
133	–	–	2,35	1,55	3,90	–
159	–	–	2,80	1,90	4,65	–

Äquivalente Rohrlängen für Ventile und Cu-Fittings $l_{äq}$ in m (Bänninger)

Cu-Rohr d_a in mm	flexible Rohre	Abzweig trennend	Abzweig vereinig.	T-Stück Nr. 5130 Durchg. vereinig.	T-Stück Nr. 5130 Durchg. trennend	Gegenlauf trennend	Gegenlauf vereinig.
6	0,50	0,30	0,20	0,15	0,05	0,30	0,70
8	0,72	0,45	0,30	0,20	0,10	0,45	1,10
10	1,00	0,60	0,45	0,30	0,15	0,60	1,45
12	1,20	0,80	0,55	0,35	0,20	0,80	1,80
15	1,55	1,00	0,70	0,45	0,25	1,00	2,35
18	1,90	1,25	0,85	0,60	0,30	1,25	2,90
22	2,40	1,55	1,10	0,70	0,35	1,55	3,60
28	3,00	1,95	1,35	0,90	0,45	1,95	4,50
35	3,80	2,50	1,75	1,15	0,60	2,50	5,75
42	4,70	3,00	2,10	1,40	0,70	3,00	2,00
54	6,00	3,90	2,70	1,80	0,90	3,90	9,00
64	7,20	4,70	3,25	2,15	1,10	4,70	10,80
76	9,10	5,60	3,90	2,60	1,30	5,60	13,00
89	10,65	6,95	4,60	3,05	1,50	6,95	15,30
108	12,50	8,10	5,60	3,75	1,90	8,10	18,70
133	12,50	10,10	7,00	4,65	2,30	10,10	23,20
159	18,60	12,10	8,40	5,60	2,80	12,10	27,90

Äquivalente Cu-Rohrlängen für Ventile und Fittings $l_{äq}$ in m

Rohr in mm	Absperr-ventil/ Lötaus-führung	Eck-Absperrventil HVE FAS	Bogen 90° Nr. 5002a	Bogen 45° Nr. 5041	Bogen 180° Nr. 5060
6	0,03	–	0,10	0,10	–
8	0,05	–	0,10	0,10	–
10	0,20	–	0,15	0,15	0,25
12	0,55	1,50	0,20	0,15	0,30
15	0,20	2,10	0,25	0,20	0,40
18	0,45	3,10	0,30	0,20	0,50
22	0,20	2,70	0,40	0,25	0,60
28	0,35	11,90	0,45	0,30	0,75
35	0,45	6,60	0,60	0,40	0,80
42	0,70	8,60	0,70	0,60	1,00
54	0,60	19,00	0,90	0,75	1,35
64	–	–	1,10	0,75	1,80
76	–	42,00	1,30	0,90	2,20
89	–	–	1,55	1,05	2,55
108	–	–	1,90	1,25	3,13

Reduziermuffen

d_a (mm)	L (m)	d_a (mm)	L (mm)	d_a (mm)	L (m)
8– 6	0,10	18–12	0,35	35–15	0,70
10– 6	0,15	18–14	0,40	35–18	0,75
10– 8	0,15	18–15	0,40	35–22	0,85
12– 8	0,20	18–16	0,40	35–28	0,95
12–10	0,20	22–12	0,40	42–22	1,00
14–10	0,25	22–14	0,45	42–28	1,10
14–12	0,30	22–15	0,50	42–35	1,30
15–10	0,30	22–16	0,50	54–28	1,40
15–12	0,30	22–18	0,55	54–35	1,50
16–10	0,30	28–10	0,50	54–42	1,80
16–12	0,30	28–12	0,50	70–54	2,30
16–14	0,35	28–15	0,60	76–54	2,60
16–15	0,40	28–18	0,60	89–76	3,30
18–10	0,30	28–22	0,70	108–89	4,30

L bezogen auf kleinen Durchmesser

Äquivalente Rohrlängen für Kältemittelfiltertrockner $l_{äq}$ in m

Trocknertype	l in m	d_a
032	0,40	6,0
052	0,40	6,0
082	0,40	6,0
162	0,40	6,0
053	2,70	10,0
083	1,90	10,0
163	1,55	10,0
303	1,55	10,0
084	2,00	12,0
164	1,20	12,0
304	0,90	12,0
414	0,85	12,0
165	1,95	15,0
305	1,80	15,0
415	1,20	15,0
417S	6,70	22,0
757S	3,20	22,0
759S	7,90	28,0

Die angegebenen äquivalenten Rohrlängen $l_{äq}$ der Kältemittelfiltertrockner sind nach den Durchflussleistungen von Alco-Emerson bei $t_0 = -15$ °C, $t_3 = +30$ °C und einer Druckdifferenz $\Delta p = 0{,}14$ bar gerechnet.

Beispiel für die Bemessung von gesplitteten Steigleitungen

waagerechte Rohrleitung mm	freier Querschnitt mm^2	Teillast mm	Teillast mm
15 × 1	132	10 × 1	12 × 1
18 × 1	201	10 × 1	15 × 1
22 × 1	314	12 × 1	18 × 1
28 × 1,5	491	15 × 1	22 × 1
35 × 1,5	804	22 × 1	28 × 1,5
42 × 1,5	1195	28 × 1,5	35 × 1,5
54 × 2	1963	35 × 1,5	42 × 1,5
64 × 2	2826	35 × 1,5	54 × 2
76 × 2	4069	42 × 1,5	64 × 2
89 × 2	5945	54 × 2	76 × 2
108 × 2,5	8322	64 × 2	89 × 2
133 × 3	12668	76 × 2	108 × 2,5

Rohrinhalte in Litern zur Füllmengenbestimmung der Flüssigkeitsleitung in Kälteanlagen

d_a in mm	Rohr-inhalt in l/m	m 3	m 5	m 8	m 10	m 12	m 15	m 18	m 20	m 25	m 30	m 35	m 40	m 45	m 50	m 60	m 70	m 80
6 × 1	0,013	0,039	0,065	0,10	0,13	0,156	0,195	2,34	0,26	0,325	0,39	0,455	0,52	0,585	0,65	0,78	0,91	1,04
8 × 1	0,03	0,09	0,15	0,24	0,30	0,36	0,45	0,54	0,60	0,75	0,90	1,05	1,2	1,35	1,50	1,80	2,10	2,40
10 × 1	0,05	0,15	0,25	0,40	0,50	0,60	0,75	0,90	1,0	1,25	1,50	1,75	2,0	2,25	2,50	3,0	3,50	4,0
12 × 1	0,08	0,24	0,40	0,64	0,80	0,96	1,20	1,44	1,60	2,0	2,4	2,80	3,20	3,60	4,0	4,8	5,6	6,4
16 × 1	0,15	0,45	0,75	1,2	1,5	1,8	2,25	2,70	3,0	3,75	4,5	5,25	6,0	6,75	7,5	9,0	10,5	12
18 × 1	0,20	0,60	1,0	1,60	2,0	2,40	3,0	3,60	4,0	5,0	6,0	7,0	8,0	9,0	10	12	14	16
22 × 1	0,31	0,93	1,55	2,48	3,10	3,72	4,65	5,58	6,20	7,75	9,30	10,85	12,40	13,95	15,50	18,60	21,70	24,80
28 × 1,5	0,49	1,47	2,45	3,92	4,90	5,88	7,35	8,82	9,80	12,25	14,70	17,15	19,60	22,05	24,50	29,40	34,30	39,20
35 × 1,5	0,80	2,40	4,0	6,40	8,0	9,6	12	14,40	16	20	24	28	32	36	40	48	56	64
42 × 1,5	1,2	3,60	6,0	9,60	12	14,40	18	21,60	24	30	36	42	48	54	60	72	84	96
54 × 2	2,0	6,0	10	16	20	24	30	36	40	50	60	70	80	90	100	120	140	160

Volumen mit der Dichte des entsprechenden Kältemittels multipliziert ergibt die Masse $\left(\rho \cdot V = m \text{ mit } \frac{\text{kg}}{\text{m}^3} \cdot \text{m}^3 = \text{kg}\right)$

Beispiel: Tiefkühlanlage mit Flüssigkeitsunterkühlung: t_3 = 0 °C; R507; $\rho = 1154\,\frac{\text{kg}}{\text{m}^3}$; FL: 22 × 1 mm mit H22 Isolierung; l_{geo} = 20 m; V = 6,20 Liter;

$m = 1154\,\frac{\text{kg}}{\text{m}^3} \cdot 0{,}0062\ \text{m}^3 = 7{,}15\ \text{kg}$; m = 7,15 kg R507

Kupfer-Rohr-Ringe

Kupferrohr in Kühlschrankqualität, SF-Cu-F 22, blank, weich, innen gereinigt, mit verschlossenen Enden, hervorragende Bördel- und Biegequalität. Toleranzen nach DIN 8905

Kupferrohr Außen-∅ mm	Abmessungen Außen-∅ mm	Abmessungen Innen-∅ mm	Gewicht kg laufender Meter
6	6	4	0,140
8	8	6	0,196
10	10	8	0,252
12	12	10	0,308
15	15	13	0,391
16	16	14	0,419
18	18	16	0,475
22	22	20	0,587

Kupfer-Rohr-Stangen

Kupferrohr in Kühlschrankqualität (bis $d_a = 54 \times 2$ mm), SF-Cu-F 37, hart, innen gereinigt, beide Enden mit Plastikkappen verschlossen. Toleranzen nach DIN 8905-1

Kupferrohr Außen-∅ mm	Abmessungen Außen-∅ mm	Abmessungen Innen-∅ mm	Gewicht kg laufender Meter
10	10	8	0,252
12	12	10	0,308
15	15	13	0,391
16	16	14	0,419
18	18	16	0,475
22	22	20	0,587
28	28	25	1,110
35	35	32	1,410
42	42	39	1,700
54	54	50	2,910
64	64	60	3,450
70	70	66	3,800
76	76	72	4,140
80	80	76	4,370
89	89	85	4,870
104	104	100	5,700

Kältemittelführende Rohrleitungen für R 407C in Kupfer

Saugleitung für Kältemittel R 407C
Verflüssigungstemperatur t_c = +40,6 °C, äquivalente Rohrlänge $l_{äT}$ = 30,50 m
Temperaturdifferenz ΔT = 1,1 K, Verdampfungstemperatur t_0 in °C

	Rohraußendurchmesser d_a in mm														
t_0	6 × 1	8 × 1	10 × 1	12 × 1	15 × 1	18 × 1	22 × 1	28 × 1,5	35 × 1,5	42 × 1,5	54 × 2	64 × 2	76,1 × 2	88,9 × 2	108 × 2
	Verdampfungsleistung $\dot{Q}_{0T}$ in kW														
+ 5		0,70	1,25	1,95	3,65	5,60	11,10	20,40	38,15	63,00	123,10	202,45	325,60	497,55	809,60
−10		0,43	0,77	1,20	2,10	3,20	6,35	11,75	22,10	36,60	71,95	118,70	190,95	292,50	476,25
−20		0,30	0,55	0,85	1,45	2,20	4,30	8,15	15,30	25,40	49,95	82,40	132,95	203,70	331,45
−30		0,20	0,34	0,53	0,90	1,40	2,95	5,30	10,40	16,85	33,15	55,10	88,75	136,20	221,55
−40							1,85	3,60	6,60	10,90	21,35	35,10	56,85	87,05	142,20
Für andere Verflüssigungstemperaturen gilt:															
+30 °C	+35 °C	+45 °C	+50 °C	+55 °C	+60 °C										
1,08	1,06	0,95	0,88	0,85	0,80										
Druckleitung für Kältemittel R 407C Verflüssigungstemperatur t_c = +40,6 °C, äquivalente Rohrlänge $l_{äT}$ = 30,50 m Temperaturdifferenz ΔT = 0,6 K, Verdampfungstemperatur t_0 in °C															
	Verdampfungsleistung $\dot{Q}_{0T}$ in kW														
+ 5		0,90	1,60	2,50	4,90	7,50	14,90	27,70	51,80	85,45	167,45	275,45	443,30	677,95	1 101,05
−40		0,78	1,40	2,20	4,30	6,60	13,10	24,40	45,80	75,50	147,55	242,85	390,65	597,55	970,65
Für andere Verflüssigungstemperaturen gilt:															
+30 °C	+35 °C	+45 °C	+50 °C	+55 °C	+60 °C										
0,84	0,90	1,06	1,11	1,19	1,26										
Flüssigkeitsleitung für Kältemittel R 407C Verflüssigungstemperatur t_c = +40,6 °C, äquivalente Rohrlänge $l_{äT}$ = 30,50 m Temperaturdifferenz ΔT = 0,6 K, max. Strömungsgeschwindigkeit w = 0,5 m/s															
	Verdampfungsleistung Q_{0T} in kW														
	1,67	3,80	6,80	10,65	20,60	31,50	64,50	120,30	226,10	373,80	734,35	1 213,35	1 954,85	3 000,10	4 883,00
Für andere Verflüssigungstemperaturen gilt:															
+30 °C	+35 °C	+45 °C	+50 °C	+55 °C	+60 °C										
1,08	1,06	0,95	0,88	0,85	0,80										

Kältemittelführende Rohrleitungen für R 507/R 404A in Kupfer

Saugleitung für Kältemittel R 507/R 404A
Verflüssigungstemperatur t_c = +40,6 °C, äquivalente Rohrlänge $l_{äT}$ = 30,50 m
Temperaturdifferenz ΔT = 1,1 K, Verdampfungstemperatur t_0 in °C

	Rohraußendurchmesser d_a in mm															
t_0	6 × 1	8 × 1	10 × 1	12 × 1	15 × 1	18 × 1	22 × 1	28 × 1,5	35 × 1,5	42 × 1,5	54 × 2	64 × 2	76,1 × 2	88,9 × 2	108 × 2	
	Verdampfungsleistung $\dot{Q}_{0T}$ in kW															
+ 5		0,55	1,00	1,57	3,00	4,60	9,15	16,80	31,70	52,40	102,35	168,20	270,10	413,10	671,50	1 144,60 1 852,85
–10		0,30	0,56	0,88	1,75	2,70	5,40	9,90	18,30	30,30	59,40	97,90	157,20	240,90	391,75	668,05 1 081,55
–20		0,20	0,38	0,60	1,20	1,85	3,60	6,65	12,65	21,00	41,00	67,60	108,75	166,55	270,90	462,30 749,45
–30		0,15	0,25	0,40	0,80	1,20	2,40	4,40	8,30	14,00	27,20	44,85	72,45	110,75	180,20	308,00 500,00
–40			0,15	0,25	0,50	0,75	1,55	2,85	5,25	8,75	17,25	28,35	45,80	70,35	114,80	196,60 319,15

Für andere Verflüssigungstemperaturen gilt:

+30 °C	+35 °C	+40 °C	+45 °C	+50 °C	+55 °C
1,15	1,08	1,00	0,94	0,86	0,73

Druckleitung für Kältemittel R 507/R 404A
Verflüssigungstemperatur t_c = +40,6 °C, äquivalente Rohrlänge $l_{äT}$ = 30,50 m
Temperaturdifferenz ΔT = 0,6 K, Verdampfungstemperatur t_0 in °C

	Verdampfungsleistung $\dot{Q}_{0T}$ in kW															
+ 5		0,75	1,35	2,10	4,00	6,10	12,10	22,85	42,45	70,00	136,80	224,80	360,70	551,70	896,45	1 526,45 2 471,80
–20		0,68	1,20	1,85	3,65	5,60	10,85	20,25	37,65	62,00	121,30	199,85	320,50	490,20	796,15	1 355,90 2 195,65
–40		0,58	1,05	1,65	3,10	4,75	9,60	17,90	33,55	55,45	108,25	178,10	285,65	437,10	710,10	1 209,45 1 958,15

Für andere Verflüssigungstemperaturen gilt:

+30 °C	+35 °C	+40 °C	+45 °C	+50 °C	+55 °C
0,88	0,94	0,99	1,04	1,09	1,17

Flüssigkeitsleitung für Kältemittel R 507/R 404A
Verflüssigungstemperatur t_c = +40,6 °C, äquivalente Rohrlänge $l_{äT}$ = 30,50 m
Temperaturdifferenz ΔT = 0,6 K, max. Strömungsgeschwindigkeit w = 0,5 m/s

	Verdampfungsleistung $\dot{Q}_{0T}$ in kW														
	1,10	2,54	4,55	7,10	13,85	21,20	41,80	78,35	146,80	242,15	475,80	784,85	1 265,20	1 939,30	3 157,80

Für andere Verflüssigungstemperaturen gilt:

+30 °C	+35 °C	+40 °C	+45 °C	+50 °C	+55 °C
1,15	1,08	1,00	0,94	0,86	0,79

Kältemittelführende Rohrleitungen für R 134a in Kupfer

Saugleitung für Kältemittel R 134a
Verflüssigungstemperatur t_c = +40,6 °C, äquivalente Rohrlänge $l_{äT}$ = 30,50 m
Temperaturdifferenz ΔT = 1,1 K, Verdampfungstemperatur t_0 in °C

	Rohraußendurchmesser d_a in mm														
t_0	6 × 1	8 × 1	10 × 1	12 × 1	15 × 1	18 × 1	22 × 1	28 × 1,5	35 × 1,5	42 × 1,5	54 × 2	64 × 2	76,1 × 2	88,9 × 2	108 × 2
	Verdampfungsleistung $\dot{Q}_{0T}$ in kW														
+ 5		0,32	0,58	0,90	1,75	2,70	5,40	9,90	18,85	30,85	60,65	100,35	159,90	245,30	400,85
−10		0,20	0,35	0,55	1,05	1,60	3,20	6,15	11,30	18,80	36,55	61,10	97,20	149,40	244,05
−20				0,40	0,70	10,5	2,15	4,20	7,75	12,85	24,95	41,70	66,40	101,95	166,85
−30				0,25	0,45	0,70	1,45	2,65	5,00	8,40	16,55	27,35	43,80	67,10	109,65
−40							0,85	1,65	3,15	5,10	10,30	17,15	27,20	42,20	68,85

Für andere Verflüssigungstemperaturen gilt:

+30 °C	+35 °C	+45 °C	+50 °C	+55 °C	+60 °C	+65 °C
1,07	1,04	0,97	0,93	0,86	0,82	0,76

Druckleitung für Kältemittel R 134a
Verflüssigungstemperatur t_c = +40,6 °C, äquivalente Rohrlänge $l_{äT}$ = 30,50 m
Temperaturdifferenz ΔT = 0,6 K, Verdampfungstemperatur t_0 in °C

	Verdampfungsleistung $\dot{Q}_{0T}$ in kW														
t_0	6 × 1	8 × 1	10 × 1	12 × 1	15 × 1	18 × 1	22 × 1	28 × 1,5	35 × 1,5	42 × 1,5	54 × 2	64 × 2	76,1 × 2	88,9 × 2	108 × 2
+ 5		0,48	0,85	1,35	2,60	4,00	8,20	15,00	28,40	46,95	91,20	151,80	241,60	370,35	604,10
−20		0,45	0,80	1,25	2,45	3,75	7,40	13,80	25,60	42,40	82,60	137,15	218,55	334,85	546,35
−40		0,40	0,75	1,15	2,20	3,35	6,75	12,35	23,40	38,75	75,45	124,90	199,30	305,35	498,30

Für andere Verflüssigungstemperaturen gilt:

+30 °C	+35 °C	+45 °C	+50 °C	+55 °C	+60 °C	+65 °C
0,86	0,94	1,08	1,15	1,21	1,26	1,32

Flüssigkeitsleitung für Kältemittel R 134a
Verflüssigungstemperatur t_c = +40,6 °C, äquivalente Rohrlänge $l_{äT}$ = 30,50 m
Temperaturdifferenz ΔT = 0,6 K, max. Strömungsgeschwindigkeit w = 0,5 m/s

	Verdampfungsleistung $\dot{Q}_{0T}$ in kW														
	6 × 1	8 × 1	10 × 1	12 × 1	15 × 1	18 × 1	22 × 1	28 × 1,5	35 × 1,5	42 × 1,5	54 × 2	64 × 2	76,1 × 2	88,9 × 2	108 × 2
	1,10	2,35	4,20	6,55	12,60	19,30	38,10	71,25	133,90	222,00	435,65	720,75	1 157,40	1 778,45	2 905,75

Für andere Verflüssigungstemperaturen gilt:

+30 °C	+35 °C	+45 °C	+50 °C	+55 °C	+60 °C	+65 °C
1,07	1,04	0,97	0,93	0,86	0,82	0,76

Hinweise zur Benutzung der Tabellen auf den Seiten 110 bis 112

1. Bestimmung der geometrischen Rohrlänge l_{geo}
2. Ermittlung des Korrekturfaktors f für abweichende Verflüssigungstemperaturen aus der Tabelle
3. Berechnung: $\dot{Q}_{0,\,Te} = \dot{Q}_{0,\,T} \cdot f$
4. Kontrolle und Vergleich zwischen $\dot{Q}_{0,\,Te} = \dot{Q}_{0,\,T}$ in der Tabelle
5. Endgültige Festlegung des Rohrdurchmessers
6. Bestimmung der äquivalenten Länge der Fittings und anschließende Addition
7. Berechnung der äquivalenten Rohrlänge: $l_{äq} = l_{geo}$ + äquivalente Länge der Fittings
8. Berechnung der tatsächlichen Temperaturdifferenz in der Leitung mit:

$$\Delta T_e = \Delta T_T \cdot \frac{l_{äq}}{l_{äq,\,T}} \cdot \left(\frac{\dot{Q}_0}{\dot{Q}_{0,\,Te}} \right)^{1{,}8} \quad \text{in K}$$

mit:

ΔT_T	=	1,1 K
$l_{äq}$	=	äquivalente Länge, berechnet
$l_{äq,\,T}$	=	30,5 m
$\dot{Q}_0$	=	Kälteleistung
$\dot{Q}_{0,\,Te}$	=	korrigierte Kälteleistung der Tabelle $(\dot{Q}_{0,\,T})$

9. Kontrolle der Strömungsgeschwindigkeit w mit

$$w = \frac{\dot{Q}_0 \cdot 4}{d_i^2 \cdot \pi \cdot q_{0N} \cdot \rho_R} \quad \text{in } \frac{\text{m}}{\text{s}}$$

zur Ölrückführung

Cu-Saugleitung für R 407C

Beispiel

Gegeben:	$\dot{Q}_0 = 17$ kW , $t_0 = -20$ °C, $t_c = +45$ °C max. Druckabfall = 1 K, Rohrlänge ca. 30 m
Gesucht:	Rohrleitungsdurchmesser
Lösung:	Linie A – B und C, dann D – E – F ergibt Schnittpunkt G zwischen 35 × 1 und 42 × 1,5.
Gewählt:	Rohrleitungsdurchmesser 42 × 1,5
Druckabfall:	Linie r – s – t und D ergibt Schnittpunkt v. Äquivalenter Druckabfall für 30 m Rohrlänge beträgt 0,7 K.

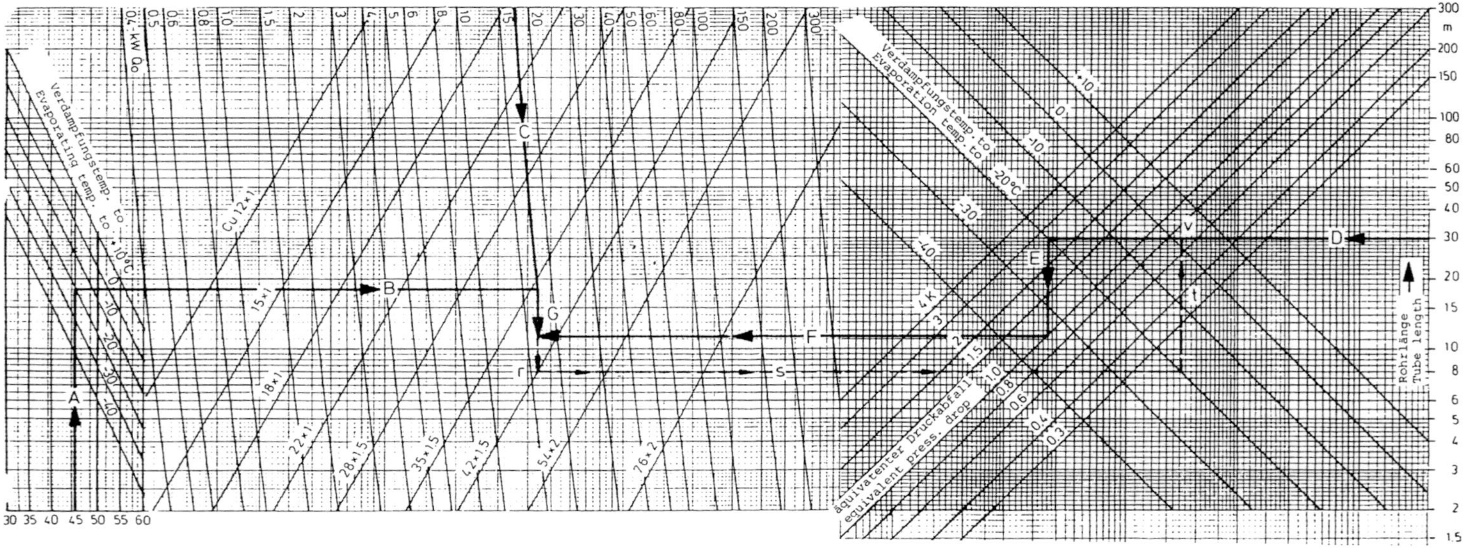

Cu-Flüssigkeitsleitung für R 407C

Beispiel

Gegeben: $\dot{Q}_0 = 8$ kW, $t_0 = -15$ °C, $t_c = +50$ °C
max. Druckabfall = 0,5 K, Rohrlänge 25 m

Gesucht: Rohrleitungsdurchmesser

Lösung: Linie A – B und C, dann D – E – F ergibt Schnittpunkt G zwischen 10 × 1 und 12 × 1.

Gewählt: Rohrleitungsdurchmesser 12 × 1

Druckabfall: Linie r – t und Verlängerung von D ergibt Schnittpunkt v.
Äquivalenter Druckabfall für 25 m Rohrlänge beträgt 0,35 K.

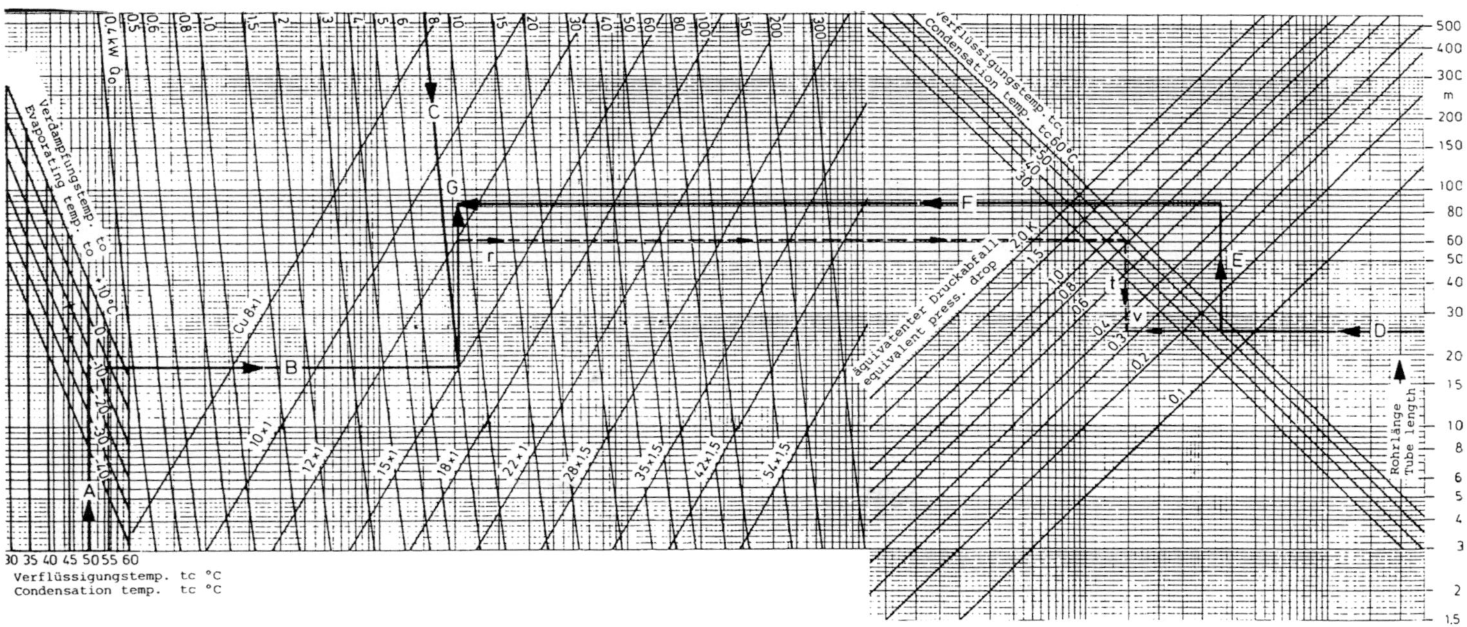

Cu-Druckleitung für R 407C

Beispiel

Gegeben: $\dot{Q}_0 = 30$ kW , $t_0 = -30$ °C, $t_c = +45$ °C
max. Druckabfall = 1 K, Rohrlänge ca. 70 m

Gesucht: Rohrleitungsdurchmesser

Lösung: Linie A – B und C, dann D – E – F ergibt Schnittpunkt G zwischen 28 × 1,5 und 35 × 1,5.

Gewählt: Rohrleitungsdurchmesser 35 × 1,5

Druckabfall: Linie r – t und D ergibt Schnittpunkt v.
Äquivalenter Druckabfall für 70 m Rohrlänge beträgt 0,6 K.

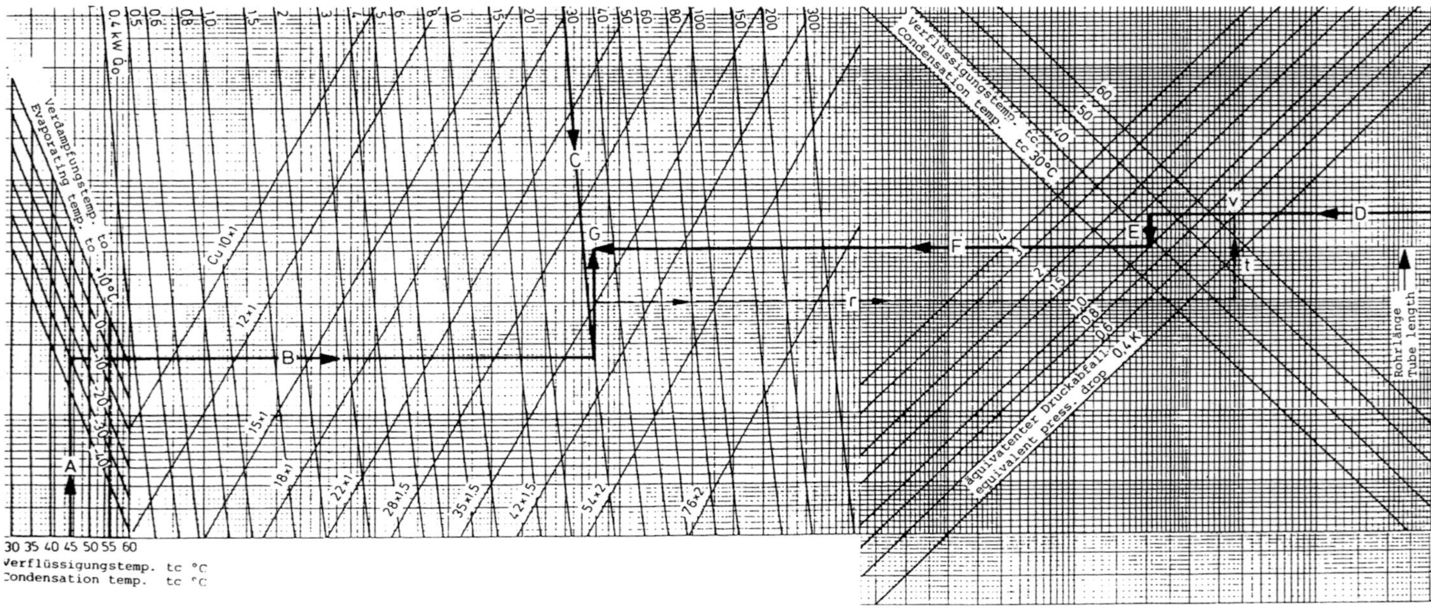

Cu-Saugleitung für R 404A

Beispiel

Gegeben: $\dot{Q}_0 = 3$ kW, $t_0 = -10$ °C, $t_c = +35$ °C
max. Druckabfall = 1 K, Rohrlänge ca. 15 m

Gesucht: Rohrleitungsdurchmesser

Lösung: Linie A – B und C, dann D – E – F ergibt Schnittpunkt G zwischen 15 × 1 und 18 × 1.

Gewählt: Rohrleitungsdurchmesser 18 × 1

Druckabfall: Linie r – s – t und Verlängerung von D ergibt Schnittpunkt v.
Äquivalenter Druckabfall für 15 m Rohrlänge beträgt 0,6 K.

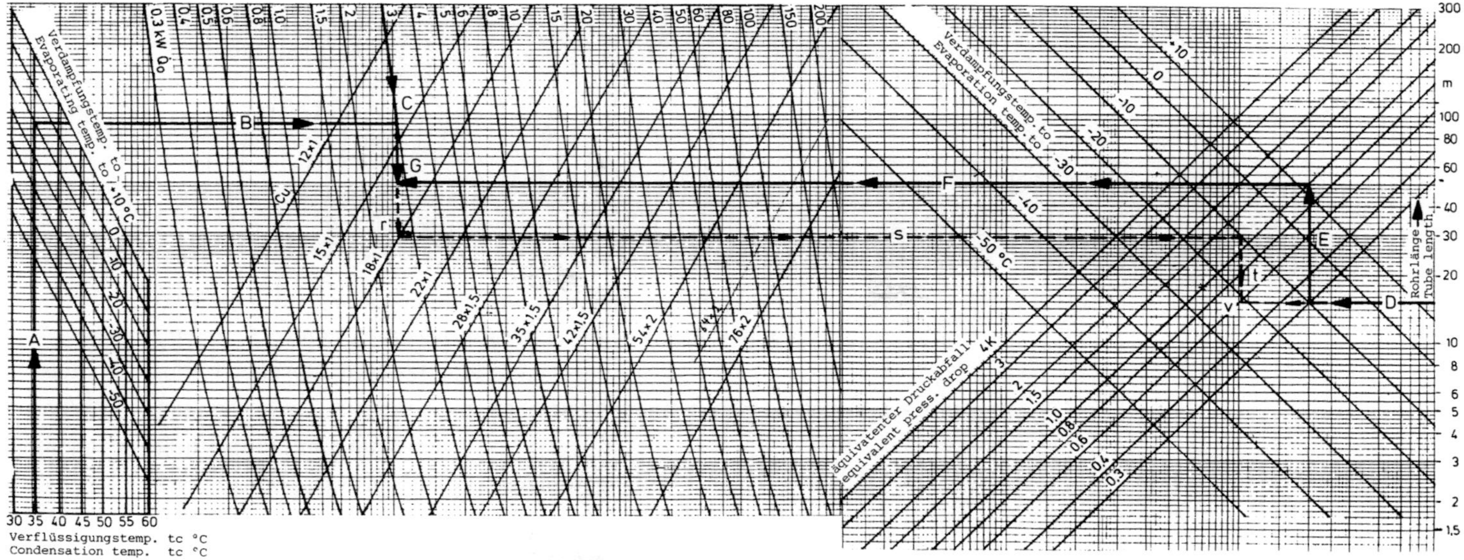

Cu-Flüssigkeitsleitung für R 404A

Beispiel

Gegeben: $\dot{Q}_0 = 13\ \text{kW}$, $t_0 = -15\ °\text{C}$, $t_c = +45\ °\text{C}$
max. Druckabfall = 0,25 K, Rohrlänge 40 m

Gesucht: Rohrleitungsdurchmesser

Lösung: Linie A – B und C, dann D – E – F ergibt Schnittpunkt G zwischen 18 × 1 und 22 × 1.

Gewählt: Rohrleitungsdurchmesser 22 × 1

Druckabfall: Linie r – s – t und Verlängerung von D ergibt Schnittpunkt v.
Äquivalenter Druckabfall für 40 m Rohrlänge beträgt 0,12 K.

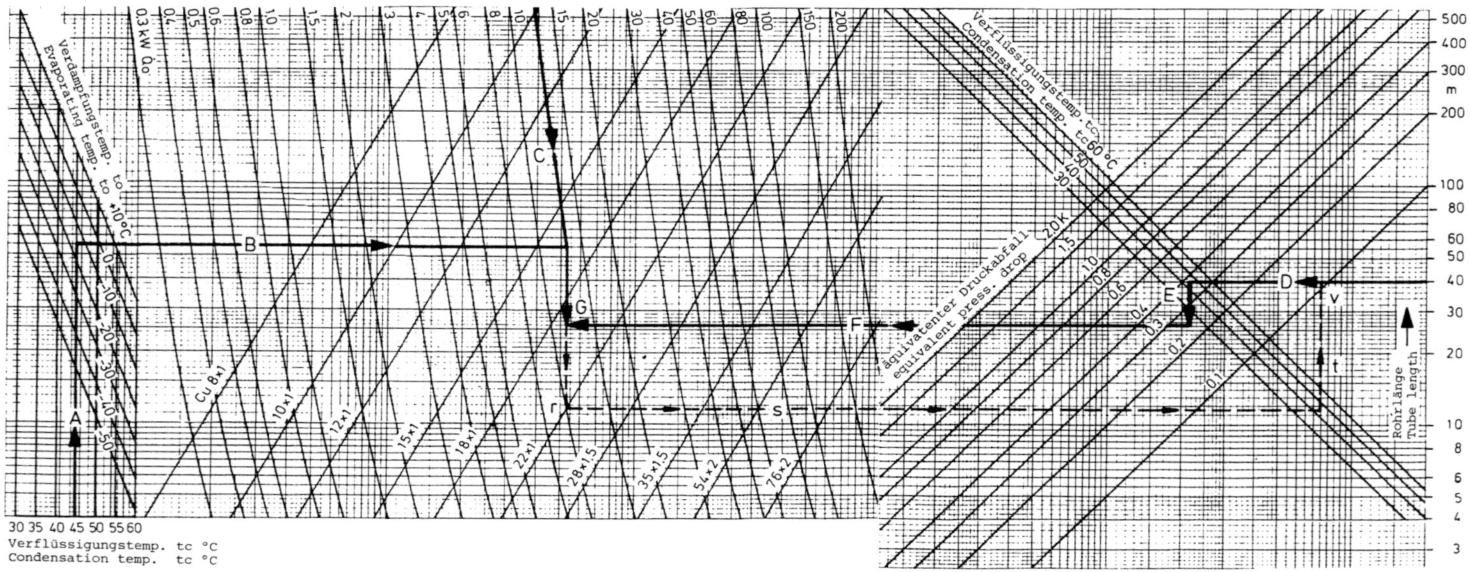

Cu-Druckleitung für R 404A

Beispiel

Gegeben: $\dot{Q}_0 = 10$ kW , $t_0 = -20$ °C, $t_c = +40$ °C
max. Druckabfall = 1 K, Rohrlänge ca. 80 m

Gesucht: Rohrleitungsdurchmesser

Lösung: Linie A – B und C, dann D – E – F ergibt Schnittpunkt G zwischen 22 × 1 und 28 × 1,5.

Gewählt: Rohrleitungsdurchmesser 22 × 1

Druckabfall: Linie r – t und D ergibt Schnittpunkt v.
Äquivalenter Druckabfall für 80 m Rohrlänge beträgt 1,1 K.

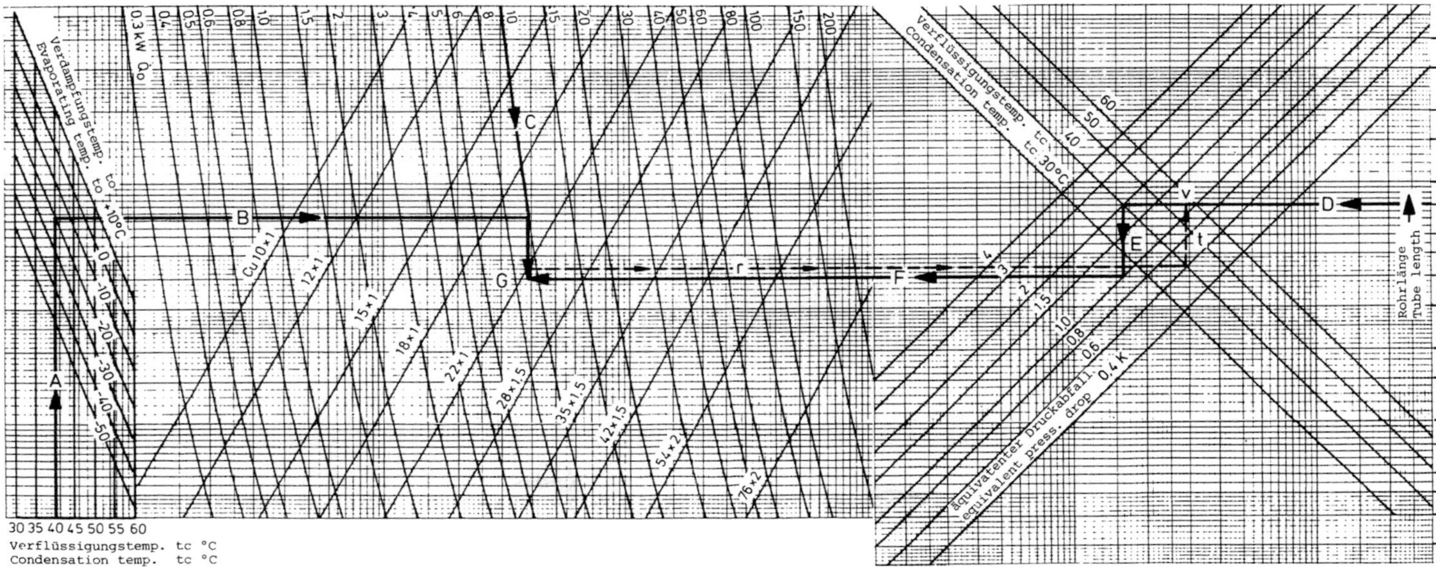

Cu-Saugleitung für R 134a

Beispiel

Gegeben: $\dot{Q}_0 = 4{,}65$ kW , $t_0 = -15$ °C, $t_c = +40$ °C
max. Druckabfall = 2 K, Rohrlänge 30 m

Gesucht: Rohrleitungsdurchmesser

Lösung: Linie A – B und C, dann D – E – F ergibt Schnittpunkt G zwischen 22 × 1 und 28 × 1,5.

Gewählt: Rohrleitungsdurchmesser 28 × 1,5

Überprüfung zwecks Ölrückführung:
Linie H – I – K ergibt $d_{\text{i max}} = 30$ mm
Da gewählter Durchmesser < 30 mm, ist Ölrückführung gewährleistet.

Druckabfall: Linie r – s – t und D ergibt Schnittpunkt v.
Äquivalenter Druckabfall für 30 m Rohrlänge beträgt 1,3 K.

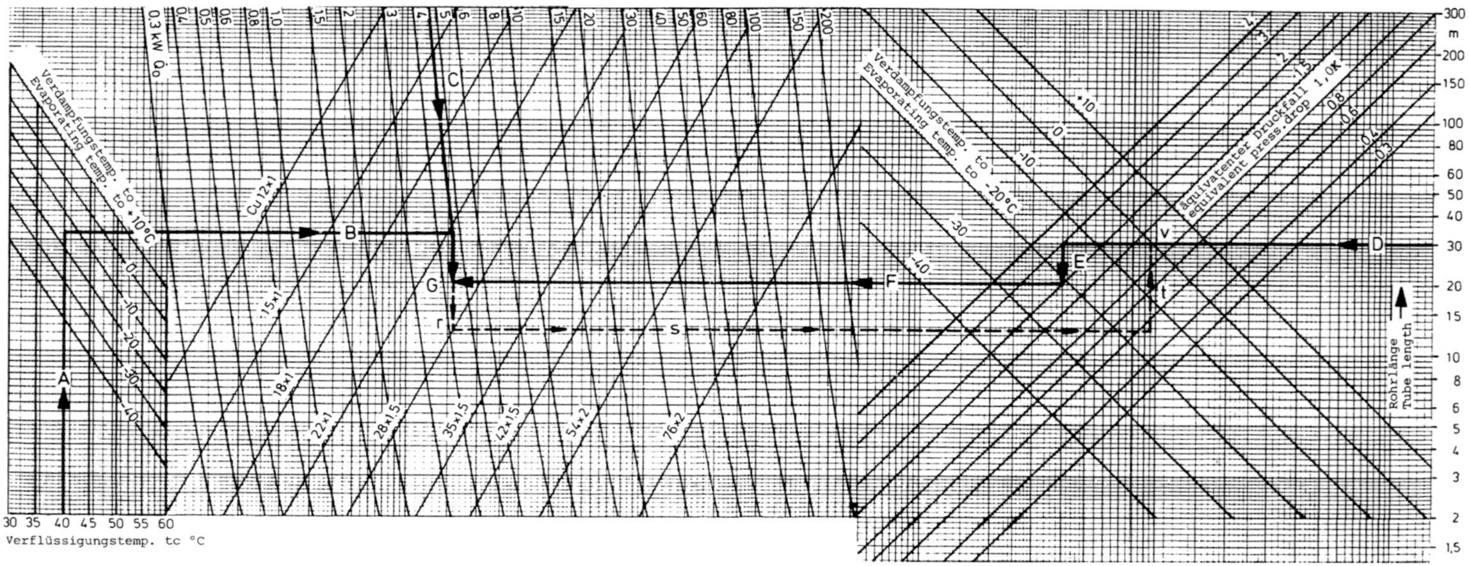

Cu-Flüssigkeitsleitung für R 134a

Beispiel

Gegeben: $\dot{Q}_0 = 11{,}63$ kW, $t_0 = -15$ °C, $t_c = +35$ °C
max. Druckabfall = 0,4 K, Rohrlänge 12 m

Gesucht: Rohrleitungsdurchmesser

Lösung: Linie A – B und C, dann D – E – F ergibt Schnittpunkt G zwischen 12 × 1 und 15 × 1.

Gewählt: Rohrleitungsdurchmesser 15 × 1

Druckabfall: Linie r – s – t und Verlängerung von D ergibt Schnittpunkt v.
Äquivalenter Druckabfall für 12 m Rohrlänge beträgt 0,25 K.

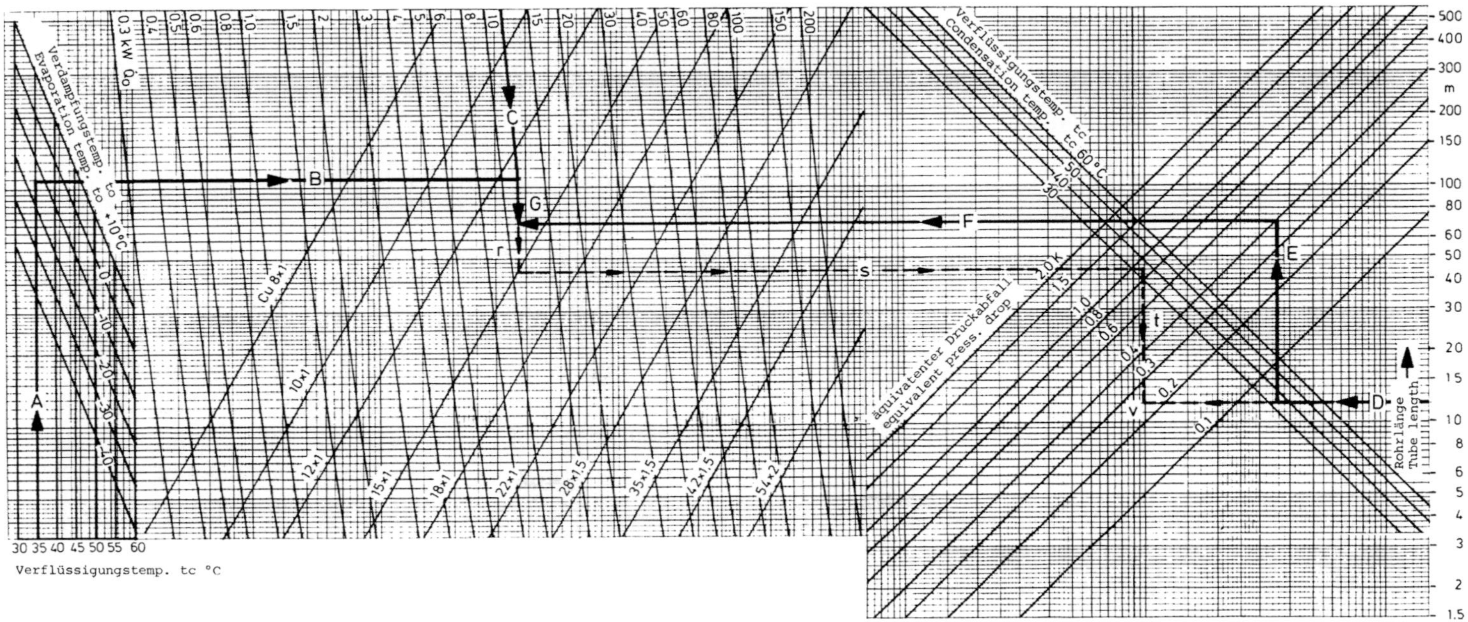

Cu-Druckleitung für R 134a

Beispiel

Gegeben: $\dot{Q}_0 = 10$ kW , $t_0 = -30$ °C, $t_c = +45$ °C
max. Druckabfall = 1,5 K, Rohrlänge 30 m

Gesucht: Rohrleitungsdurchmesser

Lösung: Linie A – B und C, dann D – E – F ergibt Schnittpunkt G zwischen 18 × 1 und 22 × 1.

Gewählt: Rohrleitungsdurchmesser 22 × 1

Überprüfung zwecks Ölrückführung:
Linie H – I ergibt $d_{i\,max} = 33$ mm
Da gewählter Durchmesser < 33 mm, ist Ölrückführung gewährleistet.

Druckabfall: Linie r – t und Verlängerung von D ergibt Schnittpunkt v.
Äquivalenter Druckabfall für 30 m Rohrlänge beträgt 1 K.

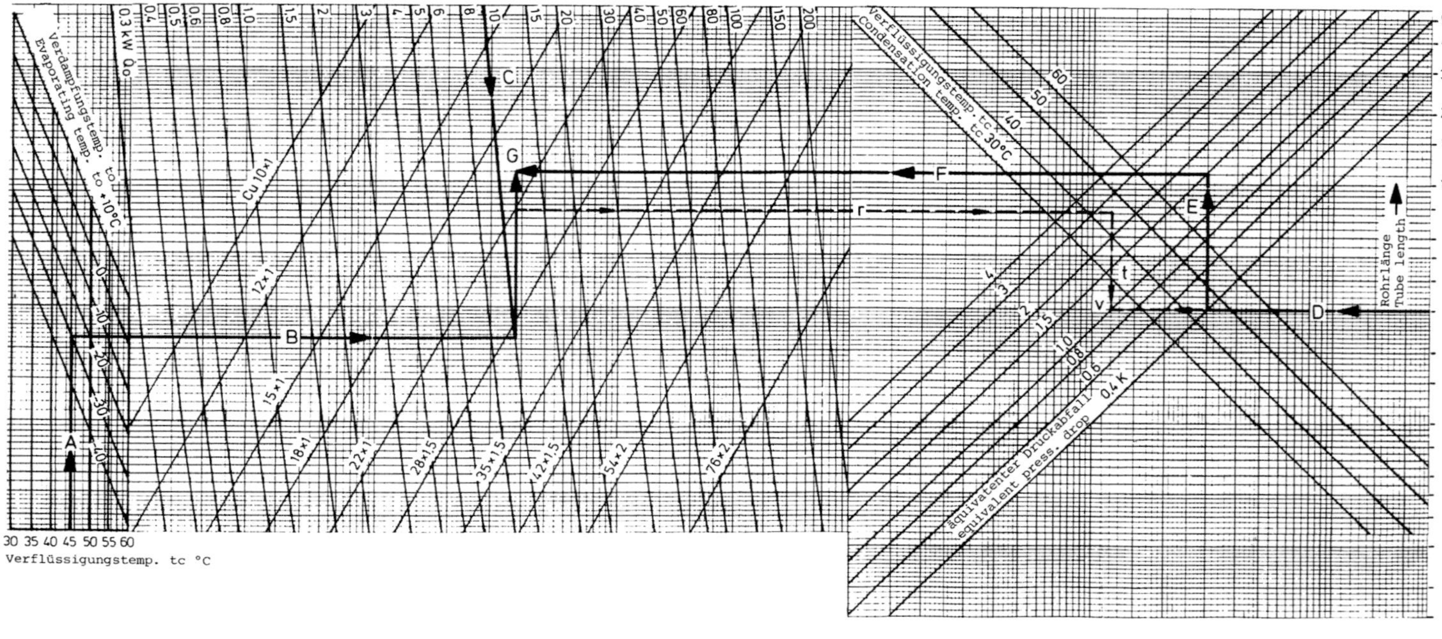

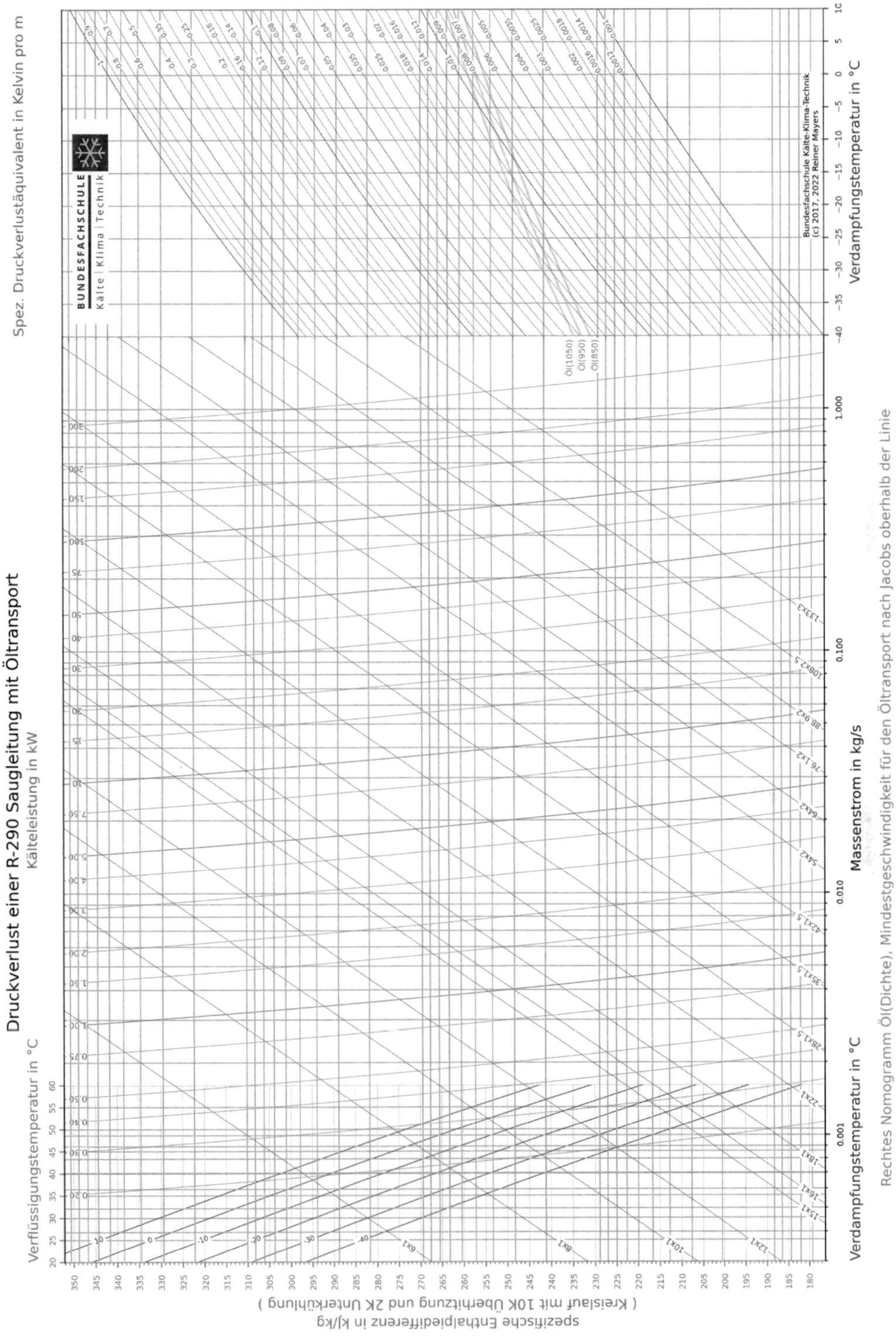
Druckverlust einer R-290 Saugleitung mit Öltransport
Kälteleistung in kW
Spez. Druckverlustäquivalent in Kelvin pro m
Verflüssigungstemperatur in °C
Verdampfungstemperatur in °C
Massenstrom in kg/s
Rechtes Nomogramm Öl(Dichte), Mindestgeschwindigkeit für den Öltransport nach Jacobs oberhalb der Linie
spezifische Enthalpiedifferenz in kJ/kg
(Kreislauf mit 10K Überhitzung und 2K Unterkühlung)
BUNDESFACHSCHULE
Kälte | Klima | Technik
Bundesfachschule Kälte-Klima-Technik
(c) 2017, 2022 Reiner Mayers
Öl(1050)
Öl(950)
Öl(850)

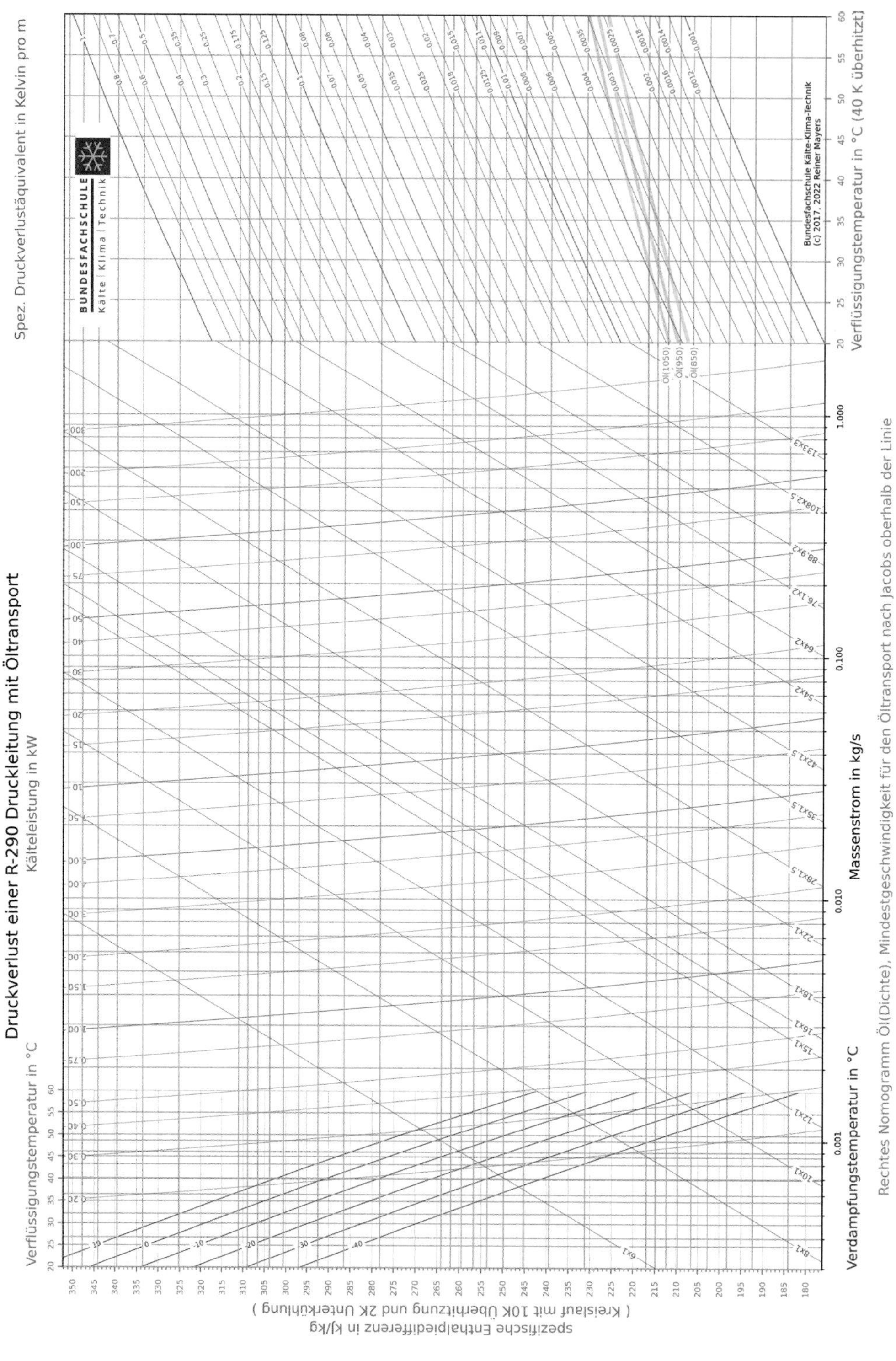
Druckverlust einer R-290 Druckleitung mit Öltransport
Kälteleistung in kW
Spez. Druckverlustäquivalent in Kelvin pro m
Verflüssigungstemperatur in °C
Verdampfungstemperatur in °C
Massenstrom in kg/s
Verflüssigungstemperatur in °C (40 K überhitzt)
Rechtes Nomogramm Öl(Dichte), Mindestgeschwindigkeit für den Öltransport nach Jacobs oberhalb der Linie
spezifische Enthalpiedifferenz in kJ/kg
(Kreislauf mit 10K Überhitzung und 2K Unterkühlung)
BUNDESFACHSCHULE
Kälte | Klima | Technik
Bundesfachschule Kälte-Klima-Technik
(c) 2017, 2022 Reiner Mayers
Öl(1050)
Öl(950)
Öl(850)
6x1
8x1
10x1
12x1
15x1
16x1
18x1
22x1
28x1,5
35x1,5
42x1,5
54x2
64x2
76,1x2
88,9x2
108x2,5
133x3

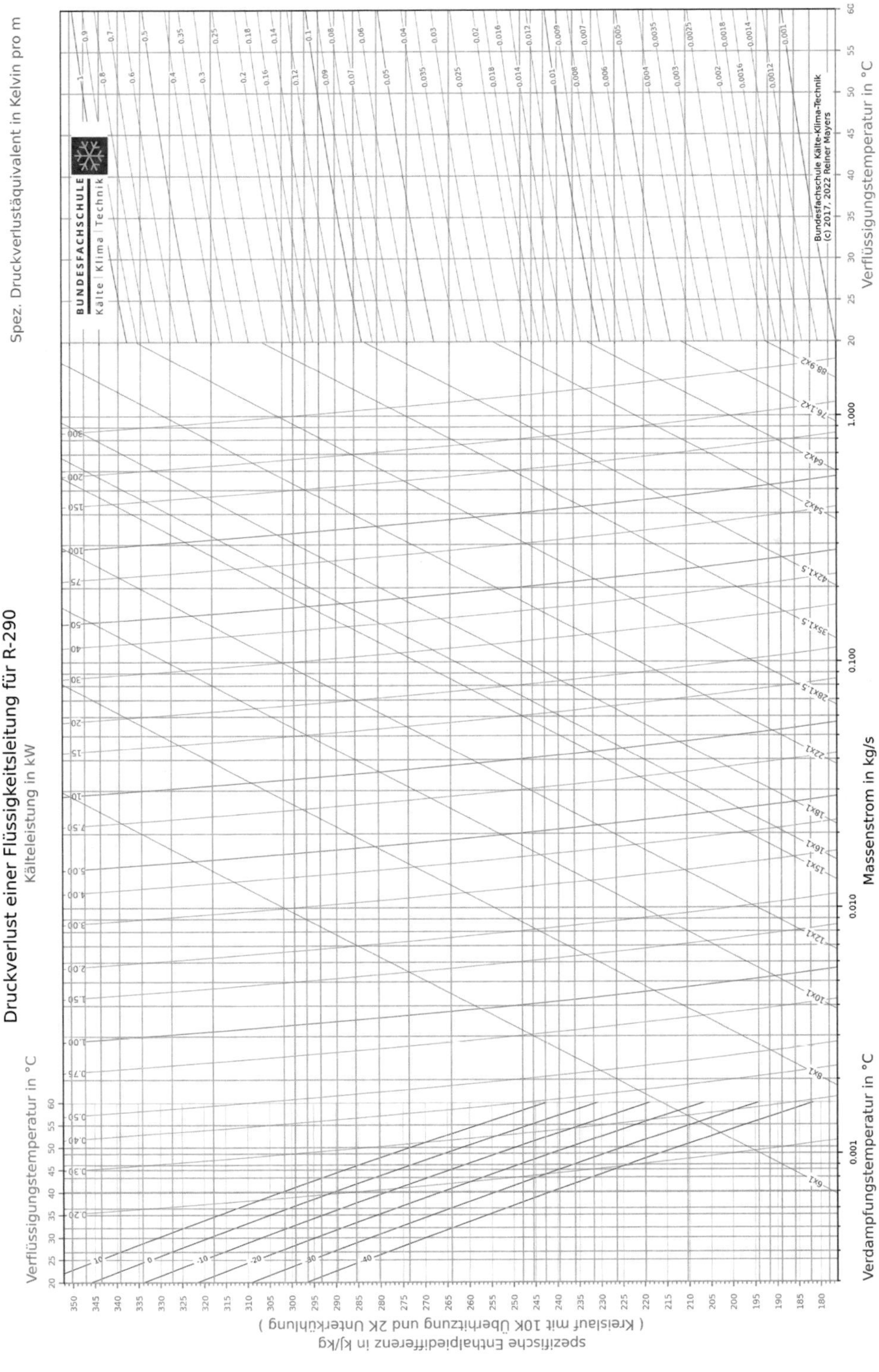
Druckverlust einer Flüssigkeitsleitung für R-290
Kälteleistung in kW
Spez. Druckverlustäquivalent in Kelvin pro m
Verflüssigungstemperatur in °C
Massenstrom in kg/s
Verdampfungstemperatur in °C
spezifische Enthalpiedifferenz in kJ/kg
(Kreislauf mit 10K Überhitzung und 2K Unterkühlung)
BUNDESFACHSCHULE
Kälte | Klima | Technik
Bundesfachschule Kälte-Klima-Technik
(c) 2017, 2022 Reiner Mayers

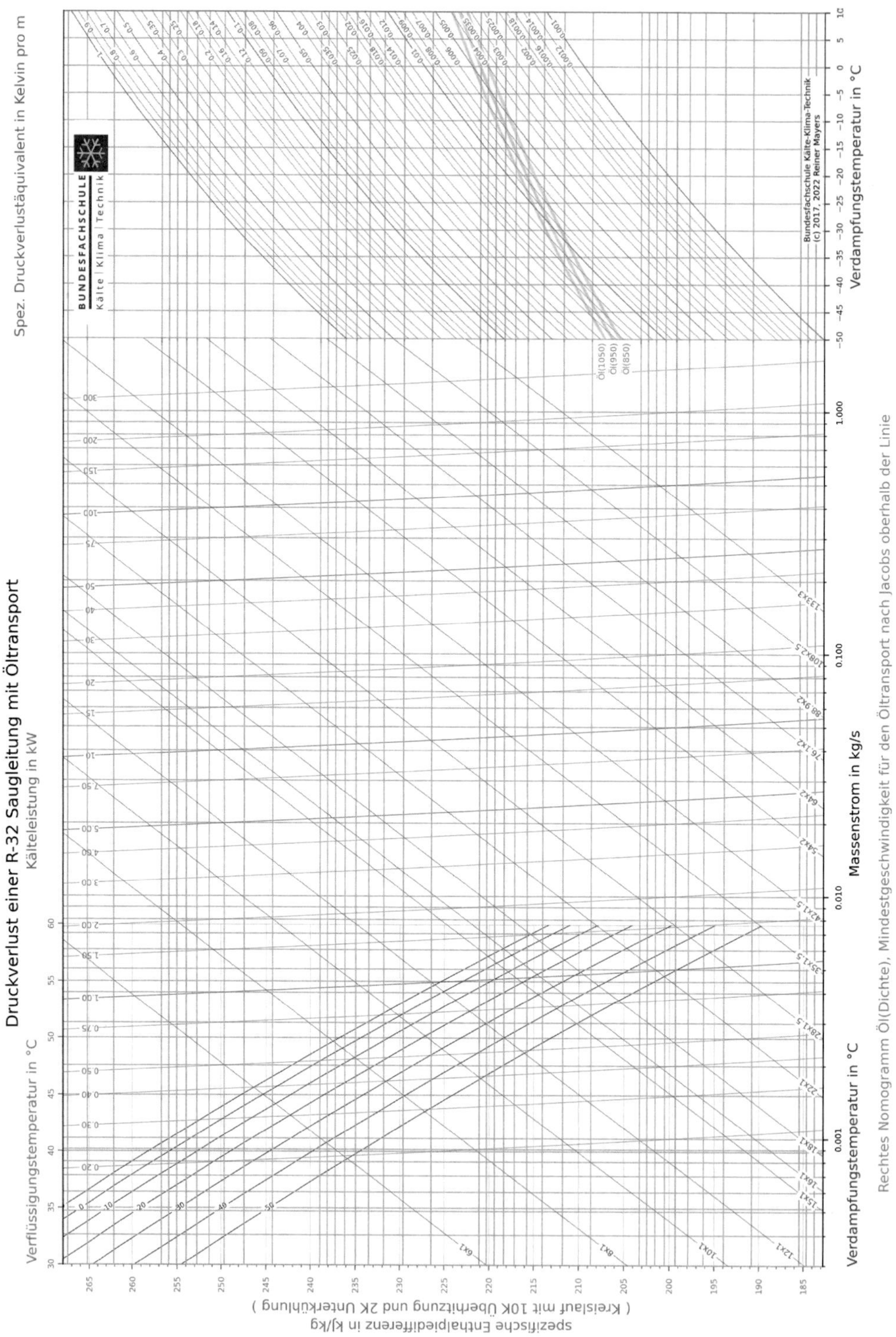
Druckverlust einer R-32 Saugleitung mit Öltransport
Kälteleistung in kW
Verflüssigungstemperatur in °C
Spez. Druckverlustäquivalent in Kelvin pro m
BUNDESFACHSCHULE
Kälte | Klima | Technik
Bundesfachschule Kälte-Klima-Technik
(c) 2017, 2022 Reiner Mayers
Verdampfungstemperatur in °C
Massenstrom in kg/s
Verdampfungstemperatur in °C
Rechtes Nomogramm Öl(Dichte), Mindestgeschwindigkeit für den Öltransport nach Jacobs oberhalb der Linie
Öl(1050)
Öl(950)
Öl(850)
spezifische Enthalpiedifferenz in kJ/kg
(Kreislauf mit 10K Überhitzung und 2K Unterkühlung)

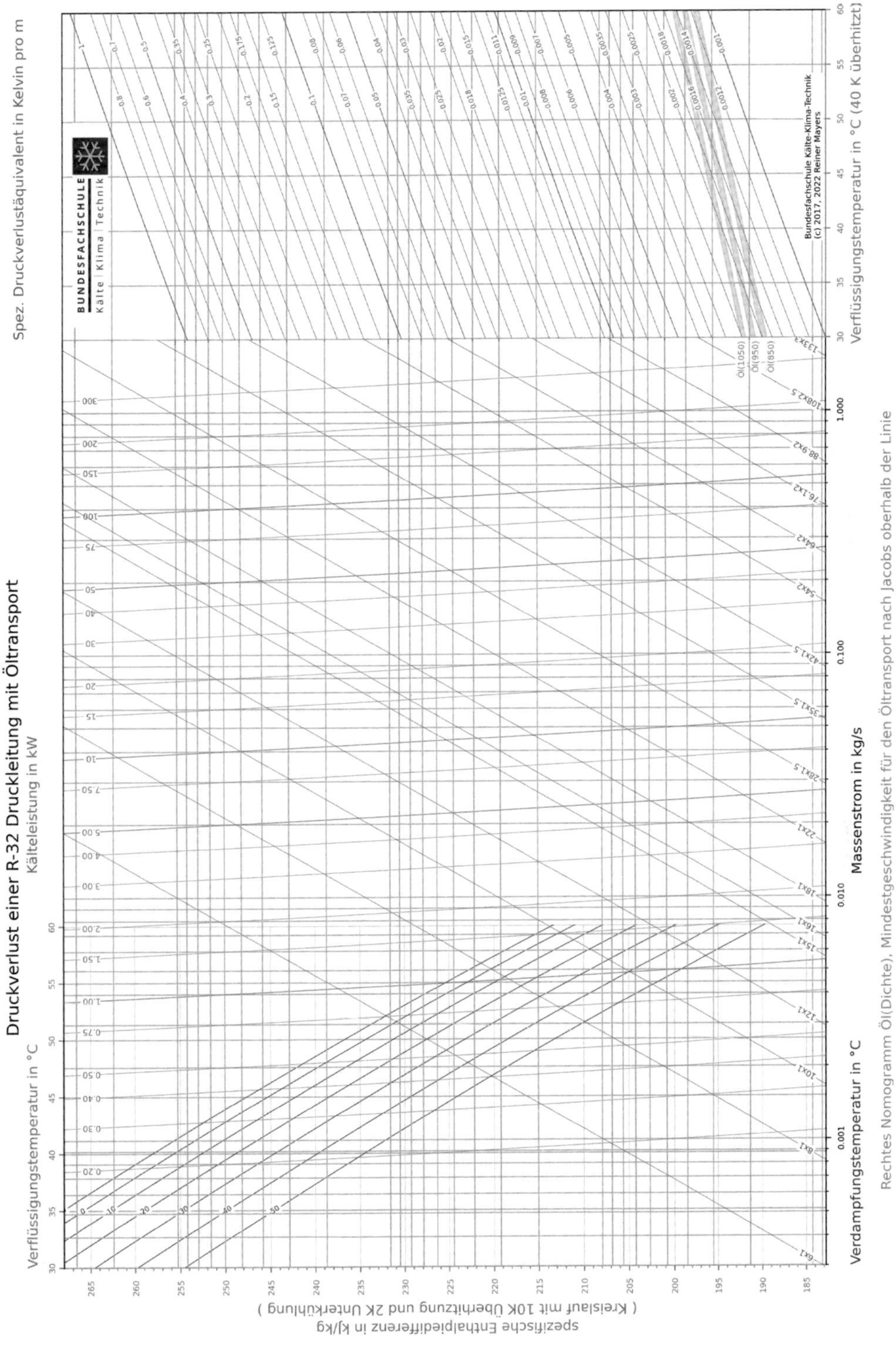
Druckverlust einer R-32 Druckleitung mit Öltransport
Kälteleistung in kW
Verflüssigungstemperatur in °C
Spez. Druckverlustäquivalent in Kelvin pro m
BUNDESFACHSCHULE
Kälte | Klima | Technik
Bundesfachschule Kälte-Klima-Technik
(c) 2017, 2022 Reiner Mayers
Verflüssigungstemperatur in °C (40 K überhitzt)
Massenstrom in kg/s
Verdampfungstemperatur in °C
Rechtes Nomogramm Öl(Dichte), Mindestgeschwindigkeit für den Öltransport nach Jacobs oberhalb der Linie
spezifische Enthalpiedifferenz in kJ/kg
(Kreislauf mit 10K Überhitzung und 2K Unterkühlung)

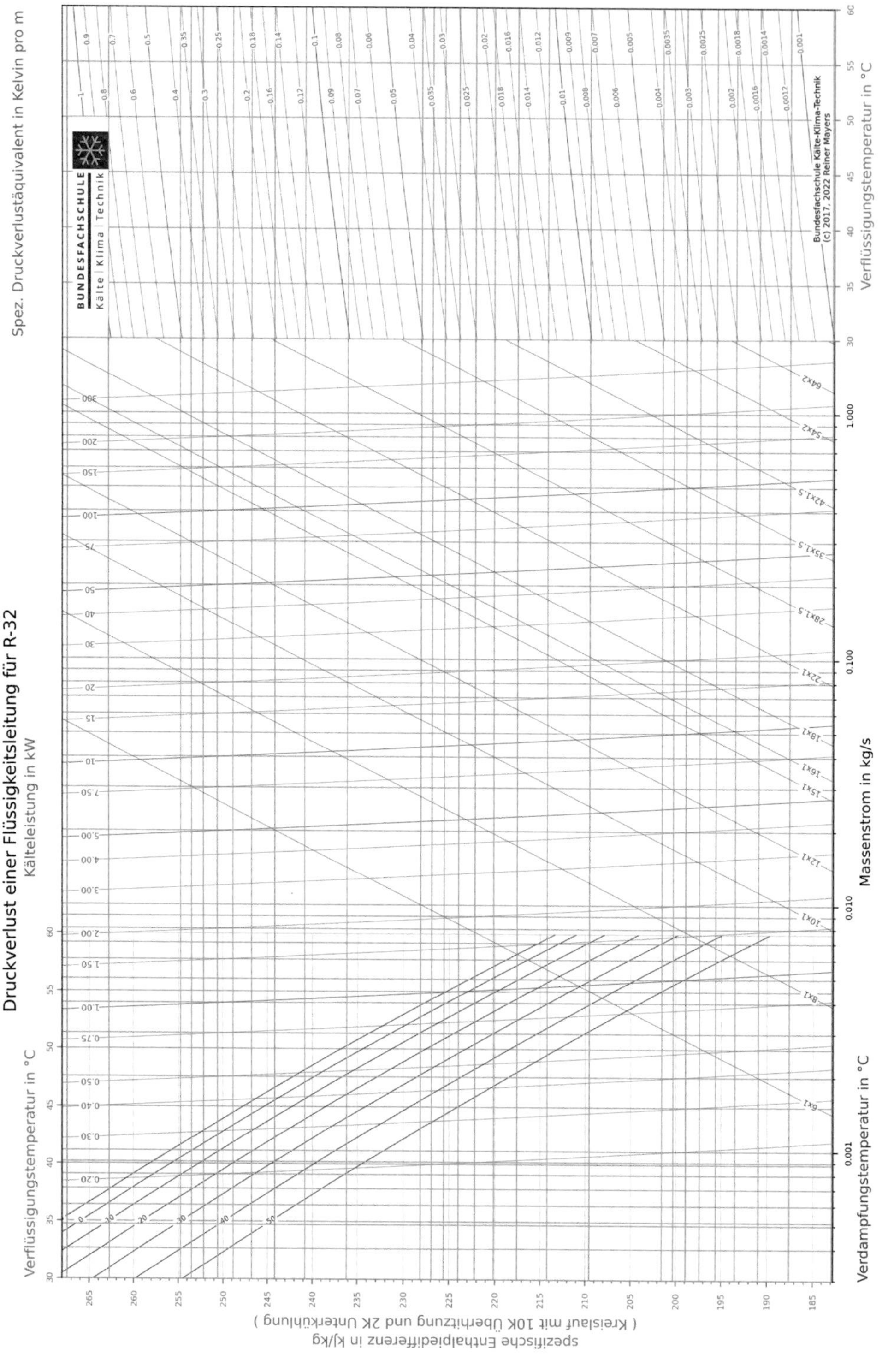
Druckverlust einer Flüssigkeitsleitung für R-32
Kälteleistung in kW
Spez. Druckverlustäquivalent in Kelvin pro m
BUNDESFACHSCHULE
Kälte | Klima | Technik
Bundesfachschule Kälte-Klima-Technik
(c) 2017, 2022 Reiner Mayers
Verflüssigungstemperatur in °C
Massenstrom in kg/s
Verdampfungstemperatur in °C
spezifische Enthalpiedifferenz in kJ/kg
(Kreislauf mit 10K Überhitzung und 2K Unterkühlung)
6x1
8x1
10x1
12x1
15x1
16x1
18x1
22x1
28x1.5
35x1.5
42x1.5
54x2
64x2

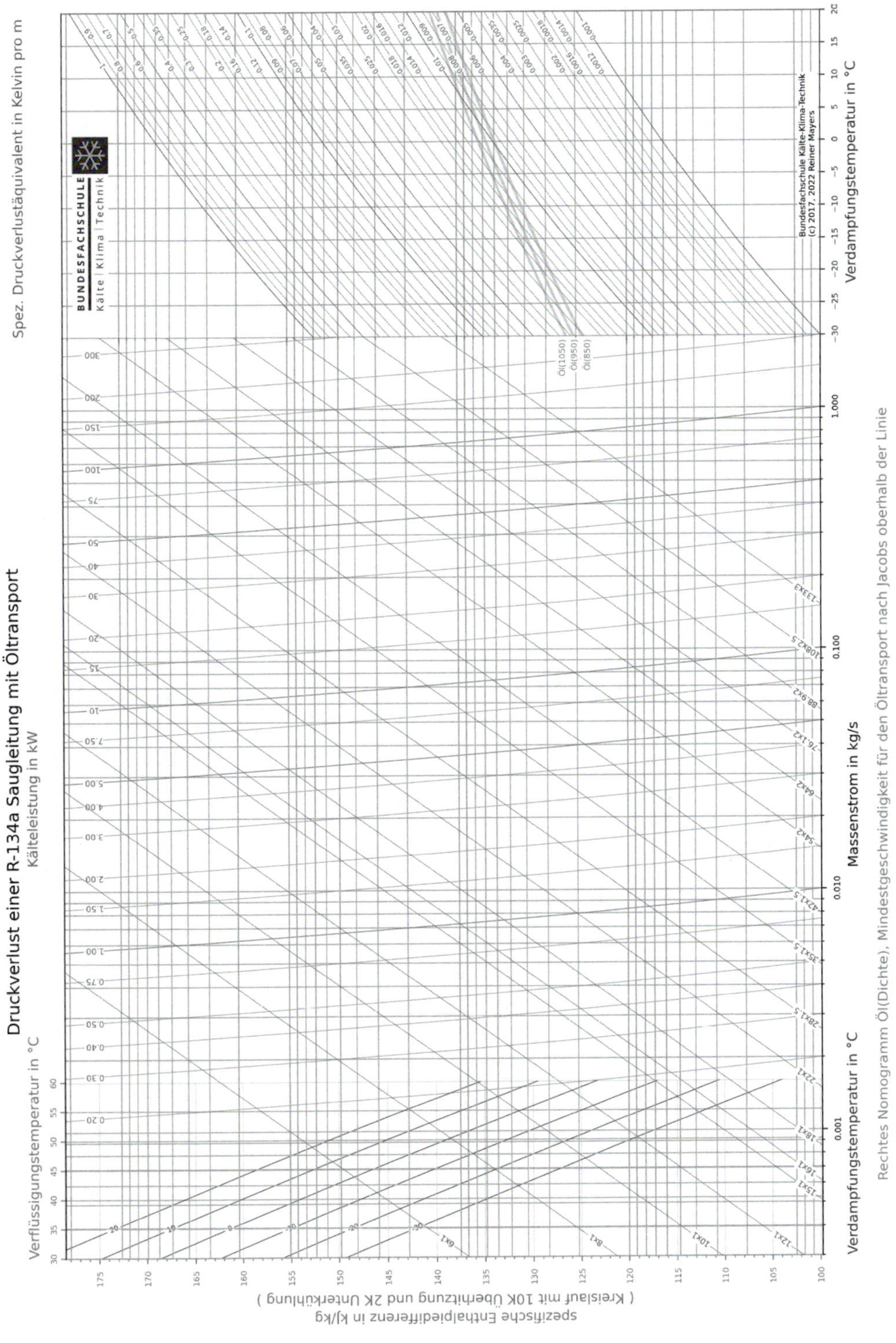
Druckverlust einer R-134a Saugleitung mit Öltransport
Kälteleistung in kW
Verflüssigungstemperatur in °C
Spez. Druckverlustäquivalent in Kelvin pro m
BUNDESFACHSCHULE
Kälte | Klima | Technik
Bundesfachschule Kälte-Klima-Technik
(c) 2017, 2022 Reiner Mayers
Öl(1050)
Öl(950)
Öl(850)
Verdampfungstemperatur in °C
Massenstrom in kg/s
Verdampfungstemperatur in °C
Rechtes Nomogramm Öl(Dichte), Mindestgeschwindigkeit für den Öltransport nach Jacobs oberhalb der Linie
spezifische Enthalpiedifferenz in kJ/kg
(Kreislauf mit 10K Überhitzung und 2K Unterkühlung)

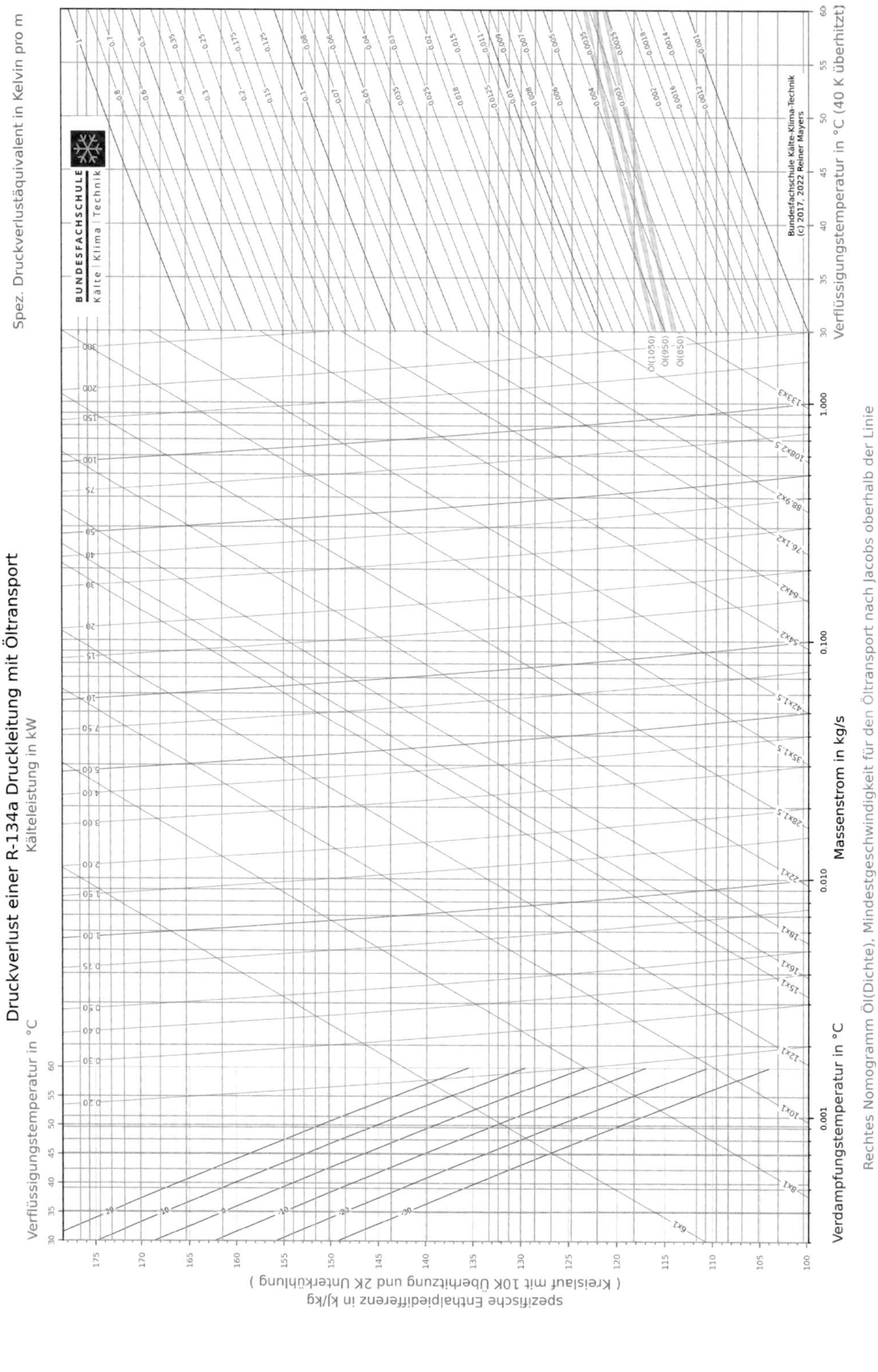
Druckverlust einer R-134a Druckleitung mit Öltransport
Kälteleistung in kW
Spez. Druckverlustäquivalent in Kelvin pro m
Verflüssigungstemperatur in °C
Verflüssigungstemperatur in °C (40 K überhitzt)
Massenstrom in kg/s
Verdampfungstemperatur in °C
spezifische Enthalpiedifferenz in kJ/kg
(Kreislauf mit 10K Überhitzung und 2K Unterkühlung)
Rechtes Nomogramm Öl(Dichte), Mindestgeschwindigkeit für den Öltransport nach Jacobs oberhalb der Linie
BUNDESFACHSCHULE
Kälte | Klima | Technik
Bundesfachschule Kälte-Klima-Technik
(c) 2017, 2022 Reiner Mayers
Öl(1050)
Öl(950)
Öl(850)
6x1
8x1
10x1
12x1
15x1
16x1
18x1
22x1
28x1.5
35x1.5
42x1.5
54x2
64x2
76.1x2
88.9x2
108x2.5
133x3
0.001
0.010
0.100
1.000

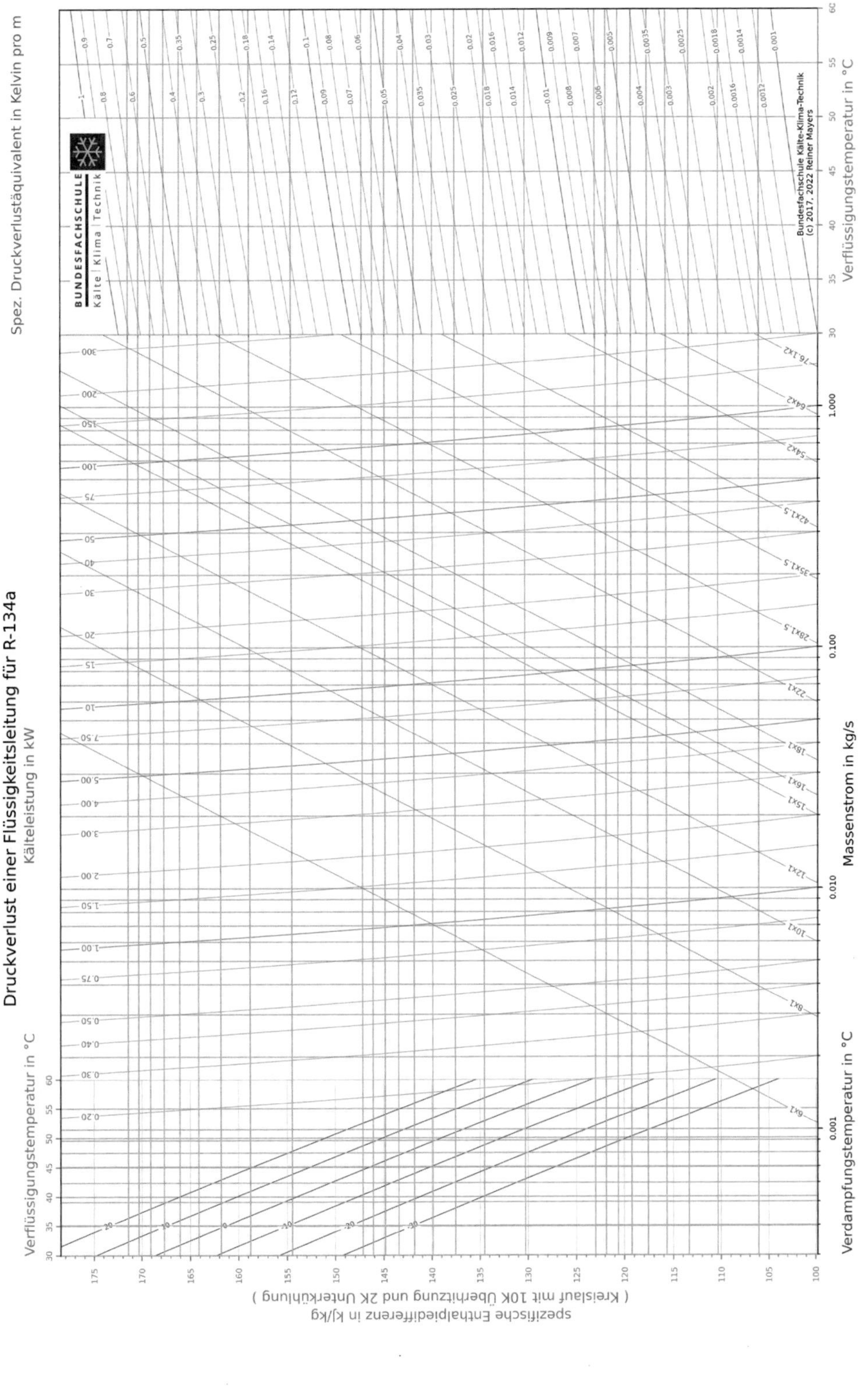
Druckverlust einer Flüssigkeitsleitung für R-134a
Kälteleistung in kW
Spez. Druckverlustäquivalent in Kelvin pro m
Verflüssigungstemperatur in °C
Massenstrom in kg/s
Verdampfungstemperatur in °C
spezifische Enthalpiedifferenz in kJ/kg
(Kreislauf mit 10K Überhitzung und 2K Unterkühlung)
BUNDESFACHSCHULE
Kälte | Klima | Technik
Bundesfachschule Kälte-Klima-Technik
(c) 2017, 2022 Reiner Mayers
6x1
8x1
10x1
12x1
15x1
16x1
18x1
22x1
28x1.5
35x1.5
42x1.5
54x2
64x2
76.1x2

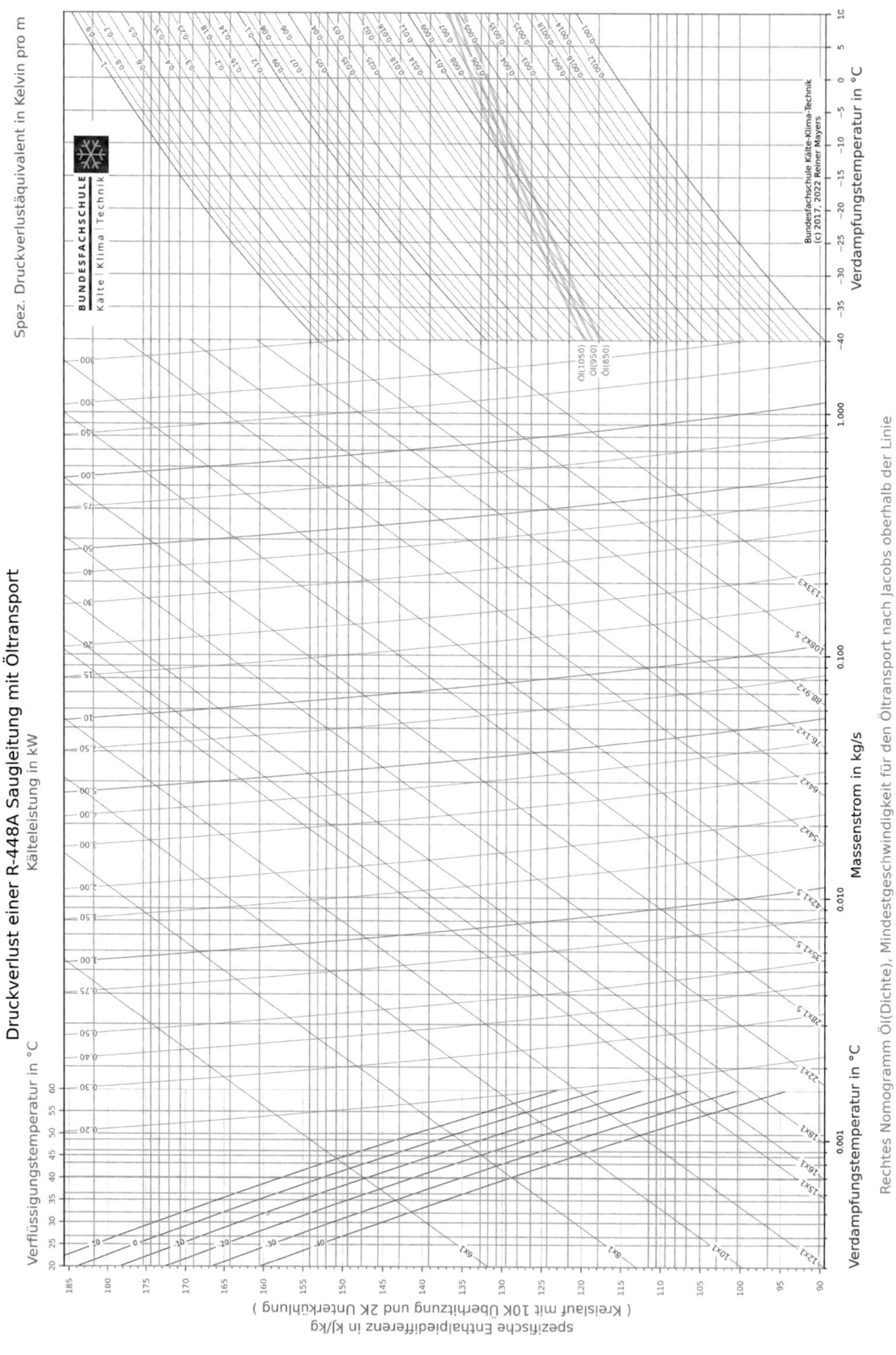
Druckverlust einer R-448A Saugleitung mit Öltransport
Kälteleistung in kW
Verflüssigungstemperatur in °C
Spez. Druckverlustäquivalent in Kelvin pro m
BUNDESFACHSCHULE
Kälte | Klima | Technik
Bundesfachschule Kälte-Klima-Technik
(c) 2017, 2022 Reiner Mayers
Verdampfungstemperatur in °C
Massenstrom in kg/s
spezifische Enthalpiedifferenz in kJ/kg
(Kreislauf mit 10K Überhitzung und 2K Unterkühlung)
Öl(1050)
Öl(950)
Öl(850)
Rechtes Nomogramm Öl(Dichte), Mindestgeschwindigkeit für den Öltransport nach Jacobs oberhalb der Linie

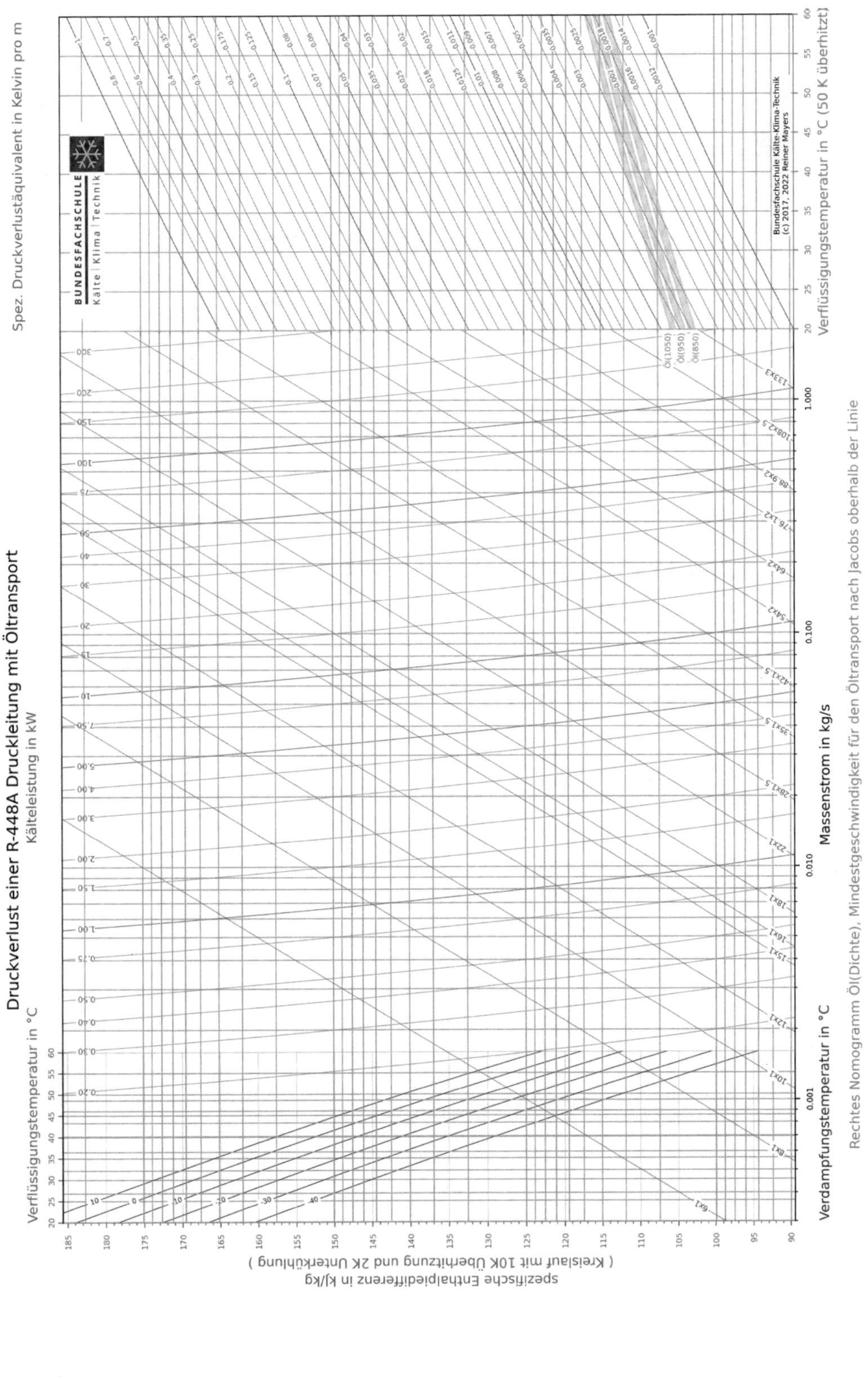
Druckverlust einer R-448A Druckleitung mit Öltransport
Kälteleistung in kW
Spez. Druckverlustäquivalent in Kelvin pro m
Verflüssigungstemperatur in °C
Verflüssigungstemperatur in °C (50 K überhitzt)
Massenstrom in kg/s
Verdampfungstemperatur in °C
spezifische Enthalpiedifferenz in kJ/kg
(Kreislauf mit 10K Überhitzung und 2K Unterkühlung)
Rechtes Nomogramm Öl(Dichte), Mindestgeschwindigkeit für den Öltransport nach Jacobs oberhalb der Linie
BUNDESFACHSCHULE
Kälte | Klima | Technik
Bundesfachschule Kälte-Klima-Technik
(c) 2017, 2022 Reiner Mayers
Öl(1050)
Öl(950)
Öl(850)
133x3
108x2.5
88.9x2
76.1x2
64x2
54x2
42x1.5
35x1.5
28x1.5
22x1
18x1
16x1
15x1
12x1
10x1
8x1
6x1

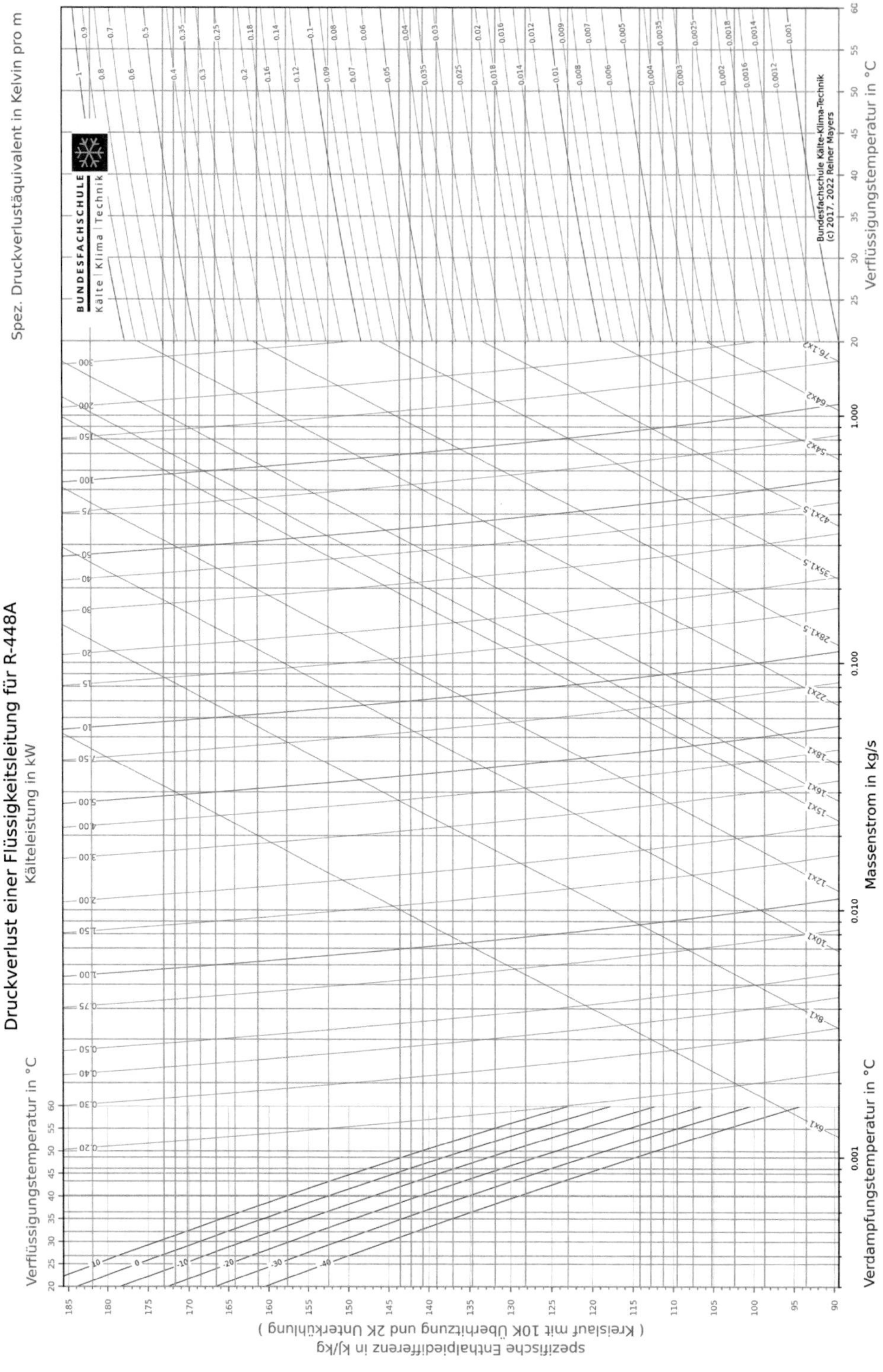
Druckverlust einer Flüssigkeitsleitung für R-448A
Kälteleistung in kW
Spez. Druckverlustäquivalent in Kelvin pro m
Verflüssigungstemperatur in °C
Massenstrom in kg/s
Verdampfungstemperatur in °C
spezifische Enthalpiedifferenz in kJ/kg
(Kreislauf mit 10K Überhitzung und 2K Unterkühlung)
BUNDESFACHSCHULE
Kälte | Klima | Technik
Bundesfachschule Kälte-Klima-Technik
(c) 2017, 2022 Reiner Mayers

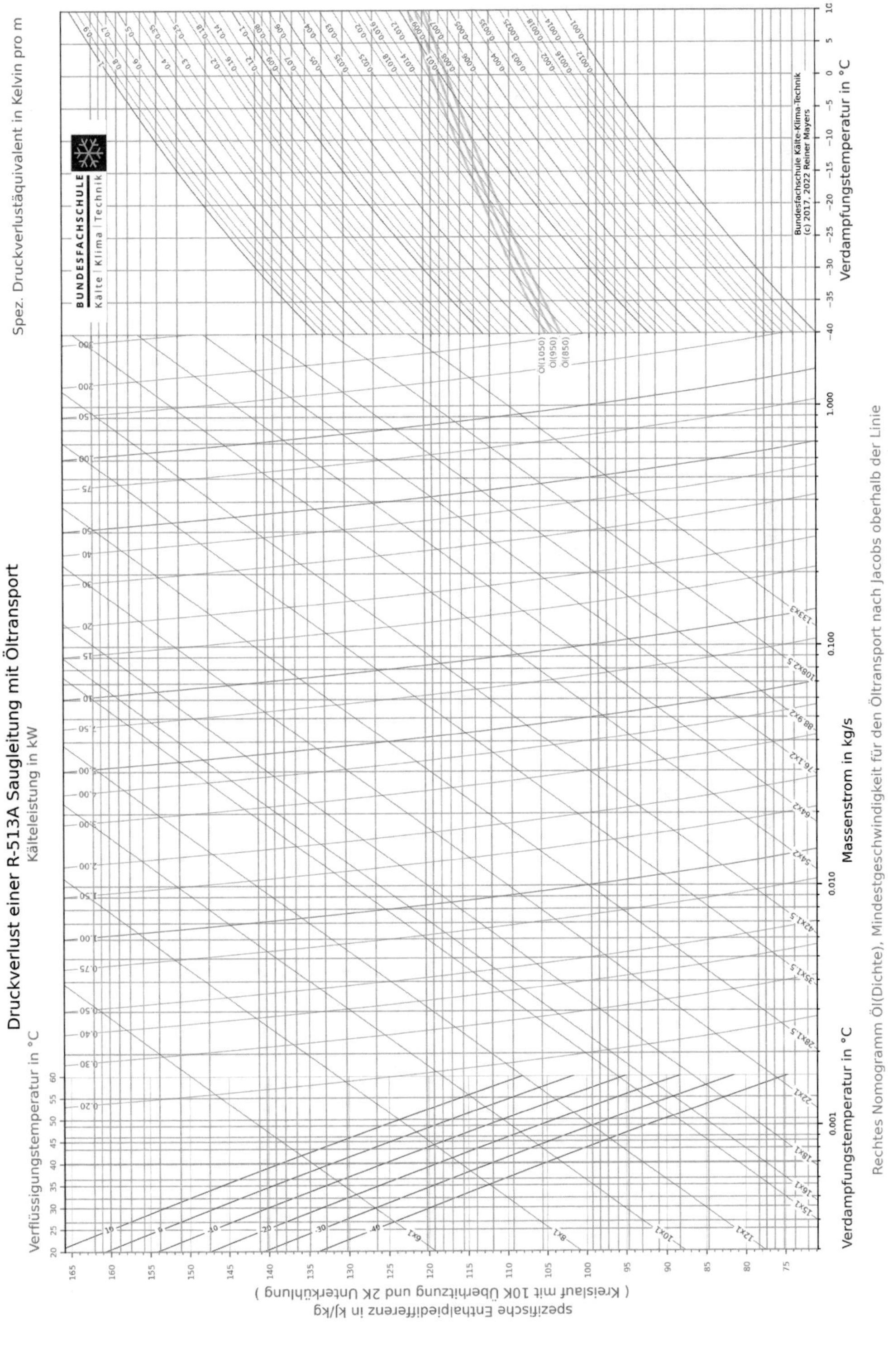
Druckverlust einer R-513A Saugleitung mit Öltransport
Kälteleistung in kW
Spez. Druckverlustäquivalent in Kelvin pro m
Verflüssigungstemperatur in °C
BUNDESFACHSCHULE
Kälte | Klima | Technik
Bundesfachschule Kälte-Klima-Technik
(c) 2017, 2022 Reiner Mayers
Verdampfungstemperatur in °C
Massenstrom in kg/s
Verdampfungstemperatur in °C
Rechtes Nomogramm Öl(Dichte), Mindestgeschwindigkeit für den Öltransport nach Jacobs oberhalb der Linie
spezifische Enthalpiedifferenz in kJ/kg
(Kreislauf mit 10K Überhitzung und 2K Unterkühlung)

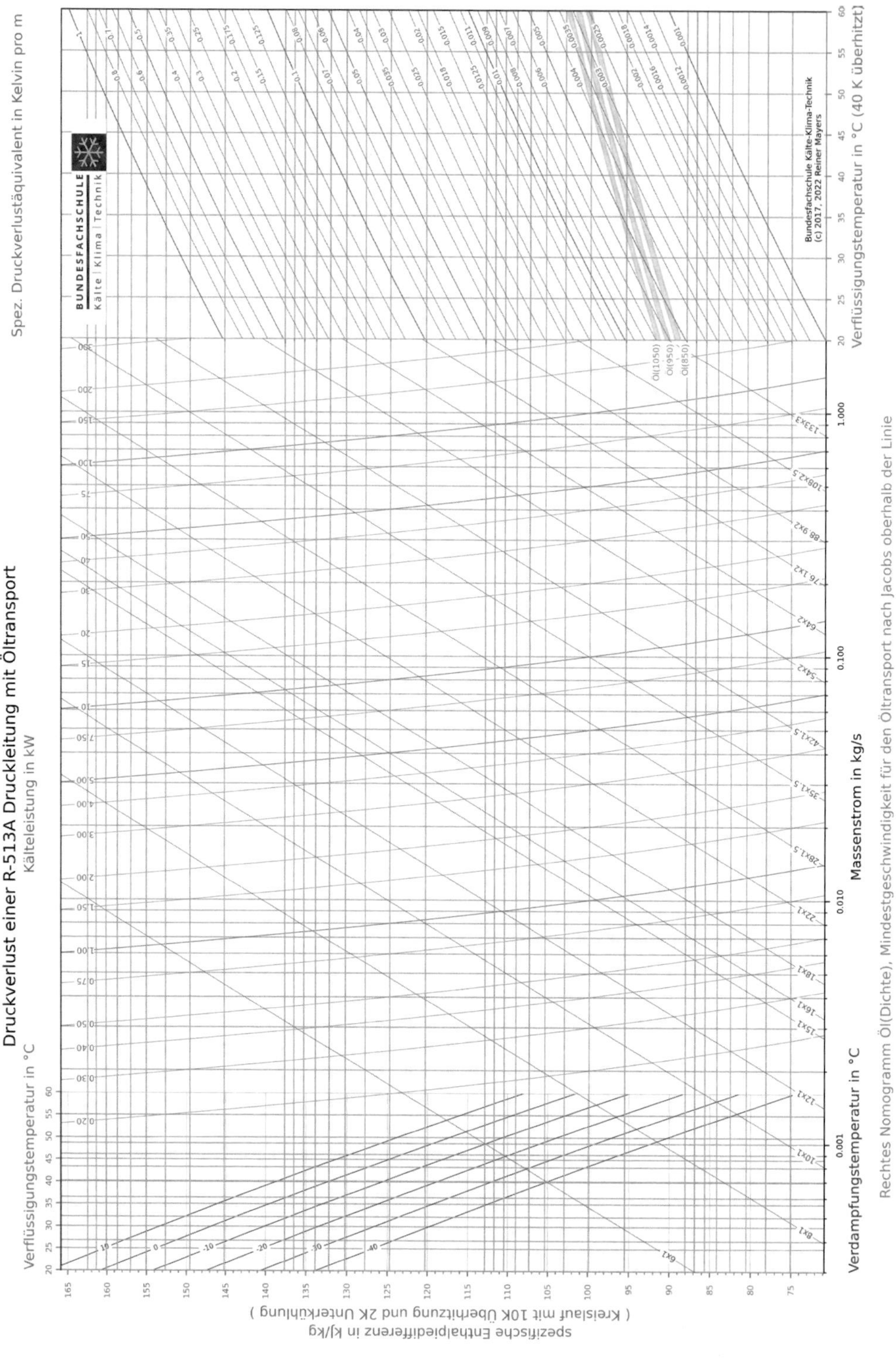
Druckverlust einer R-513A Druckleitung mit Öltransport
Kälteleistung in kW
Spez. Druckverlustäquivalent in Kelvin pro m
Verflüssigungstemperatur in °C
Verflüssigungstemperatur in °C (40 K überhitzt)
Massenstrom in kg/s
Verdampfungstemperatur in °C
spezifische Enthalpiedifferenz in kJ/kg
(Kreislauf mit 10K Überhitzung und 2K Unterkühlung)
Rechtes Nomogramm Öl(Dichte), Mindestgeschwindigkeit für den Öltransport nach Jacobs oberhalb der Linie
BUNDESFACHSCHULE
Kälte | Klima | Technik
Bundesfachschule Kälte-Klima-Technik
(c) 2017, 2022 Reiner Mayers
Öl(1050)
Öl(950)
Öl(850)

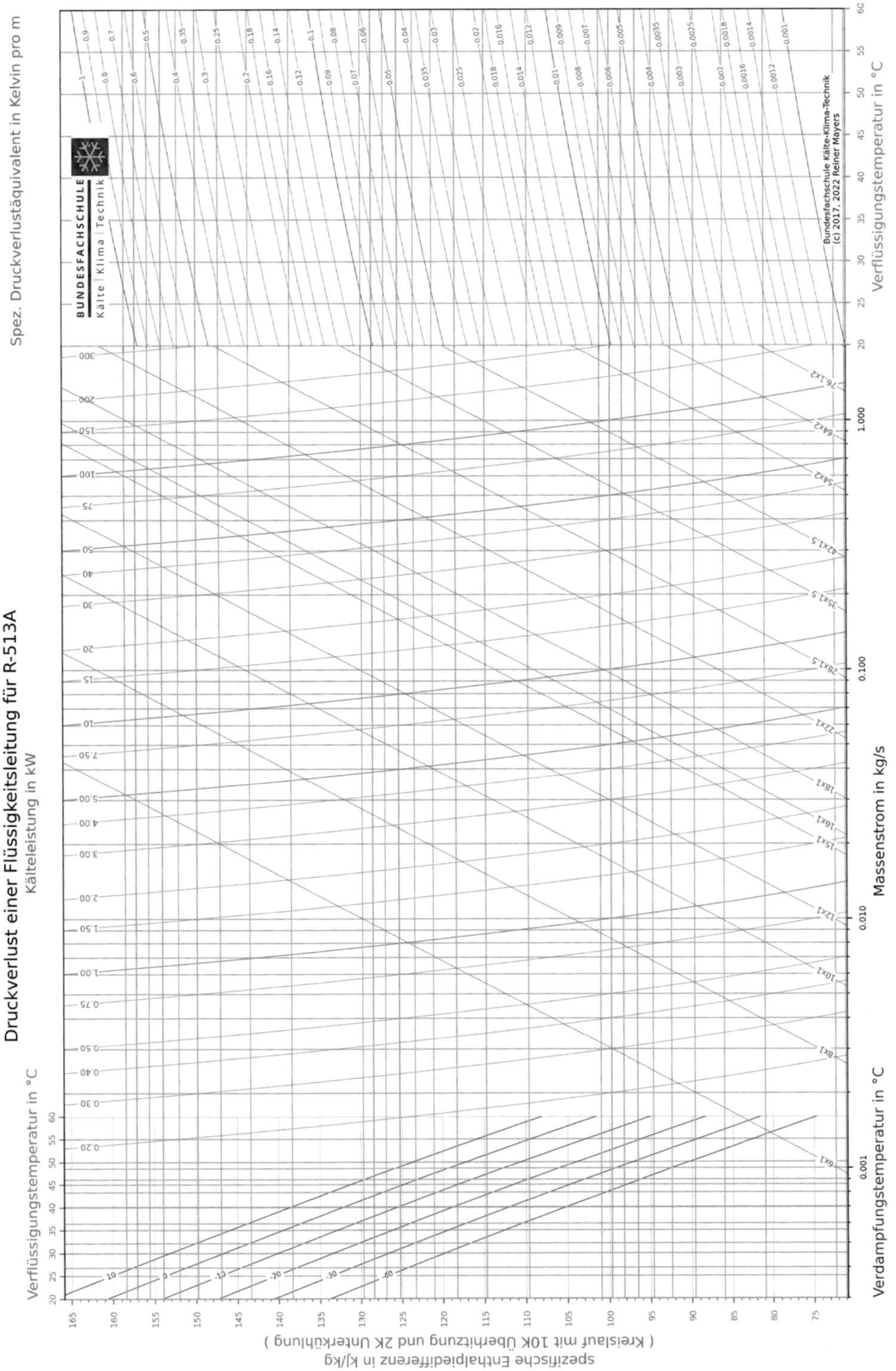
Druckverlust einer Flüssigkeitsleitung für R-513A
Kälteleistung in kW
Spez. Druckverlustäquivalent in Kelvin pro m
Verflüssigungstemperatur in °C
Massenstrom in kg/s
Verdampfungstemperatur in °C
spezifische Enthalpiedifferenz in kJ/kg
(Kreislauf mit 10K Überhitzung und 2K Unterkühlung)
BUNDESFACHSCHULE
Kälte | Klima | Technik
Bundesfachschule Kälte-Klima-Technik
(c) 2017, 2022 Reiner Mayers

Einbauteil	**Darstellung**	**Zeta-Wert**	
		R/d	ζ
Bogen 90°	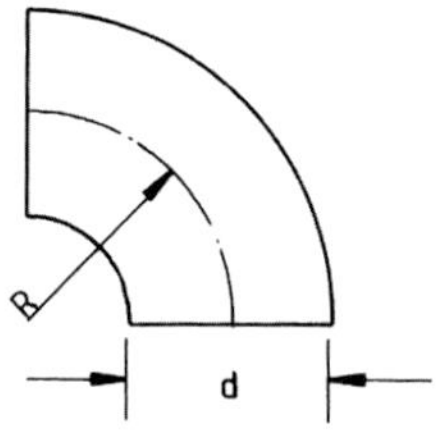 	0,5 0,75 1,0 1,5 2,0 3,0 4,0	1,0 0,5 0,25 0,15 0,1 0,1 0,1
T-Stück	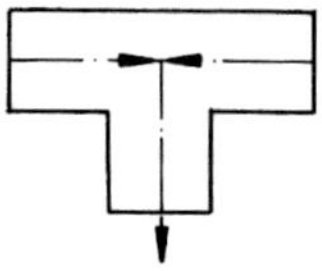	1,4	
T-Stück	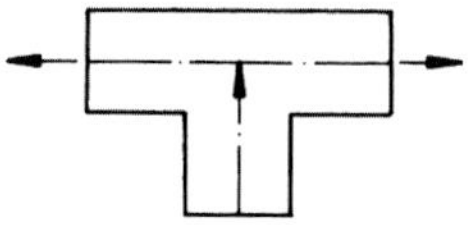	1,4	
		α	ζ_1
Erweiterung Verengung	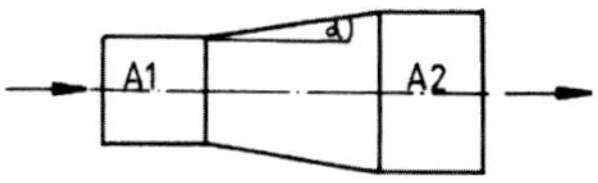 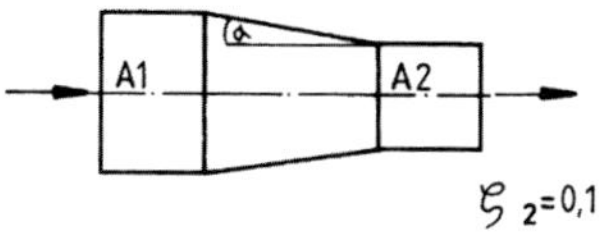 	5° 7,5° 10° 15° 22,5° 30° 45° 90°	0,15 0,20 0,25 0,4 0,6 0,8 0,9 1,0
Dehnungsausgleicher, Lyrabogen	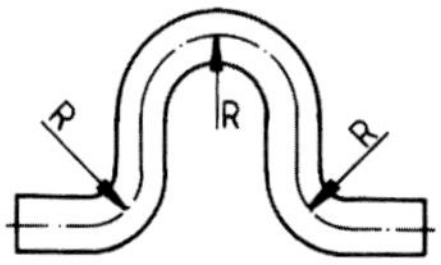 	$R \geq 3\,d$ $R \geq 8\,d$	0,4 0
Wellrohrkompensator	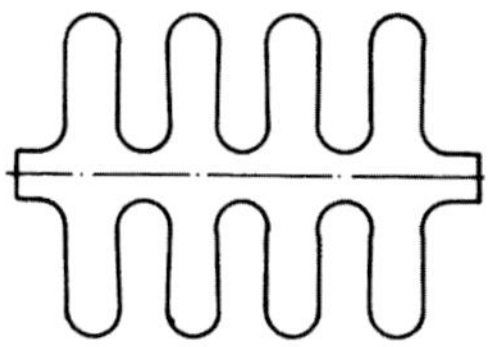		2,0
Muffe	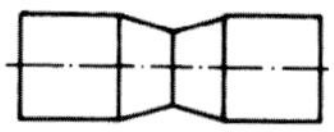		1,0

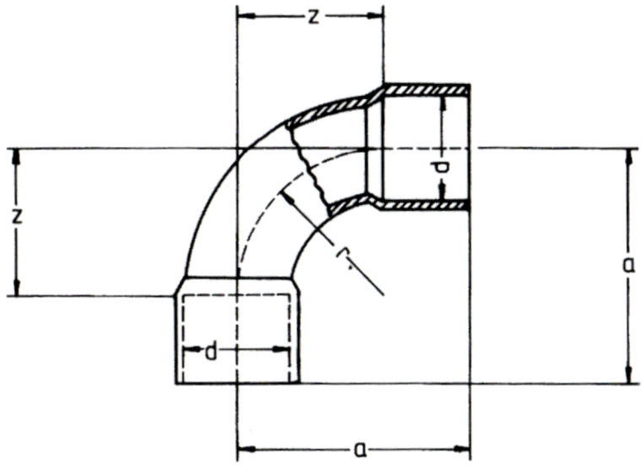

Ermittlung von *r*/*d*:

d	*a*	*r*	*z*
6	15	9	9
8	21	12	12
10	25	15	15
12	25	17	17
15	33	20,5	20,5
16	35	23	23
18	40	25	25
22	47	30	30
28	58	39	39
35	76	52,5	52,5
42	92	63	63
54	115	81	81
64	129	96	96
70	138	105	105
76	147	114	114
80	153	120	120
89	169,5	133,5	133,5
104	197	156	156
108	203	162	162

12 Maschinenraumentlüftung, Notschalter, Detektoren

12.1 Maschinenraumentlüftung

Bei natürlicher Lüftung

$A = 0{,}14 \cdot \sqrt{G}$ in m^2 als Lüftungsquerschnitt ins Freie

mit: G = Füllgewicht der Kälteanlage in kg;
bei mehreren Anlagen wird die Anlage mit dem größten Füllgewicht zugrunde gelegt.

Bei mechanischer Lüftung

$\dot{Q} = 50 \sqrt[3]{G^2}$ in $\frac{m^3}{h}$ als Förderleistung des Abluftventilators

mit: G = Füllgewicht der Kälteanlage in kg;
bei mehreren Anlagen wird die Anlage mit dem größten Füllgewicht zugrunde gelegt.

Luftstrom für die mechanische Notlüftung nach EN 378-3, Ziff. 5.16.4

$$\dot{V} = 14 \cdot 10^{-3} \cdot m^{\frac{2}{3}}$$

oder

$$\dot{V} = 0{,}014 \cdot m^{0{,}6\overline{6}}$$

mit: m = Kältemittelfüllmenge in kg
$\dot{V}$ = Luftstrom in $\frac{m^3}{g}$

Entlüftung unter Berücksichtigung der Abfuhr der Maschinenwärme

Sind Verflüssigungssätze im Maschinenraum installiert, gilt für den **Abluftvolumenstrom**:

$$\dot{V}_L = \dot{Q}_c \cdot 600 \quad \text{in } \frac{m^3}{h}$$

mit: $\dot{Q}_c$ aller Verflüssigungssätze in kW aufaddiert

Sind Einzelverdichter im Maschinenraum installiert, gilt für den Abluftvolumenstrom:

$$\dot{V}_L = P_{Kl} \cdot 60 \quad \text{in} \frac{m^3}{h}$$

mit: P_{Kl} aller Verdichterklemmenleistungen in kW aufaddiert

Die **Zuluftöffnung** wird über das Kontinuitätsgesetz $\dot{V} = A \cdot w$ in $\frac{m^3}{s}$ wie folgt zurückgerechnet:

$$A = \frac{\dot{V}}{w} \quad \text{in } m^2$$

$\dot{V}$ durch o. a. Berechnung gegeben

w in $\frac{m}{s}$ mit ca. $3 \frac{m}{s}$ ansetzen

12.2 Notschalter nach EN 378-3, Ziff. 5.8

Zum Abschalten der Kälteanlage ist außerhalb des Maschinenraums und in der Nähe seiner Tür eine Fernabschaltung vorzusehen.

Ein Schalter mit gleicher Funktion ist an geeigneter Stelle innerhalb des Raums vorzusehen.

12.3 Detektoren nach EN 378-3, Ziff. 8

Kältemitteldetektionssysteme sind in Maschinenräumen vorzusehen, wenn die Kältemittelfüllmenge der Kälteanlage über 25 kg liegt sowie ODP und GWP jeweils größer als 0 sind.

Die Anordnung von Detektoren ist in Abhängigkeit des jeweiligen Kältemittels zu wählen und muss an den Stellen erfolgen, an denen sich das Kältemittel nach der Leckage sammelt.

Mindestens ein Detektor muss in jedem Maschinenraum angebracht werden.

13 Praxistipps

13.1 Empfehlungen zur Thermostatanordnung am Verdampfer

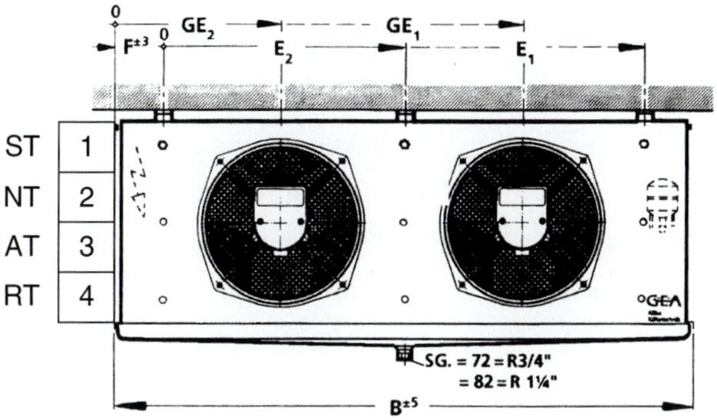

1. z. B. TS1-E4F
2. z. B. TS1-F2A
3. z. B. TS1-F3A
4. z. B. TS1-F2S

ST ≙ Sicherheitsthermostat
NT ≙ Nachlaufthermostat
AT ≙ Alarmthermostat
RT ≙ Raumthermostat

ad 1. Fühler mit Adsorptionsfüllung im Verdampferlamellenpaket
ad 2. Fühler mit Dampffüllung im Verdampferlamellenpaket
ad 3. Fühler mit Dampffüllung frei im Raum
ad 4. Fühler mit Dampffüllung frei im Raum

13.2 Empfehlung zur Festlegung von Abtauzeiten: Thermostateinstellung

		RT °C	AT °C	NT °C	ST °C
1. Tiefkühlraum, eiscremesicher	2 × 60 Min/d	–24	–12	–15	+1
2. Tiefkühlraum	2 × 60 Min/d	–22	–10	–15	+1
3. Fleischkühlraum	4 × 20 Min/d	+ 1	+10	– 5	+1
4. Wurstkühlraum	4 × 20 Min/d	+ 3	+10	– 5	+1
5. Salzfleischkühlraum	4 × 20 Min/d	+ 5	+12	– 4	+1
6. Molkereiproduktekühlraum	3 × 20 Min/d	+ 4	+10	– 4	+1
7. Obst- und Gemüsekühlraum	3 × 20 Min/d	+ 2	+10	– 4	+1
8. Käsekühlraum	4 × 20 Min/d	+ 3	+12	0	+1
9. Kühlraum ohne Heizung	2 × 60 Min/d	+ 6		0	
10. Blumenkühlraum	3 × 20 Min/d	+ 3	+12	0	+1
11. Tiefkühlinsel	2 × 60 Min/d	–18	–12		+1
12. Tiefkühlschrank	2 × 60 Min/d	–18	–12		+1
13. Kombi-Set	2 × 60 Min/d	–18	–12		+1
14. Kühlregal	2 × 60 Min/d	+ 5			
15. Fleischtheke Umluft ohne Heizung	2 × 60 Min/d	+ 1	+ 7		
16. Backwarentheke, stille Kühlung	2 × 60 Min/d	+ 6			

13.3 Kühlstellenregler MIC QKL mini 2

Der Kühlstellenregler MIC QKL e3 von Cool Expert ist ein selbstoptimierender Regler mit autoadaptiver Abtauerkennung zum energetisch richtigen Zeitpunkt. Bei Leitungsverlängerung der Temperatursensoren erfolgt auch über größere Distanzen automatisch eine Kompensierung des Leitungswiderstands durch Dreileiter-Messtechnik. Eine mit MIC QKL mini 2 ausgerüstete Kälteanlage wird durch einen wissensbasierten Algorithmus Tag und Nacht ohne Unterbrechung geregelt und überwacht, erkennt Änderungen des Betriebszustands und führt die Anlage an den derzeit energetisch besten Betriebspunkt. Das Potenzial an Energiekosteneinsparung mit einem MIC QKL beträgt gegenüber dem Stand der Technik mindestens 20 %.

Raumtemperaturregelung:

Je nach Anwendung eignet sich der MIC QKL zur Ein- oder Zweisensorregelung. Mit nur einem Temperatursensor im Kühlerblock als alleinige Führungsgröße erfüllt der Kühlstellenregler mit seiner Einsensorregelung die gleichen Aufgaben wie seine Vorgänger KÜBATRON QKL2B/T. Die Zweisensorregelung, in Verbindung mit einem optionalen Netzwerkmodul und einem Aufzeichnungsgerät, erfüllt die Hygieneverordnung zur Qualitätssicherung des Kühlgutes nach HACCP (Erfassung der Raumtemperatur mit einem eigens dafür vorgesehenen Sensor). Ebenso unverzichtbar ist die Zweisensorregelung in Kühlmöbeln sowie im Fall einer Umluftabtauung.

Luftkühler-Ventilator-Management:

Vor Beginn des eigentlichen Kälteprozesses wird durch den gezielten Vorlauf des Ventilators die im Kühler-Block gespeicherte Energie (durch Reif- u. Eisbildung) dem Kühlraum zugeführt. Reif- u. Eisbildung an den Lamellen des Luftkühlers werden durch den Effekt der Sublimation abgebaut. Die Abtauvorgänge reduzieren sich gegenüber dem Stand der Technik erheblich. Ein weiterer Nutzen des Sublimationseffektes ist, den zu kühlenden Waren weniger Feuchtigkeit zu entziehen. Die relative Luftfeuchtigkeit wird um mindestens 10 % angehoben. Um den Abriss von Wassertropfen zu verhindern, erfolgt der Start des Kühler-Ventilators nach jedem Abtauvorgang temperatur- und zeitverzögert.

Abtauerkennung:

Die Abtauerkennung erfolgt zum energetisch richtigen Zeitpunkt nach dem Prinzip der Leistungsmessung. Hierzu sind zwei Sensoren (Lufteintritts- und Kühler-Blocktemperatur) zwingend erforderlich. Bei einem Leistungsverlust des Kühlers von mehr als 5 % durch Reif- und Eisbildung wird automatisch ein Abtauvorgang eingeleitet. Zusätzlich ist eine Abtauregelung unter Berücksichtigung der zu erwartenden mittleren Feuchtbelastung möglich.

Abtaumanagement:

Ein autoadaptives Abtaumanagement regelt die elektrische Abtauheizung, die Umluftabtauung, sowie die Heißgasabtauung. Die Abtauendtemperatur wird autoadaptiv berechnet. Der Wärmegehalt des jeweiligen Abtaumediums bildet die Berechnungsgrundlage zur Bestimmung der Abtauendtemperatur. Eine Abtropfzeit nach Beendigung des Abtauvorgangs ist obligatorisch. Bei Elektroabtauung kann die Abtauendtemperatur auch manuell eingestellt werden.

Störmanagement:

Ein autoadaptives Frühwarnsystem überwacht die Leistung des Kühlers und prüft ständig die Kälteanlagenverfügbarkeit. Im Störfall erfolgt eine Meldung. Bis zu 14 Störfälle könen in dem Diagnosesystem dokumentiert.

13.4 Temperaturen und Temperaturdifferenzen über dem Verdampfer

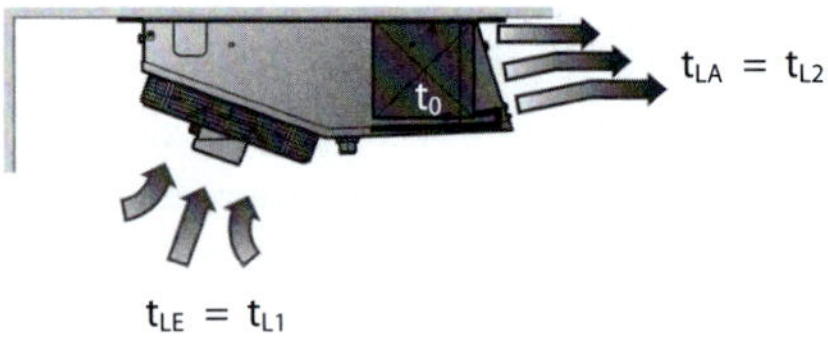

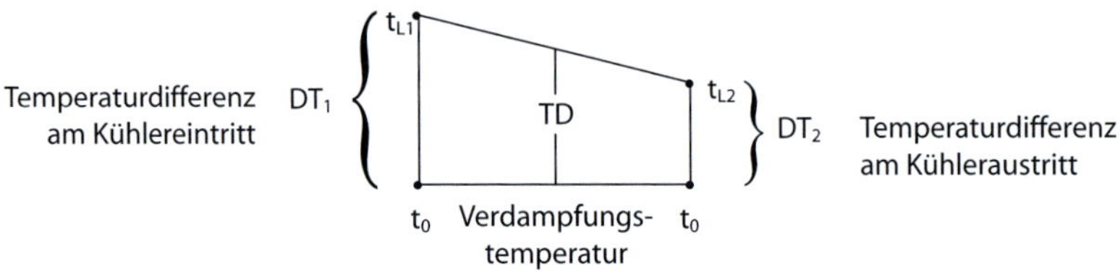

$$t_{L1} = DT_1 + t_0$$
$$DT_1 = TD \cdot 1{,}2; \quad \Delta t_E \mathrel{\hat{=}} DT_1$$
$$t_{L1} - t_0 = DT_1$$
$$t_R = \frac{t_{LE} + t_{LA}}{2}$$
$$t_{LA} = t_R \cdot 2 - t_{LE}$$

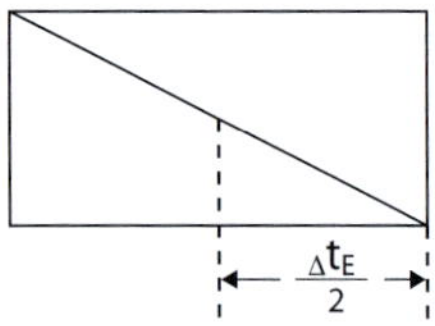

13.5 Richtwertezusammenstellung zur Berechnung des Kältebedarfs

1. Wärmedurchgangskoeffizienten in $\frac{W}{m^2\,K}$

	Arbeitsräume	**Normalkühlräume**	**Tiefkühlräume**
Türen	3,0	0,6	0,3
Umhüllungsflächen	1,5	0,3	0,16
Fenster	2,8	–	–
Außenwand	0,7	–	–
Industriepaneelbauten			
Innenwand	0,24		
Innenwand, Tiefkühlung	0,17		
Außenwand	0,24		
Brandschutzpaneel	0,35		
Hallendach, Trapezblechdach inkl. Dämmung und Folie	0,24		

2. Spezifische Wärmekapazitäten in $\frac{\text{kJ}}{\text{kg K}}$

Molkereiprodukte:	3,15
Obst:	3,60
Gemüse:	3,80
Fleisch:	2,85
Wurst:	3,72
Tiefkühlprodukte:	1,76 (nach dem Erstarren)
Fisch:	3,15

3. Atmungswärme

$$5{,}32\,\frac{\text{kJ}}{\text{kg d}}$$

4. Kühlgutmasse auf Europalette, Holz
(Europalette: $B = 800$ mm, $H = 150$ mm, $T = 1\,190$ mm, $m = 25$ kg)

Obst

Apfelsinen:	28 Boxen aus Pappe à 7 × 3 kg Säcke pro Box
Bananen:	36 Kartons à 18 kg pro Karton
Orangen:	36 Kisten à 10 Säcke mit 2 kg pro Sack
Bananen:	48 Kartons à 18 kg pro Karton
Birnen:	60 Kartons à 10 kg pro Karton
Trauben:	8 × 12 Stellagen à 4 kg pro Stellage
Äpfel:	76 Kartons à 7 kg pro Karton

Molkereiprodukte

Rama:	432 × 0,60 kg pro Box
Schmand:	104 Stiegen à 20 Becher pro Stiege à 0,20 kg pro Becher
Milch:	72 Kartons à 12 Tüten pro Karton à 1 Liter pro Tüte
Buttermilch:	104 Kartons à 12 Becher pro Karton à 0,50 kg pro Becher
Margarine:	96 Kartons à 24 Becher pro Karton à 0,25 kg pro Becher
Biogurt im Glas:	160 Boxen à 6 Gläser pro Box à 0,5 kg pro Glas
Bierflaschen-Kunststoffstapelkasten:	40 Kästen pro Palette

5. Fleisch

pro Meter Rohrbahn:	4 Schweinehälften à 40 kg pro magere Hälfte oder 3 Rinderviertel à 75 kg pro Viertel
5.1 hängend pro Meter Rohrbahn:	4 Schweinehälften à 50 kg pro magere Hälfte oder 3–4 Rinderviertel à 75 kg pro Viertel
	1 Kotelettstrang à 40 kg pro Stück 5 Stück pro Meter Rohrbahn = 200 kg/m
	Schinken am Hakenstrang 150 kg pro Strang 3 Stränge pro Meter Rohrbahn = 450 kg/m
5.2 verpacktes Fleisch:	Rote Kunststofftragebox für 20 kg Rind- bzw. Schweinefleisch (Box: H = 180 mm; B = 600 mm; T = 390 mm; Tara 2 kg)
	40 Boxen auf einer Kunststoff-Europalette (Palette: H = 150 mm; B = 790 mm; T = 1 180 mm; Tara 18 kg)

Beispiel:

Stapelung im Lagerraum mit Verschiebe-Regalanlage für 600 t Kühlgut:

750 Paletten à 800 kg pro Palette = 600 000 kg Fleisch
30 000 Boxen à 2 kg = 60 000 kg Kunststoff
750 Paletten à 18 kg = 13 500 kg Kunststoff

Stapelhöhe pro Palette: 2,05 m (inkl. Palettenhöhe),

U-Wert	Palette,	Box: 5,2 W/(m^2 K)
	c-Palette,	Box: 1,1 kJ/(kg K)

6. Wild

Wildschwein, Überläufer (einjährig), ausgeweidet à 25 kg

Reh, ausgeweidet à 10 kg

7. Fisch

Fisch-Kisten:	750 × 480 × 250 mm	40 kg Fisch, ohne Eis
	480 × 320 × 200 mm	20 kg Fisch, ohne Eis
Styropor-Kisten:	585 × 265 × 110 mm	5 kg Fischfilet
	585 × 265 × 160 mm	10 kg Fischfilet

8. Sonstiges

Wirsing:	32 Körbe à 7,5 kg pro Korb
Kartoffeln:	36 Boxen à 8 Säcke pro Box à 2,5 kg pro Sack
Eier:	24 Kisten à 210 Eier pro Kiste: 53–63 Gramm pro Ei; Eierschachtel für 10 Stück: 46 g
TK-Rollcontainer zur LKW-Verladung:	80 kg TK-Produkte 50 kg Eigengewicht, Rollcontainer, 2 Container pro m^2 Stellfläche

Holzsteigen für Äpfel, Birnen und Pfirsiche: 600 × 400 × 90 mm, einlagige Bestückung:		7 kg Obst
Holzkisten bzw. Kartons für Äpfel, Birnen, Pfirsiche: 500 × 300 × 300 mm:		20 kg Obst
Bierflaschen-Kunststoffstapelkasten: 20 Flaschen, 0,5 l/Flasche: Kasten: 400 × 300 × 290 mm:		10 l Bier 0,380 kg/Flasche (Glas) 7,6 kg/Kasten
Bierfässer, gängige Modelle:	Aluminium	30 l KEG, ∅ 390 mm, H = 390 mm
	Aluminium	50 l KEG, ∅ 390 mm, H = 550 mm
	Kunststoff	10 l KEG, ∅ 300 mm, H = 330 mm

13.6 Richtkälteleistungen

Überdruckanlage für den Bereich Fleisch-, Wurst- und Käsebedienung im Supermarkt

Kühlregisterleistung:	700 W pro m Thekenlänge
Zuluftvolumenstrom:	140 m^3/h pro m Thekenlänge
Fleischvorbereitung:	350 W/m^2; t_R = +15 °C
Frühanlieferungszone:	70 W/m^3; t_R = +15 °C

Kühlregale, 2 220 mm hoch, 5 Auslegeböden, Beleuchtung im Möbelkopf, mit Glastüren, t_i = +2 °C / +4 °C, t_0 = −5 °C

erforderliche Kälteleistung

Modullänge 1 250 mm:	$\dot{Q}_0$ = 1,10 kW
Modullänge 1 875 mm:	$\dot{Q}_0$ = 1,66 kW
Modullänge 2 500 mm:	$\dot{Q}_0$ = 2,21 kW
Modullänge 3 750 mm:	$\dot{Q}_0$ = 3,31 kW

Kühlregale, 2 220 mm hoch, 5 Auslegeböden, Beleuchtung im Möbelkopf, offen, t_i = +2 °C / +4 °C, t_0 = −6 °C

erforderliche Kälteleistung

Modullänge 1 250 mm:	$\dot{Q}_0$ = 1,53 kW
Modullänge 1 875 mm:	$\dot{Q}_0$ = 2,30 kW
Modullänge 2 500 mm:	$\dot{Q}_0$ = 3,06 kW
Modullänge 3 750 mm:	$\dot{Q}_0$ = 4,59 kW

Tiefkühlschränke, 2 220 mm hoch, 4 Auslegeböden, Beleuchtung im Türrahmen, Glastüren, t_i = −18 °C / −20 °C, t_0 = −28 °C

erforderliche Kälteleistung

Modullänge 2 345 mm, 3 Türen:	$\dot{Q}_0$ = 1,37 kW
Modullänge 3 125 mm, 4 Türen:	$\dot{Q}_0$ = 1,82 kW
Modullänge 3 900 mm, 5 Türen:	$\dot{Q}_0$ = 2,28 kW

13.7 Ermittlung der Druckdifferenz am Expansionsventil

$$\Delta p_{ges} = p_c - \left(p_0 + \Delta p_{FL} + \Delta p_{MV} + \Delta p_{TR} + \Delta p_{\text{Venturieverteiler+Verteilerrohre}}\right) \quad \text{in bar}$$

(s. auch Kapitel 11.2)

Praktikerformel

$$\Delta p_{ges} = p_c - p_0 - 1 - 1{,}5 \quad \text{in bar}$$

mit: p_c = Verflüssigungsdruck; 1 = ein bar Druckverlust für Rohrleitungen

p_0 = Verdampfungsdruck; 1,5 = anderthalb bar Druckverlust für sonstige Einbauteile

Ermittlung der stabilen Arbeitsüberhitzung für das TEV:

1. Temperaturdifferenz TD zwischen Raumtemperatur und Verdampfungstemperatur gewählt: 8–10 K
2. $\Delta T_{\text{Arbeitsüberhitzung}} = 0{,}7 \cdot 8\ \text{K}$ oder $0{,}7 \cdot 10\ \text{K}$

13.8 Ermittlung der Verflüssigungsleistung $\dot{Q}_C$ (überschlägig), luftgekühlter Verflüssiger

1. $$\dot{Q}_{c,\,\text{Nenn}} = \frac{\dot{Q}_c \cdot 15\,K}{\Delta T_{tat}}$$

mit: $\dot{Q}_c = \dot{Q}_0 + P_{\text{Klemme}}$

ΔT_{tat} = Temperaturdifferenz zwischen Zulufttemperatur und Verflüssigungstemperatur

gewählt: Lufteintrittstemperatur: +32 °C bis +35 °C

Verflüssigungstemperatur:
Normalkühlung: +45 °C
Tiefkühlung: +40 °C

Standard-ΔT: 15 K

2. $$\dot{Q}_{c,\,\text{Nenn}} = \frac{\dot{Q}_c}{f_2}$$

mit: $$f_2 = \frac{t_c - t_{LE}}{\Delta T_{\text{Standard}}}$$

mit: t_c = Verflüssigungstemperatur

t_{LE} = Lufteintrittstemperatur

$\Delta T_{\text{Standard}}$ = 15 K

13.9 Immissionsrichtwerte für Immissionsorte außerhalb von Gebäuden nach der neuen Fassung der Technischen Anleitung zum Schutz gegen Lärm (TA-Lärm)

Die Immissionsrichtwerte für den Beurteilungspegel betragen für Immissionsorte außerhalb von Gebäuden

a) in Industriegebieten
   70 dB(A)

b) in Gewerbegebieten
   tags 65 dB(A)
   nachts 45 dB(A)

c) in Kerngebieten, Dorfgebieten und Kleinsiedlungsgebieten
   tags 60 dB(A)
   nachts 45 dB(A)

d) in allgemeinen Wohngebieten und Kleinsiedlungsgebieten
   tags 55 dB(A)
   nachts 40 dB(A)

e) in reinen Wohngebieten
   tags 50 dB(A)
   nachts 35 dB(A)

f) in Kurgebieten, für Krankenhäuser und Pflegeanstalten
   tags 45 dB(A)
   nachts 35 dB(A)

Einzelne kurzzeitige Geräuschspitzen dürfen die Immissionsrichtwerte am Tage um nicht mehr als 30 dB(A) und in der Nacht um nicht mehr als 20 dB(A) überschreiten.

13.10 Ermittlung der Verflüssigungstemperatur von luftgekühlten Verflüssigungssätzen

t_a – Umgebungstemperatur

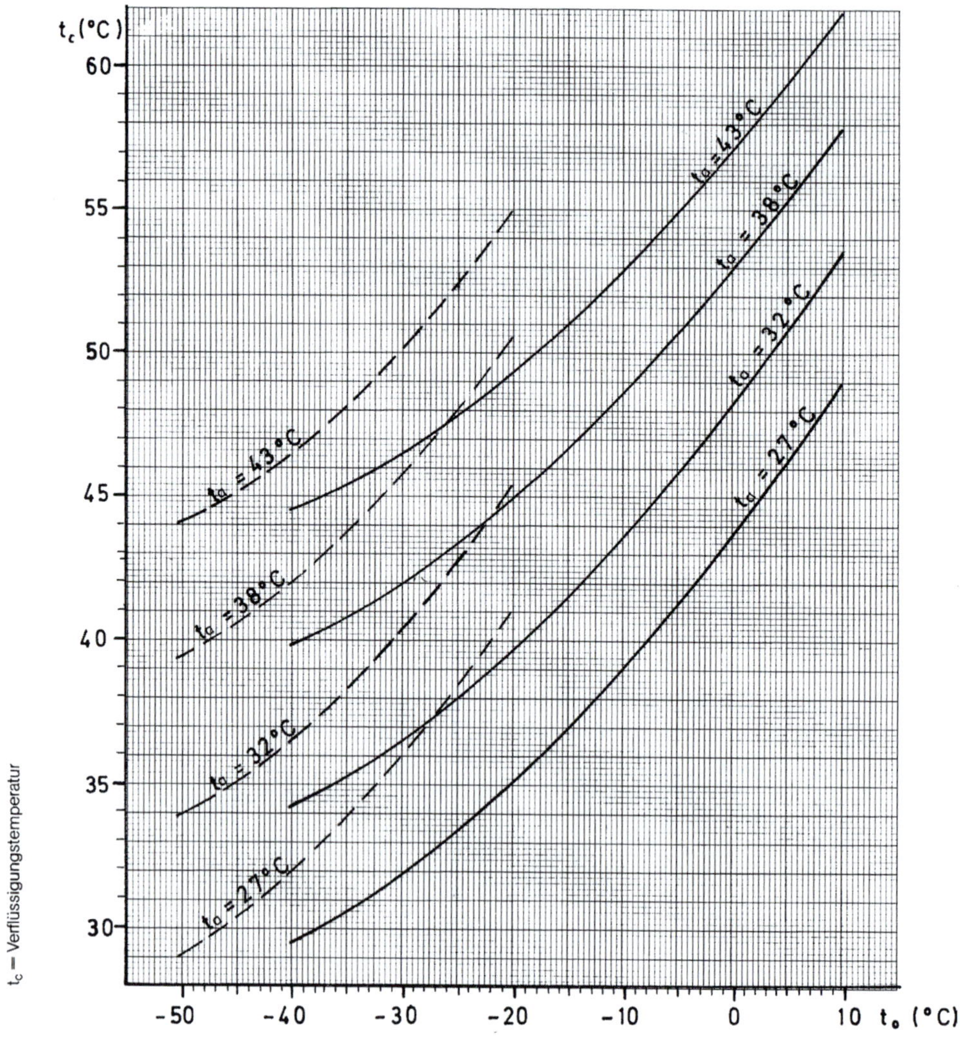

t_0 – Verdampfungstemperatur

Diagramm zur Ermittlung der Verflüssigungstemperatur t_c in Abhängigkeit von der Verdampfungstemperatur t_0, der Umgebungstemperatur t_a und dem Einsatzbereich (NK- oder TK-Bereich) von luftgekühlten Verflüssigungsansätzen

13.11 Mollier-h,x-Diagramm für feuchte Luft

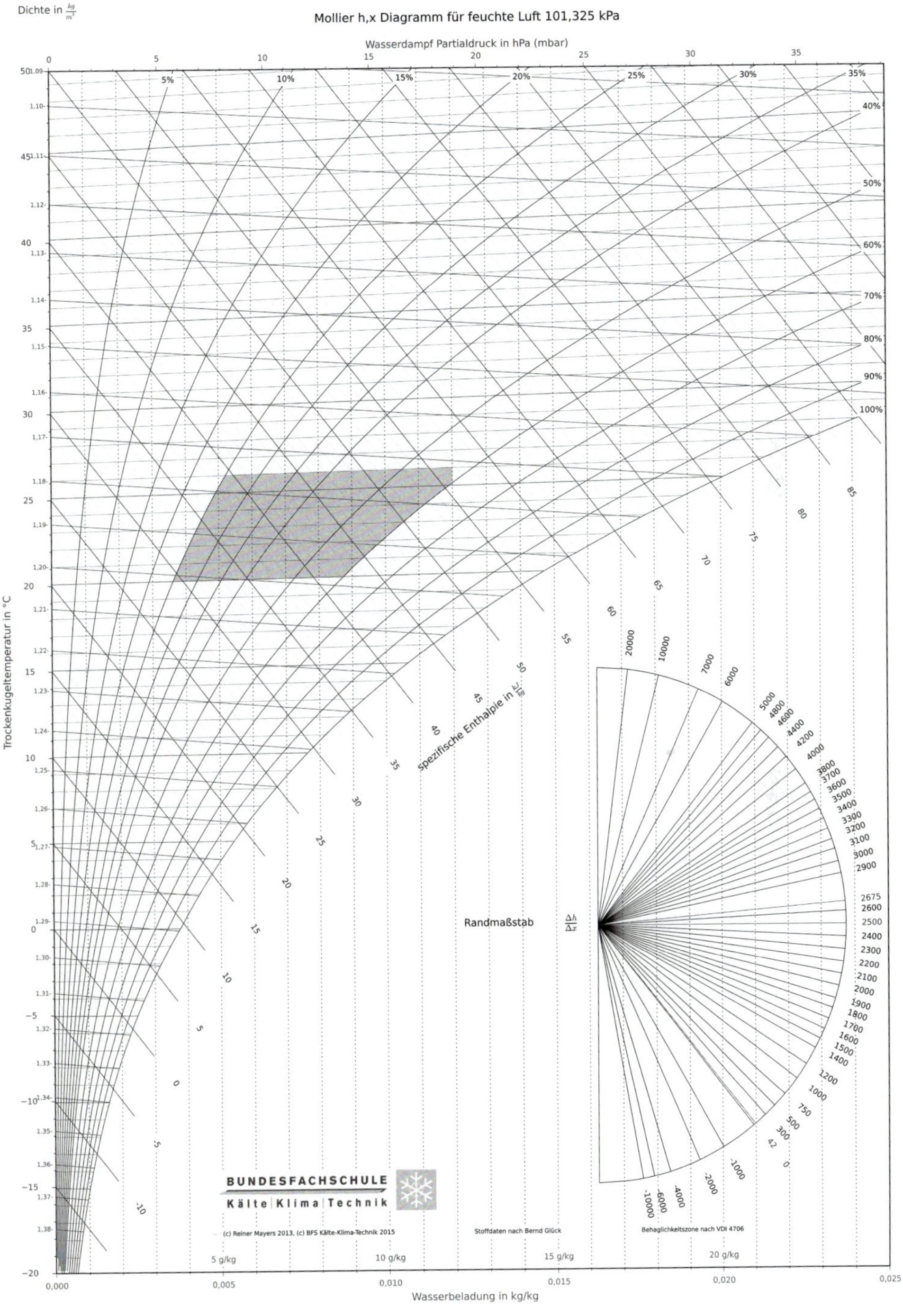

13.12 Psychrometer-Tafel (relative Luftfeuchtigkeit in %)

trockenes Thermometer °C	psychrometrische Differenz °C													
	0,5	1	1,5	2	2,5	3	3,5	4	4,5	5	5,5	6	6,5	7
-9	85	71												
-8	87	73	59	45										
-7	87	74	62	49	36	24								
-6	88	75	64	52	40	28								
-5	88	77	66	54	43	32								
-4	89	78	67	57	46	36								
-3	89	79	69	59	49	39	29	19						
-2	90	80	70	61	52	42	33	23						
-1	91	81	72	63	54	45	36	27						
0	91	82	73	64	56	47	39	31						
1	91	83	75	66	58	50	42	34	26	18				
2	92	84	76	68	60	52	45	37	30	22				
3	92	84	77	69	62	54	47	40	33	25				
4	92	85	78	70	63	56	49	42	36	29				
5	93	86	79	72	65	58	51	45	38	32	26	19		
6	93	86	79	73	66	60	53	47	41	35	29	23		
7	93	87	80	75	67	61	55	49	43	37	31	26	20	14
8	94	87	81	75	69	62	57	51	45	40	34	29	23	18
9	94	88	82	76	70	64	58	53	47	42	36	31	26	21
10	94	88	82	77	71	65	60	55	49	44	39	34	29	24
11	94	88	83	77	72	66	61	56	51	46	41	36	31	26
12	94	89	83	78	73	68	62	57	53	48	43	38	33	29
13	95	89	84	79	74	69	64	59	54	49	45	40	36	31
14	95	90	84	79	74	70	65	60	56	51	46	42	38	33
15	95	90	85	80	75	71	66	61	57	53	48	44	40	35
16	95	90	85	81	76	71	67	62	58	54	50	46	42	37
17	95	90	86	81	77	72	68	63	59	55	51	47	43	39
18	95	91	86	82	77	73	69	65	61	56	53	49	45	41
19	95	91	86	82	78	74	70	65	62	58	54	50	46	43
20	96	91	87	83	78	74	70	66	63	59	55	51	48	44
21	96	91	87	83	79	75	71	67	64	60	56	52	49	45
22	96	92	88	83	80	75	72	68	64	61	57	54	50	47
23	96	92	88	84	80	76	72	69	65	62	58	55	51	48
24	96	92	88	84	80	77	73	70	66	62	59	56	53	49
25	96	92	88	85	81	77	74	70	67	63	60	57	54	51
26	96	92	88	85	81	78	74	71	67	64	61	58	55	51
27	96	93	89	85	81	78	75	71	68	65	62	59	55	53
28	96	93	89	86	82	79	75	72	68	65	62	59	56	53
29	96	93	89	86	82	79	76	72	69	66	63	60	57	54
30	96	93	89	86	83	79	76	73	70	67	64	61	58	55

13.13 Berechnung der Leuchtenanzahl, z. B. für Kühlhäuser, Kühlräume, Arbeitsräume

$$n = \frac{p \cdot E_n \cdot A}{\Phi \cdot \eta_B}$$

mit:
p = Alterungsfaktor, Verminderung der Beleuchtungsstärke
hier: Planungsfaktor p, normal: 1,25

E_n = Nennbeleuchtungsstärke in Lux
hier: Tabellenwert für Fleischerei, Bäckerei, Verkaufsräume: 300 lx oder lm/m²

A = $a \times b$ Raumfläche in m²

Φ = Lichtstrom des Leuchtmittels in lm
hier: z. B. Osram Typ L58W: 5 400 lm

$\eta_B{}^*$ = Beleuchtungswirkungsgrad, mit: $\eta_B = \eta_{LB} \cdot \eta_R$
* Um den Beleuchtungswirkungsgrad zu ermitteln, wird zuerst der Raumindex berechnet.

$$\text{Raumindex} = k = \frac{l \times b}{h'(l+b)}$$

mit: l = Länge, b = Breite, h' = Höhe der Leuchten über der Arbeitshöhe in Metern

Das Tabellenbuch *Elektrotechnik* (Europa-Verlag) liefert bei freistrahlenden Leuchten einen Leuchtenbetriebswirkungsgrad η_{LB} = 90 % und zugeordnet, bei berechnetem Raumindex k und einem Reflexionsgrad der Decke des gekühlten Raums von 0,8, einen Raumwirkungsgrad η_R = 48 %.

Damit wird:

$$\eta_B = 0{,}90 \times 0{,}48 = 0{,}432$$

Die **Beleuchtungsstärke** ***E*** in lx (Lux) ist das auftreffende Licht bezogen auf eine Fläche.

$$E = \frac{\Phi}{A} \text{ in } \frac{\text{lm}}{\text{m}^2}$$

13.14 Abkühlkurve Tiefkühlraum

$A = 374\ \text{m}^2$, $V = 2\,468\ \text{m}^2$

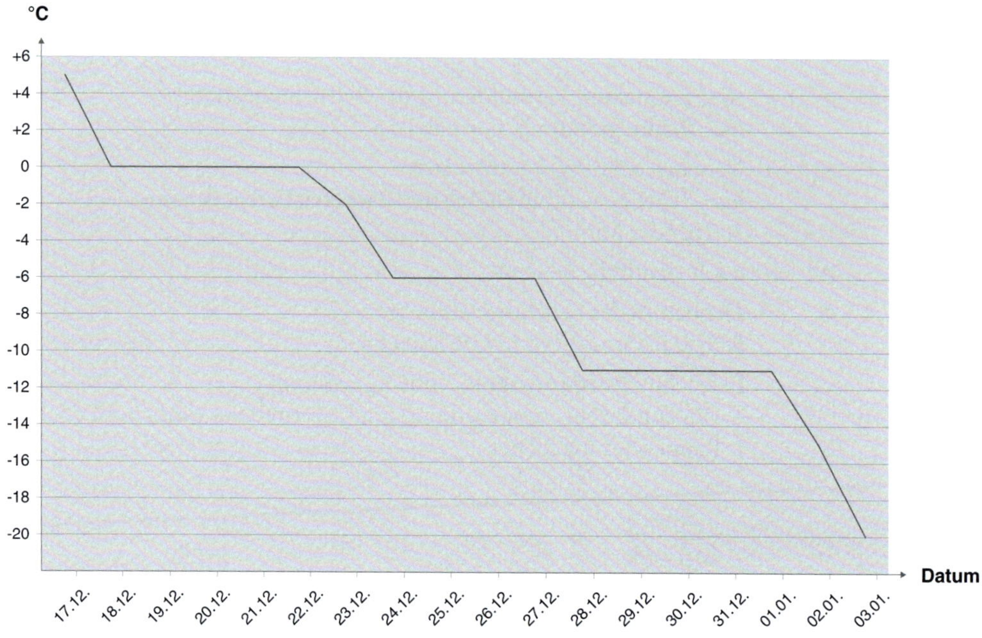

14 Kältemittel – log p,h-Diagramme

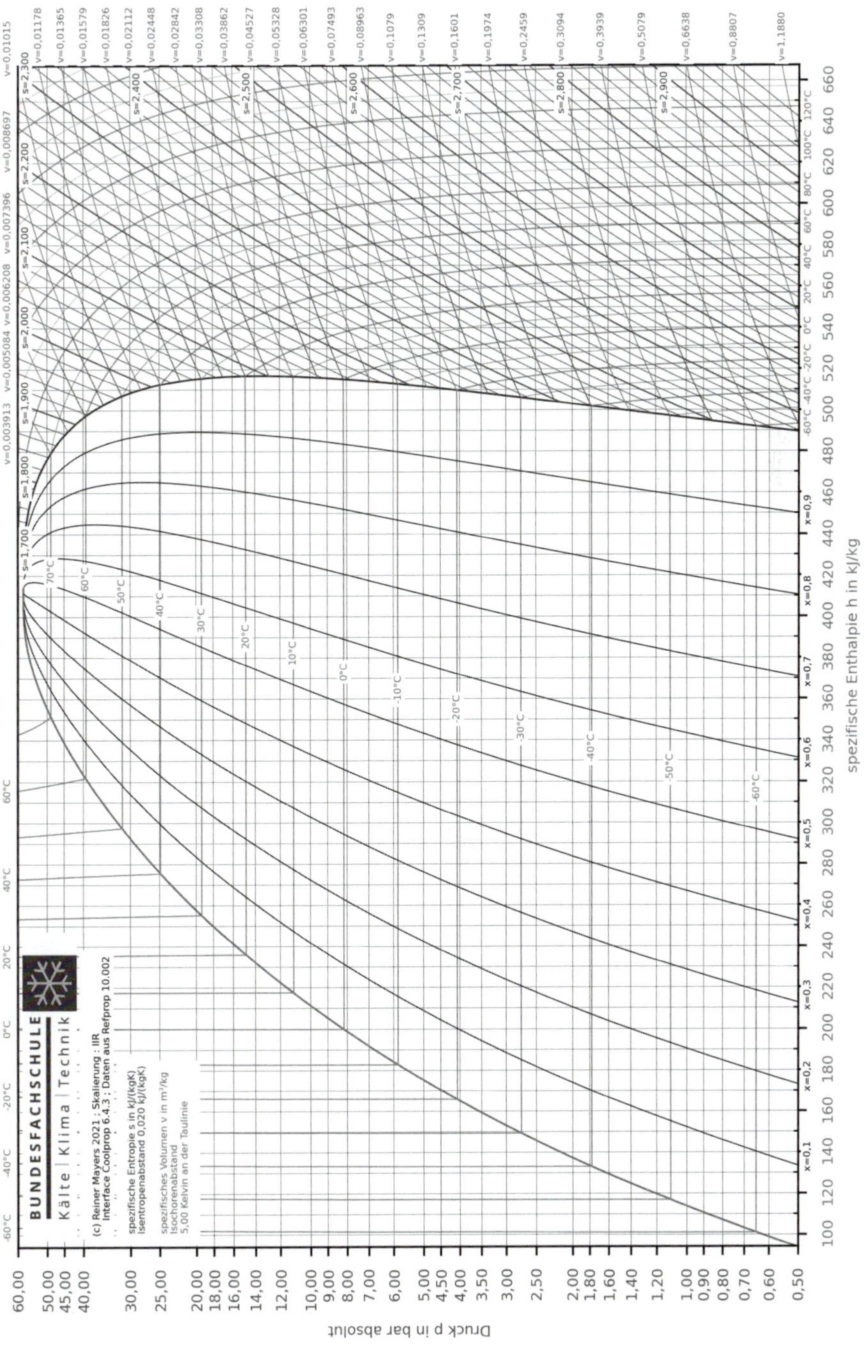

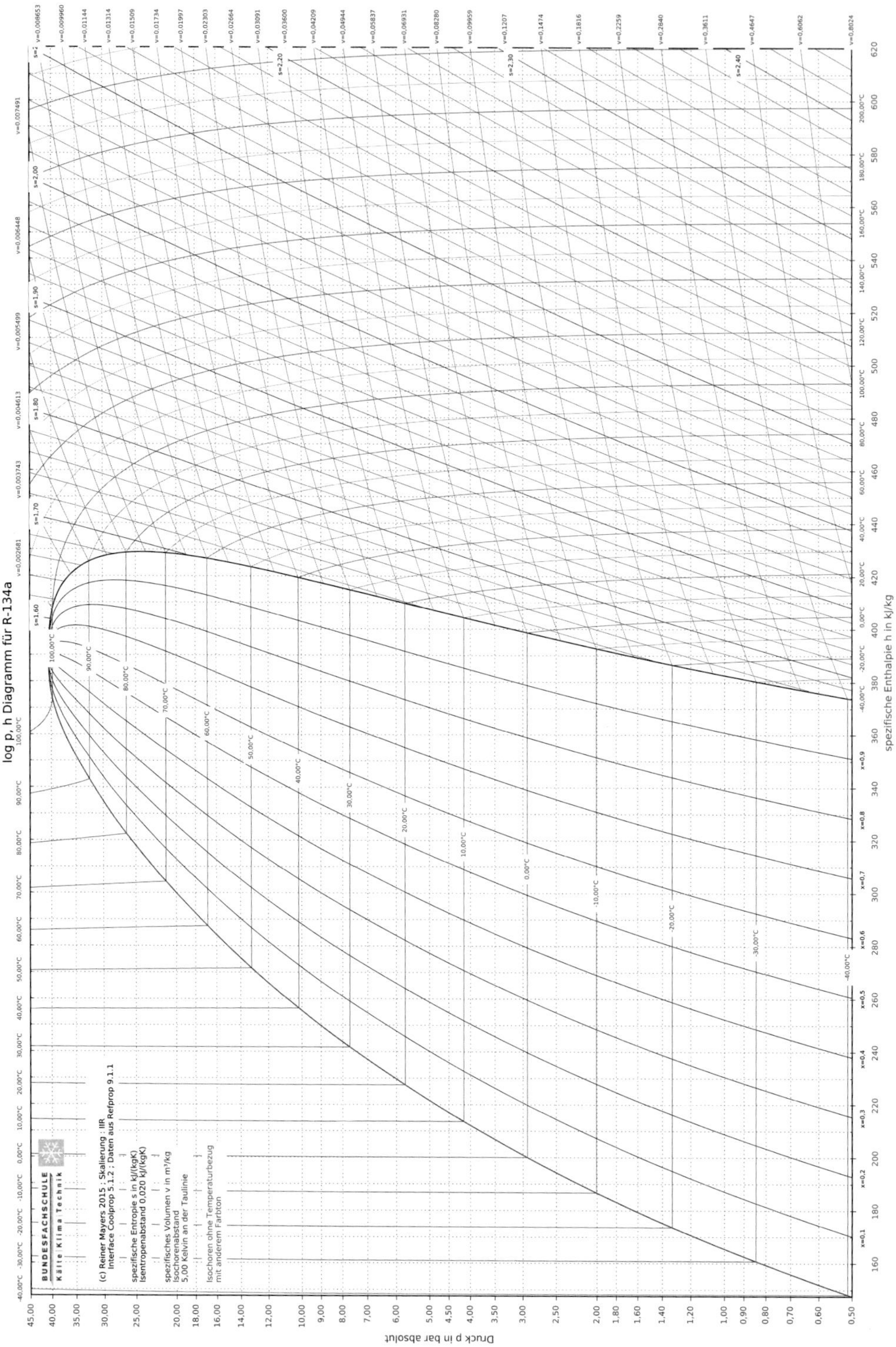
log p, h Diagramm für R-134a
spezifische Enthalpie h in kJ/kg
Druck p in bar absolut
BUNDESFACHSCHULE
Kälte Klima Technik
(c) Reiner Mayers 2015 ; Skalierung : IIR
Interface Coolprop 5.1.2 ; Daten aus Refprop 9.1.1
spezifische Entropie s in kJ/(kgK)
Isentropenabstand 0,020 kJ/(kgK)
spezifisches Volumen v in m³/kg
Isochorenabstand
5,00 Kelvin an der Taulinie
Isochoren ohne Temperaturbezug
mit anderem Farbton

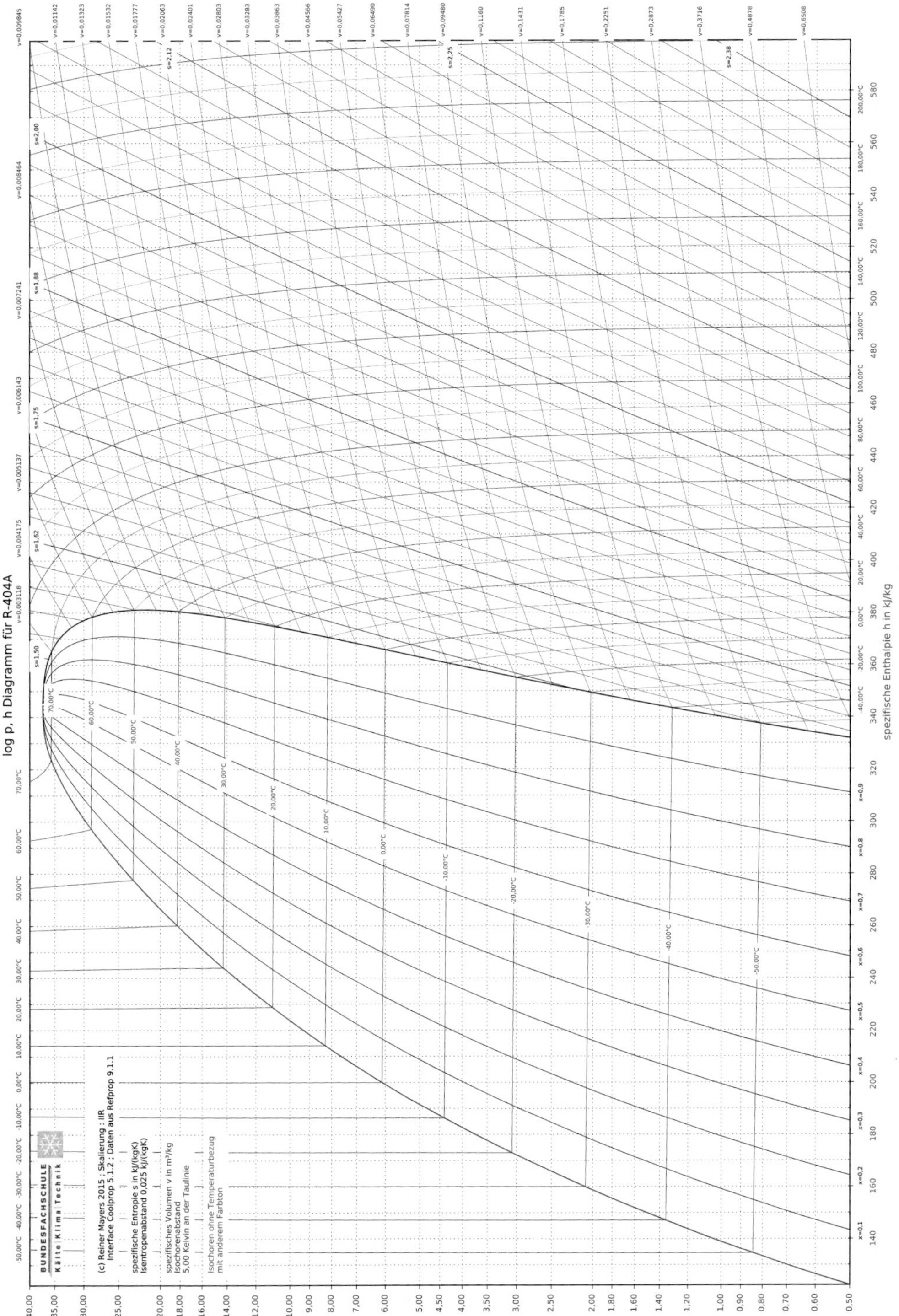
log p, h Diagramm für R-404A
spezifische Enthalpie h in kJ/kg
Druck p in bar absolut
(c) Reiner Mayers 2015 ; Skalierung : IIR
Interface Coolprop 5.1.2 ; Daten aus Refprop 9.1.1
spezifische Entropie s in kJ/(kgK)
Isentropenabstand 0,025 kJ/(kgK)
spezifisches Volumen v in m³/kg
Isochorenabstand
5,00 Kelvin an der Taulinie
Isochoren ohne Temperaturbezug
mit anderem Farbton
BUNDESFACHSCHULE
Kälte Klima Technik

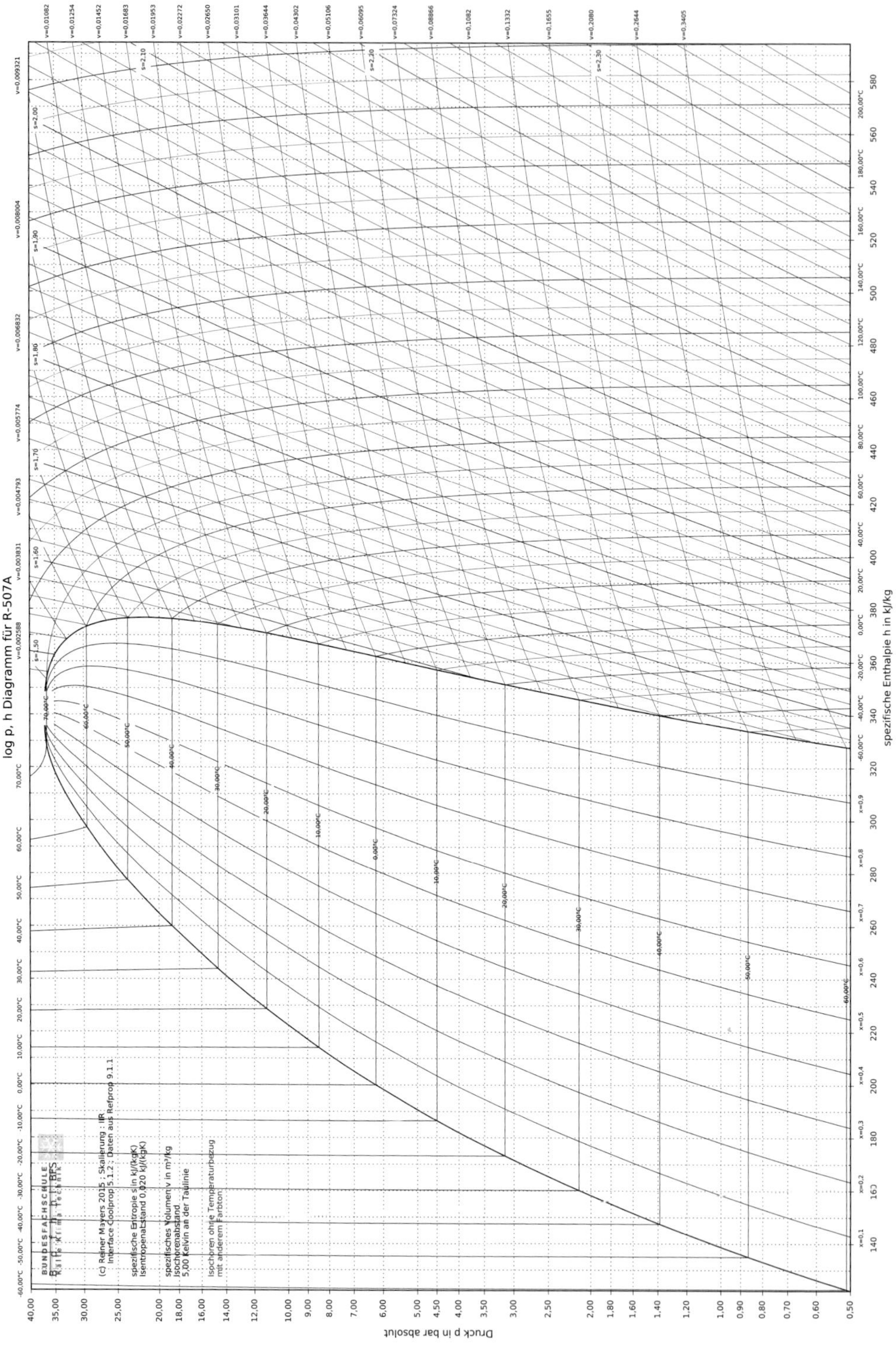
log p, h Diagramm für R-507A
spezifische Enthalpie h in kJ/kg
Druck p in bar absolut
BUNDESFACHSCHULE Kälte Klima Technik
(c) Reiner Mayers 2015 ; Skalierung : IIR
Interface Coolprop 5.1.2 ; Daten aus Refprop 9.1.1
spezifische Entropie s in kJ/(kgK)
Isentropenabstand 0,020 kJ/(kgK)
spezifisches Volumen v in m³/kg
Isochorenabstand
5,00 Kelvin an der Taulinie
Isochoren ohne Temperaturbezug
mit anderem Farbton

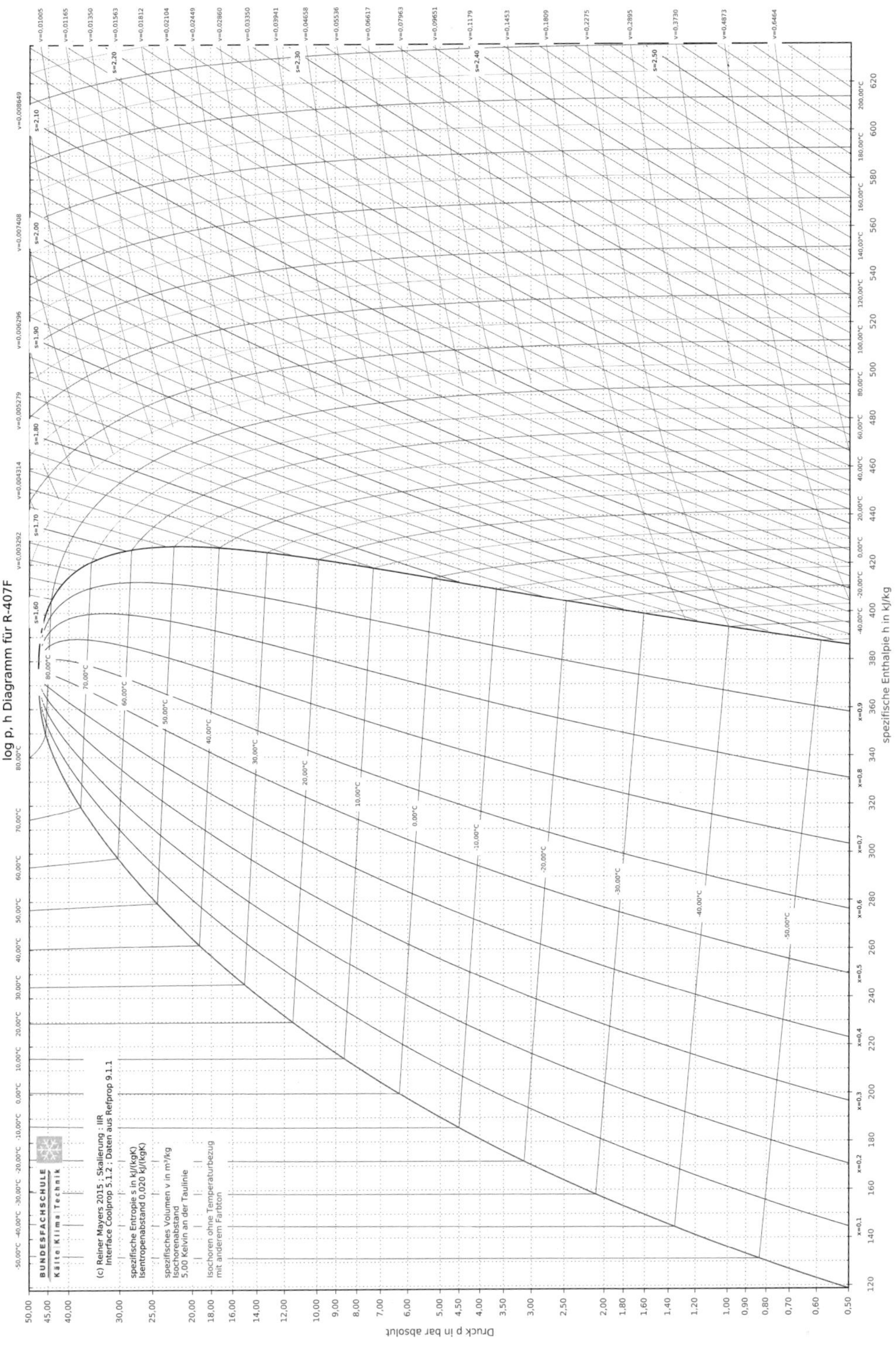
log p, h Diagramm für R-407F
spezifische Enthalpie h in kJ/kg
Druck p in bar absolut
BUNDESFACHSCHULE Kälte Klima Technik
(c) Reiner Mayers 2015 ; Skalierung : IIR
Interface Coolprop 5.1.2 ; Daten aus Refprop 9.1.1
spezifische Entropie s in kJ/(kgK)
Isentropenabstand 0,020 kJ/(kgK)
spezifisches Volumen v in m³/kg
Isochorenabstand
5,00 Kelvin an der Taulinie
Isochoren ohne Temperaturbezug
mit anderem Farbton

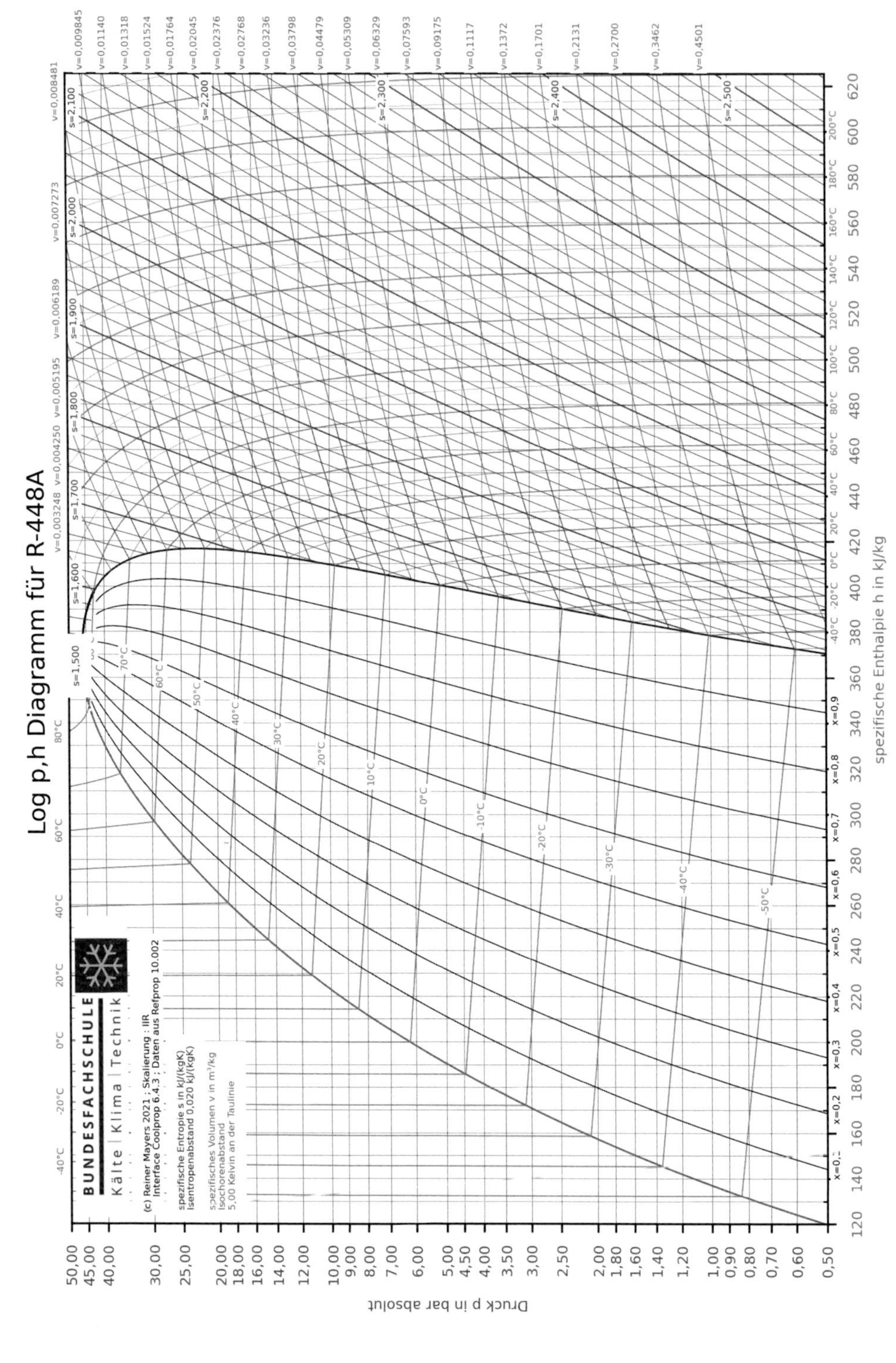
Log p,h Diagramm für R-448A
spezifische Enthalpie h in kJ/kg
Druck p in bar absolut
BUNDESFACHSCHULE
Kälte | Klima | Technik
(c) Reiner Mayers 2021 ; Skalierung : IIR
Interface Coolprop 6.4.3 ; Daten aus Refprop 10.002
spezifische Entropie s in kJ/(kgK)
Isentropenabstand 0,020 kJ/(kgK)
spezifisches Volumen v in m³/kg
Isochorenabstand
5,00 Kelvin an der Taulinie

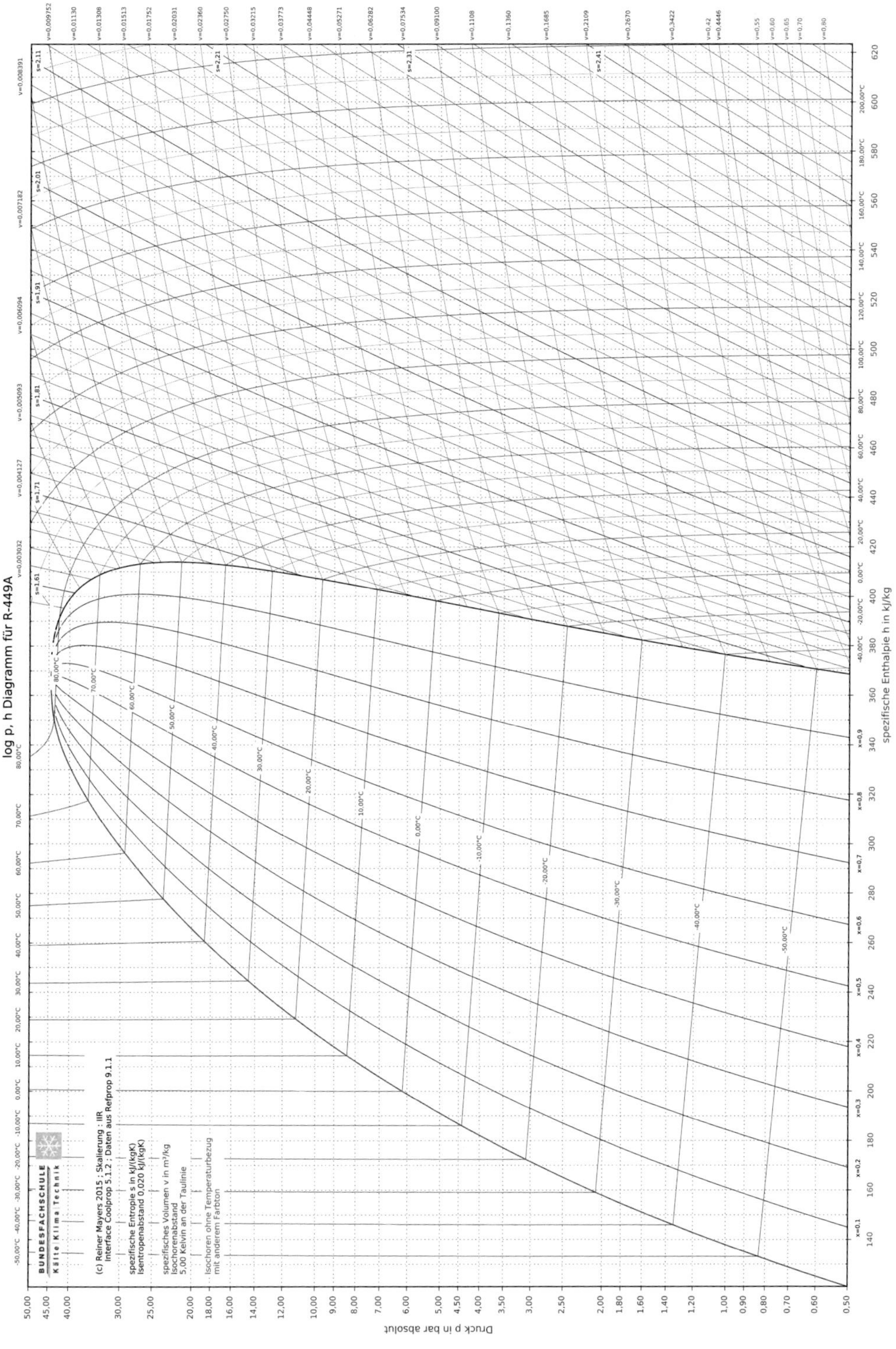
log p, h Diagramm für R-449A
BUNDESFACHSCHULE
Kälte Klima Technik
(c) Reiner Mayers 2015 ; Skalierung : IIR
Interface Coolprop 5.1.2 ; Daten aus Refprop 9.1.1
spezifische Entropie s in kJ/(kgK)
Isentropenabstand 0,020 kJ/(kgK)
spezifisches Volumen v in m³/kg
Isochorenabstand
5,00 Kelvin an der Taulinie
Isochoren ohne Temperaturbezug
mit anderem Farbton
spezifische Enthalpie h in kJ/Kg
Druck p in bar absolut

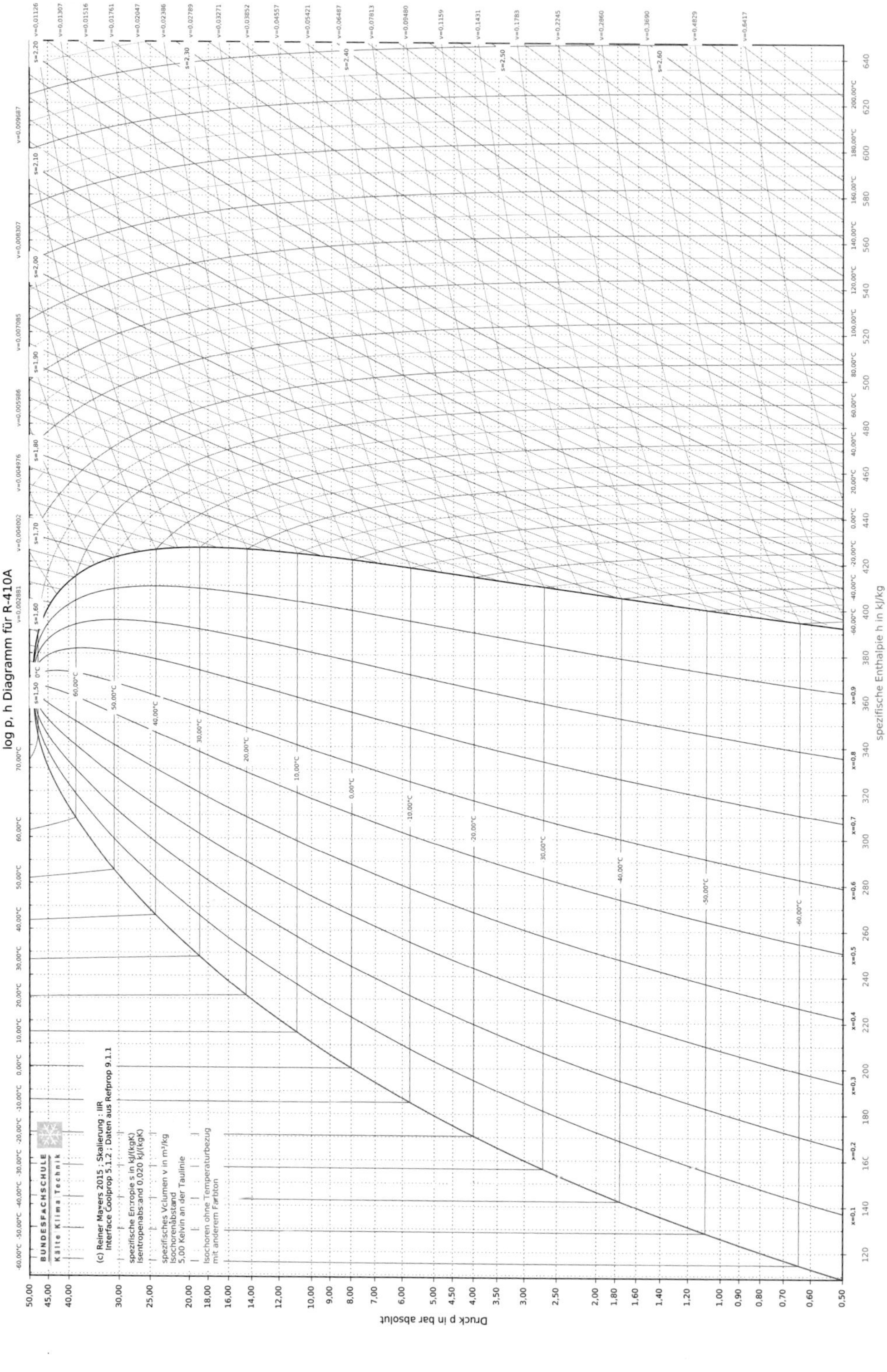
log p, h Diagramm für R-410A
spezifische Enthalpie h in kJ/kg
Druck p in bar absolut
BUNDESFACHSCHULE Kälte Klima Technik
(c) Reiner Mayers 2015 ; Skalierung : IIR
Interface Coolprop 5.1.2 ; Daten aus Refprop 9.1.1
spezifische Entropie s in kJ/(kgK)
Isentropenabstand 0,020 kJ/(kgK)
spezifisches Volumen v in m^3/kg
Isochorenabstand
5,00 Kelvin an der Taulinie
Isochoren ohne Temperaturbezug
mit anderem Farbton

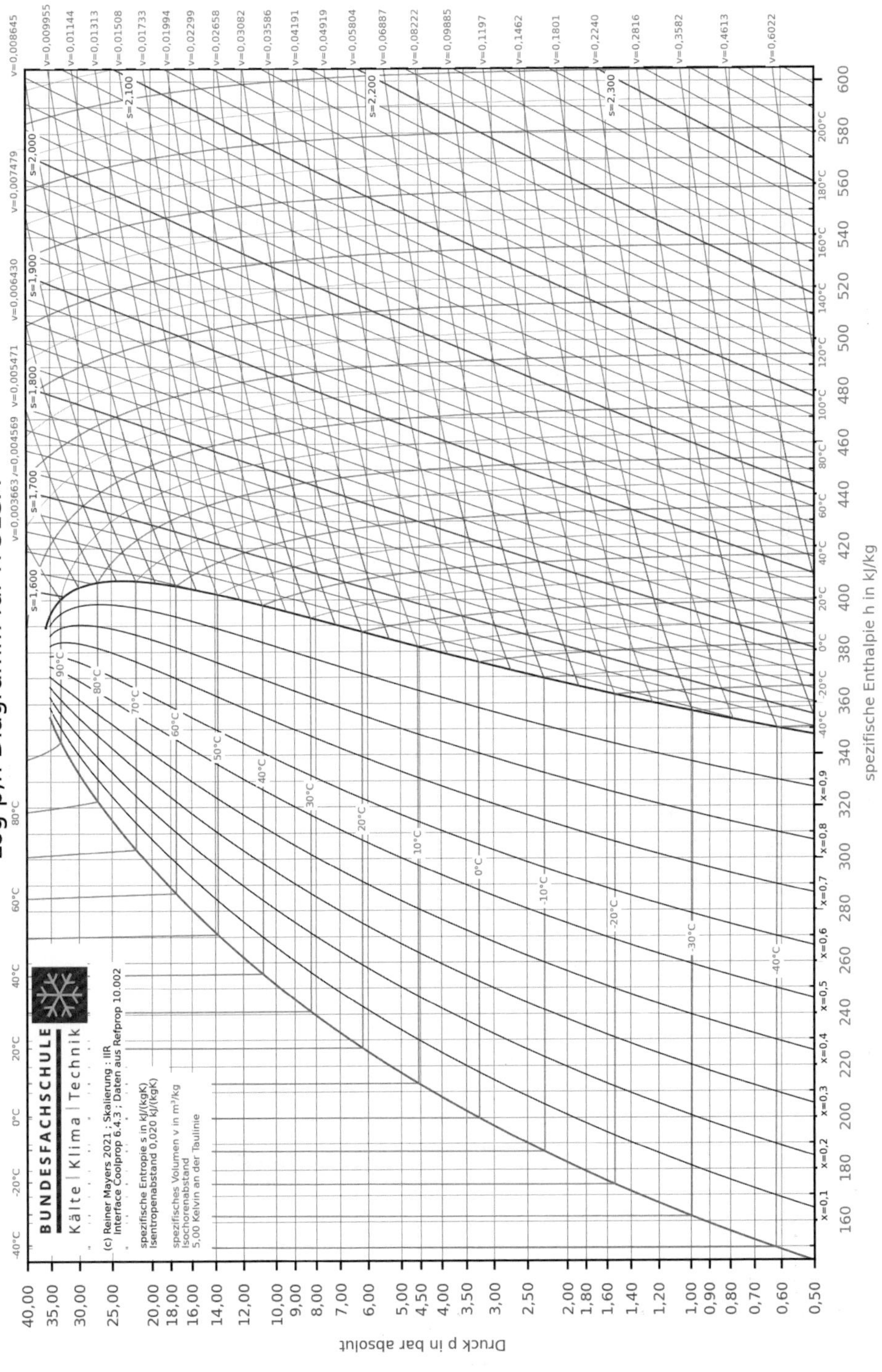

Log p,h Diagramm für R-513A
spezifische Enthalpie h in kJ/kg
Druck p in bar absolut
BUNDESFACHSCHULE
Kälte | Klima | Technik
(c) Reiner Mayers 2021 ; Skalierung : IIR
Interface Coolprop 6.4.3 ; Daten aus Refprop 10.002
spezifische Entropie s in kJ/(kgK)
Isentropenabstand 0,020 kJ/(kgK)
spezifisches Volumen v in m³/kg
Isochorenabstand
5,00 Kelvin an der Taulinie

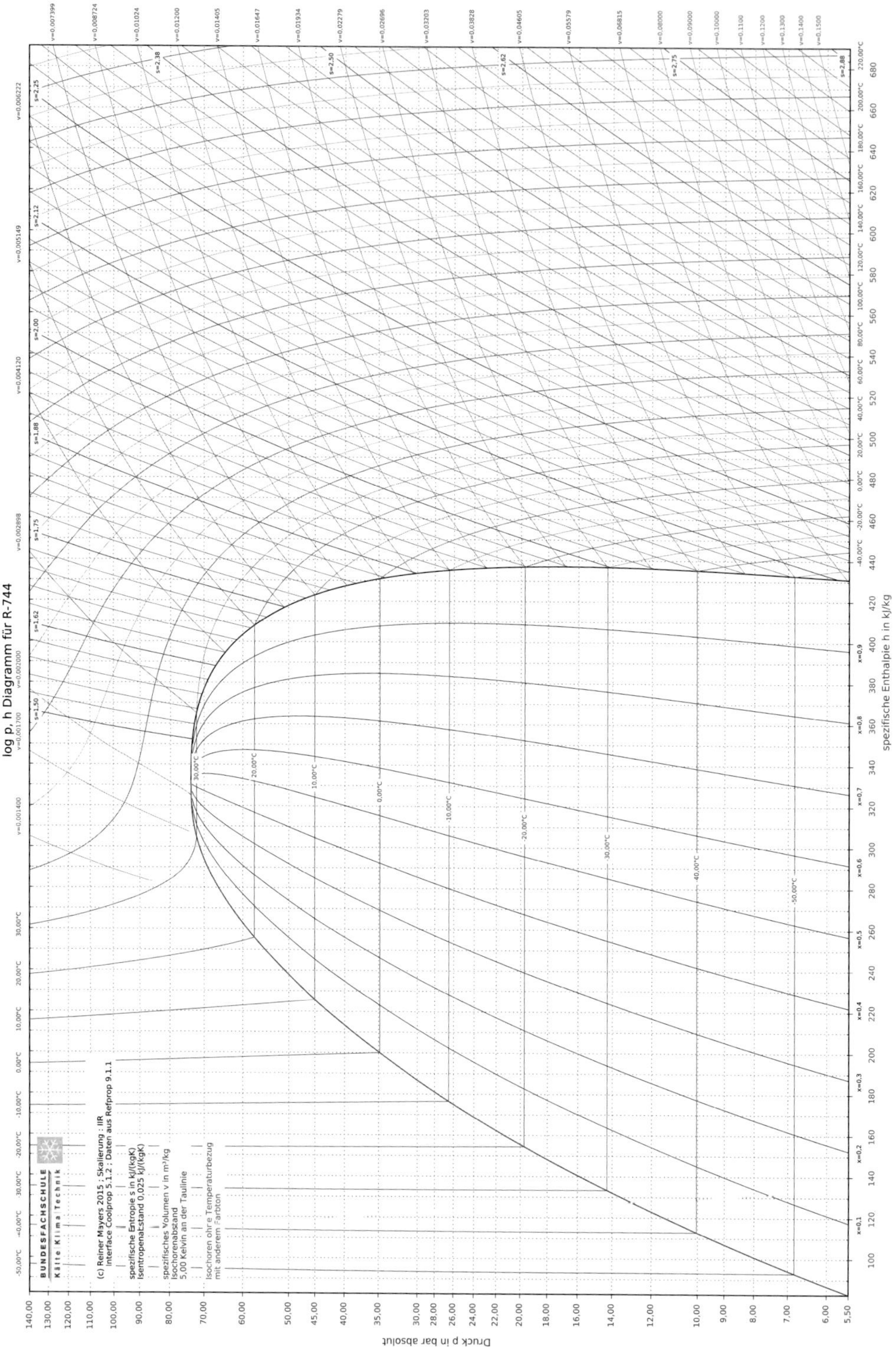
log p. h Diagramm für R-744
spezifische Enthalpie h in kJ/kg
Druck p in bar absolut
BUNDESFACHSCHULE
Kälte Klima Technik
(c) Reiner Mayers 2015 ; Skalierung : IIR
Interface Coolprop 5.1.2 ; Daten aus Refprop 9.1.1
spezifische Entropie s in kJ/(kgK)
Isentropenabstand 0,025 kJ/(kgK)
spezifisches Volumen v in m³/kg
Isochorenabstand
5,00 Kelvin an der Taulinie
Isochoren ohne Temperaturbezug
mit anderem Farbton

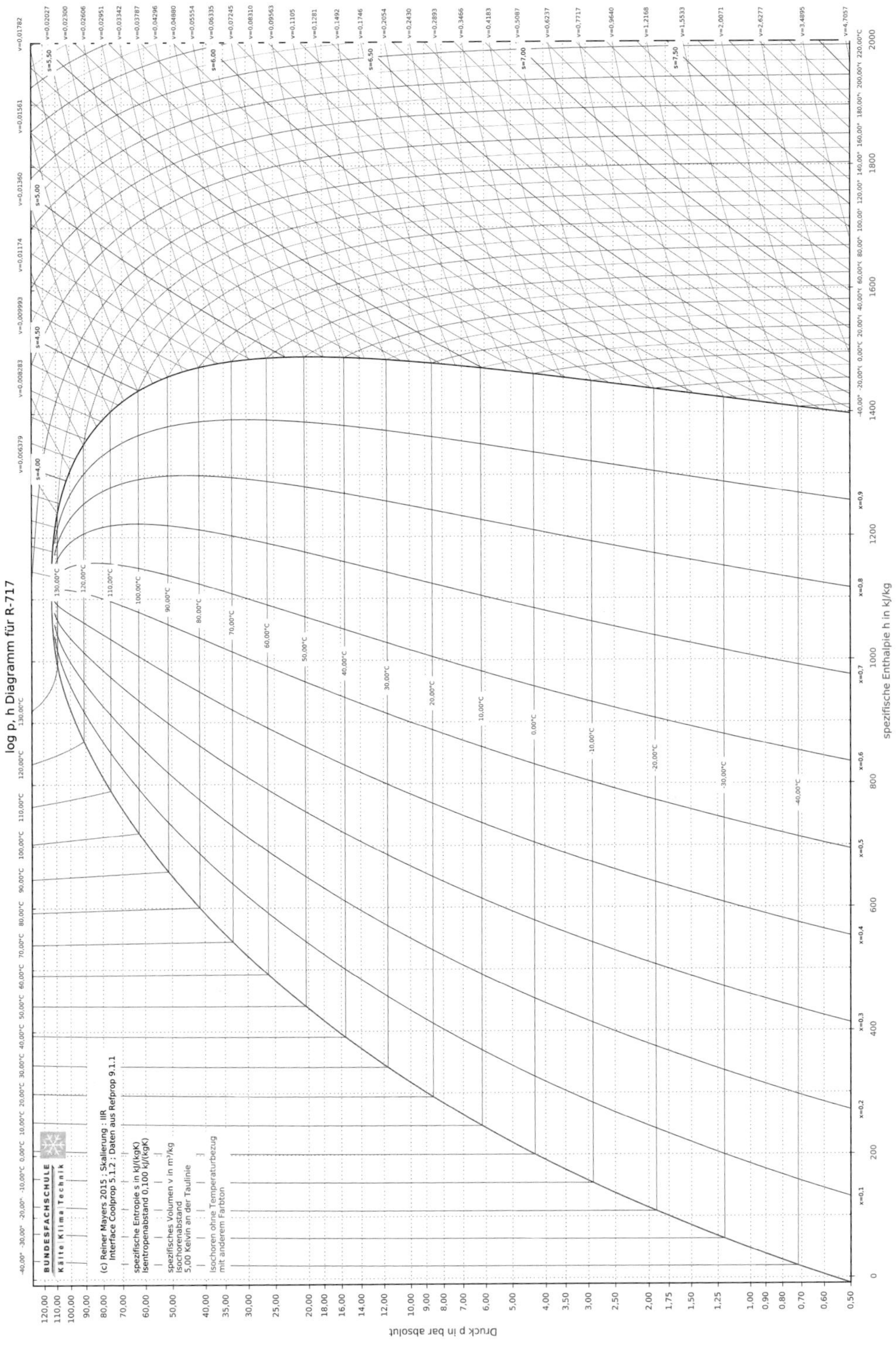
log p, h Diagramm für R-717
spezifische Enthalpie h in kJ/kg
Druck p in bar absolut
BUNDESFACHSCHULE Kälte Klima Technik
(c) Reiner Mayers 2015 ; Skalierung : IIR
Interface Coolprop 5.1.2 : Daten aus Refprop 9.1.1
spezifische Entropie s in kJ/(kgK)
Isentropenabstand 0,100 kJ/(kgK)
spezifisches Volumen v in m³/kg
Isochorenabstand
5,00 Kelvin an der Taulinie
Isochoren ohne Temperaturbezug
mit anderem Farbton

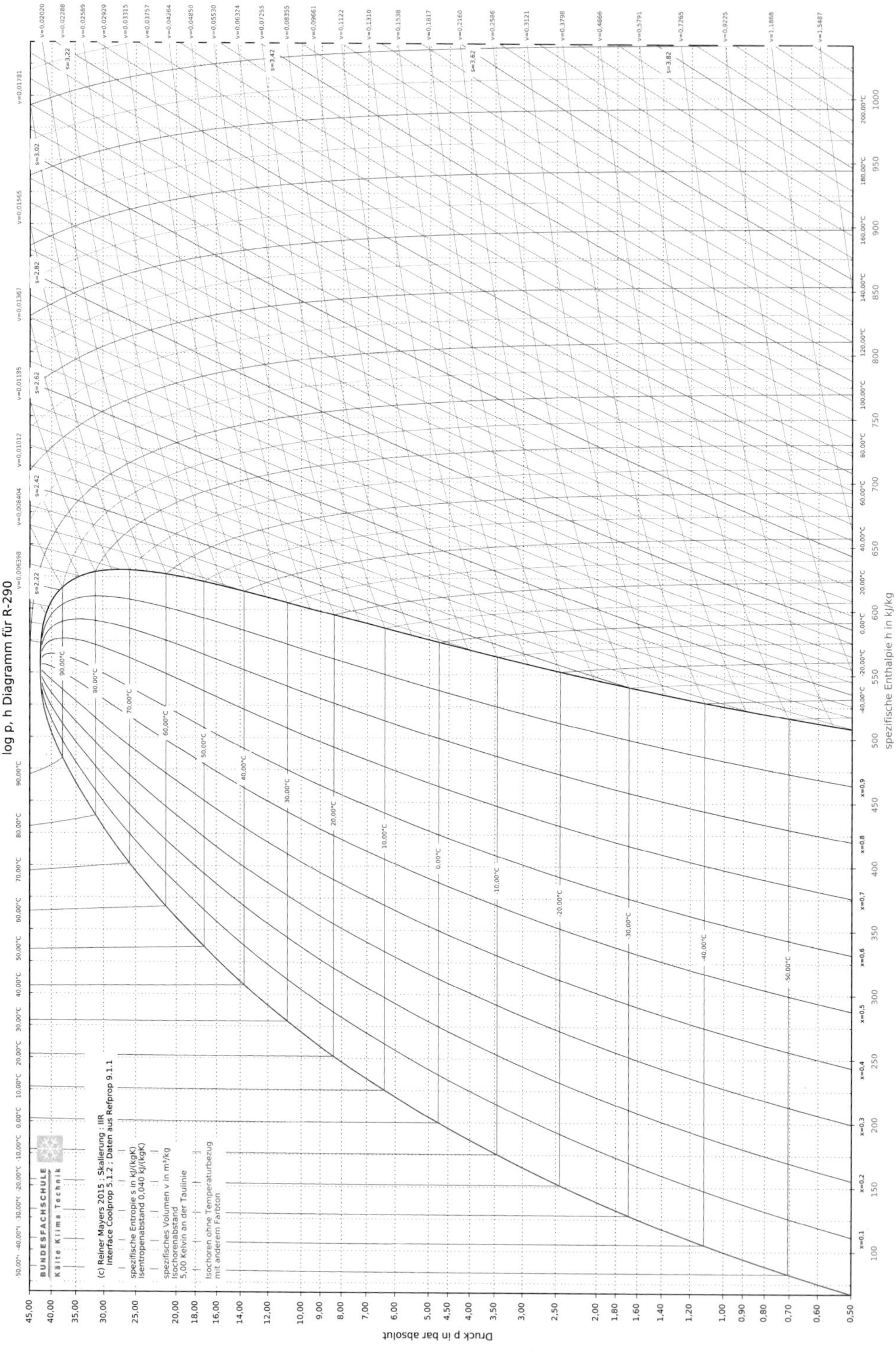

log p, h Diagramm für R-290
BUNDESFACHSCHULE Kälte Klima Technik
(c) Reiner Mayers 2015 ; Skalierung : IIR
Interface Coolprop 5.1.2 ; Daten aus Refprop 9.1.1
spezifische Entropie s in kJ/(kgK)
Isentropenabstand 0,040 kJ/(kgK)
spezifisches Volumen v in m³/kg
Isochorenabstand
5,00 Kelvin an der Taulinie
Isochoren ohne Temperaturbezug
mit anderem Farbton
spezifische Enthalpie h in kJ/kg
Druck p in bar absolut

15 Kälteträger

15.1 Antifrogen L

Antifrogen L (blaue Einfärbung) ist ein Wärmeträger, der speziell für Wärme- und Kühlkreisläufe entwickelt wurde, bei denen ein Kontakt mit Lebensmitteln oder Trinkwasser nicht ausgeschlossen werden kann.

Antifrogen L kommt zur Anwendung in Solaranlagen zur Brauchwasserbereitung, bei Wärmepumpen in Trinkwasser-Einzugsgebieten, in Kühlkreisläufen der Getränke- und Lebensmittelindustrie.

Antifrogen L basiert auf dem physiologisch unbedenklichen 1,2-Propylenglykol.

Dichte
von Antifrogen L-Wasser-Mischungen

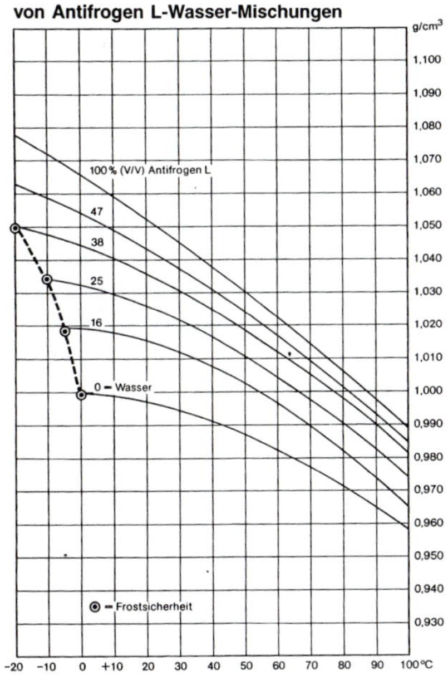

Kinematische Zähigkeit
von Antifrogen L-Wasser-Mischungen

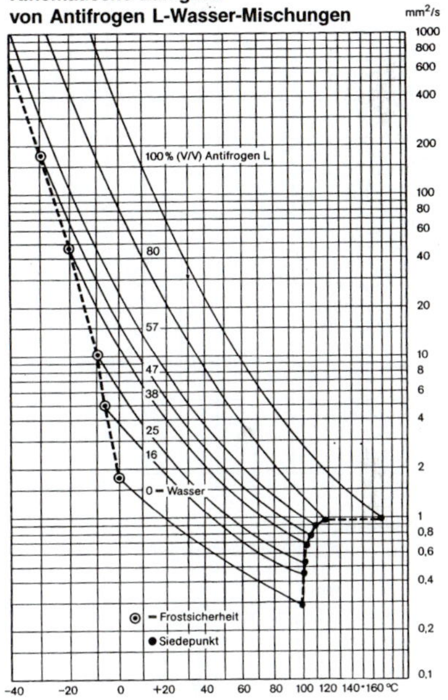

Spezifische Wärme
von Antifrogen L-Wasser-Mischungen

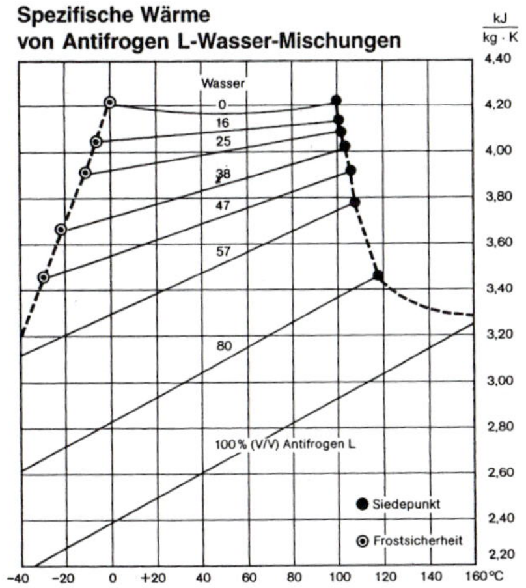

Frostsicherheit
(Kristallisationspunkt nach DIN 51782)
von Antifrogen L-Wasser-Mischungen

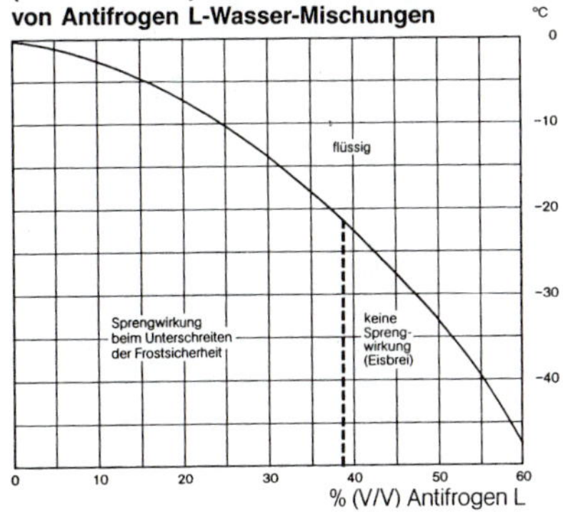

15.2 Antifrogen N

Antifrogen N (gelbe Einfärbung) ist ein Wärmeträger, der in Kühl-, Solar- und Wärmepumpenanlagen, Wärmerückgewinnungsanlagen, Warmwasser-Zentralheizungen, Fußbodenheizungen und Energiedächern zur Anwendung kommt.

Antifrogen N basiert auf Ethylenglykol.

Dichte von Antifrogen N-Wasser-Mischungen

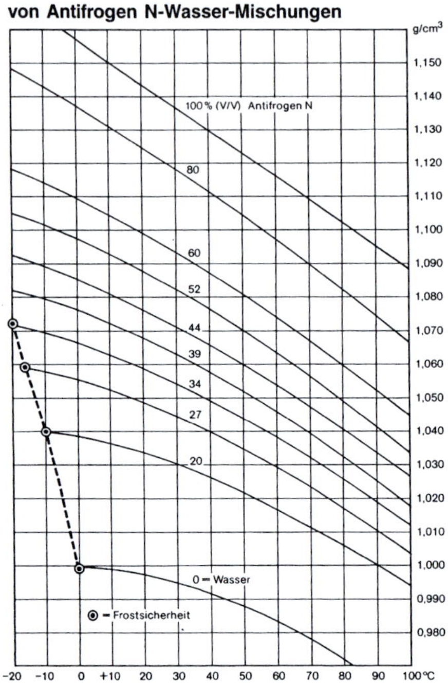

Kinematische Zähigkeit von Antifrogen N-Wasser-Mischungen

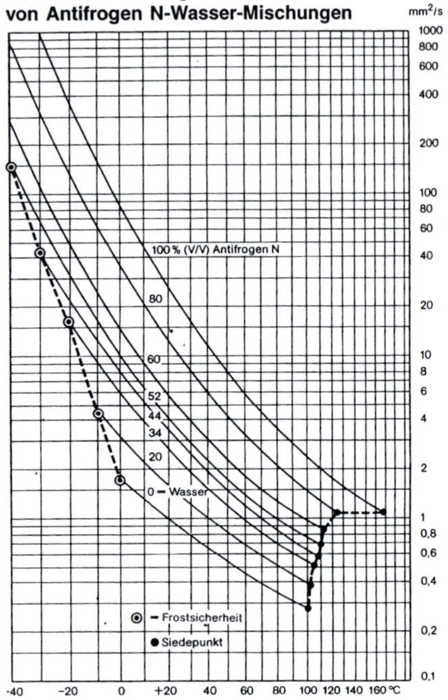

Spezifische Wärme von Antifrogen N-Wasser-Mischungen

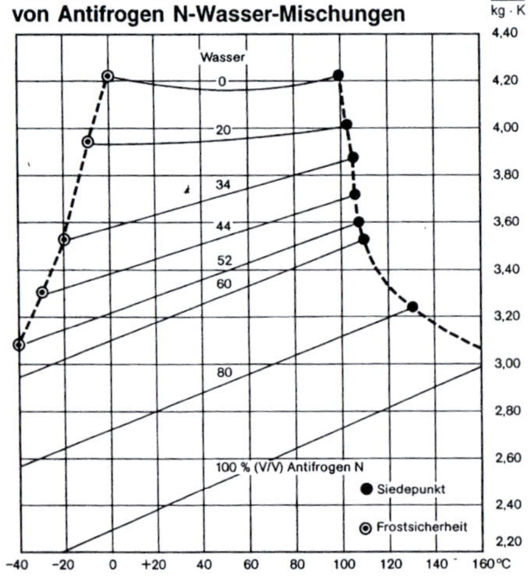

Frostsicherheit (Kristallisationspunkt nach DIN 51782) von Antifrogen N-Wasser-Mischungen

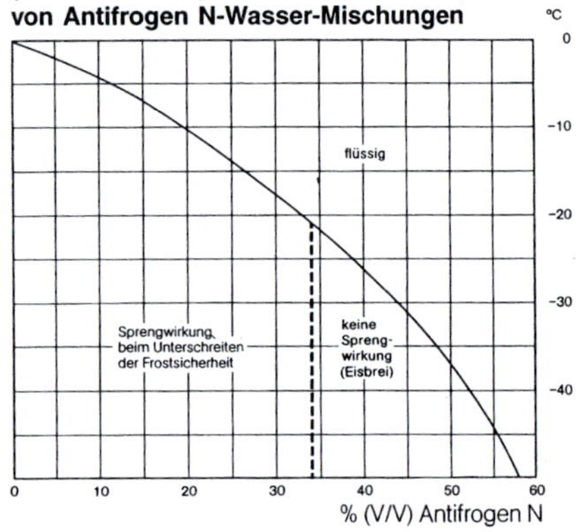

15.3 Auslegungsparameter

t_c ca. 5 K oberhalb von $t_{\text{Wasseraustritt}}$

Wassergeschwindigkeit: $w = 1{,}5 \text{ bis } 1{,}8\,\frac{\text{m}}{\text{s}}$

Kälteträgergeschwindigkeit: $w = 1{,}0 \text{ bis } 1{,}3\,\frac{\text{m}}{\text{s}}$

ΔT zwischen Kälteträgervorlauf- und Kälteträgerrücklauftemperatur ca. 3 K

ΔT zwischen t_R bzw. t_{Medium} und $t_{\text{Kälteträger}}$ ca. 5 K

ΔT zwischen $t_{\text{Kälteträgeraustritt}}$ und t_0 ca. 5 K

ΔT zwischen t_0 und $t_{\text{Kälteträgererstarrung}}$ ca. 8 K

Beispiel:

Abkühlung einer Antifrogen L-Wasser-Mischung in einem Bündelrohrverdampfer von $t_{ke} = -2$ °C auf $t_{ka} = -6$ °C

t_{ke} = Temperatur Kälteträgereintritt; t_{ka} = Temperatur Kälteträgeraustritt

$t_0 = 6$ K unterhalb t_{ka}; daraus folgt: $t_0 = -12$ °C

$t_{\text{Kälteträgererstarrung}} = 8$ K unterhalb t_0; daraus folgt $t_{\text{Kälteträgererstarrung}} = -20$ °C

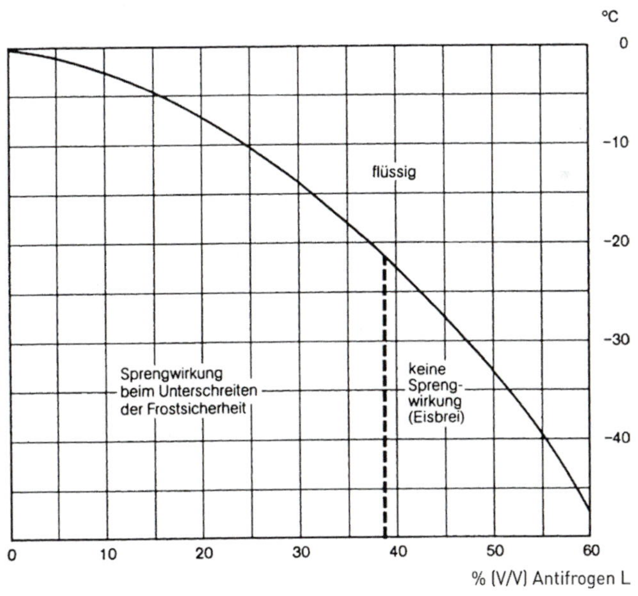

Frostsicherheit (Kristallisationspunkt nach ASTM D 1177) von Antifrogen L-Wasser-Mischungen

Mit dem Diagramm wird eine 38%ige Antifrogen L-Wasser-Mischung festgelegt.

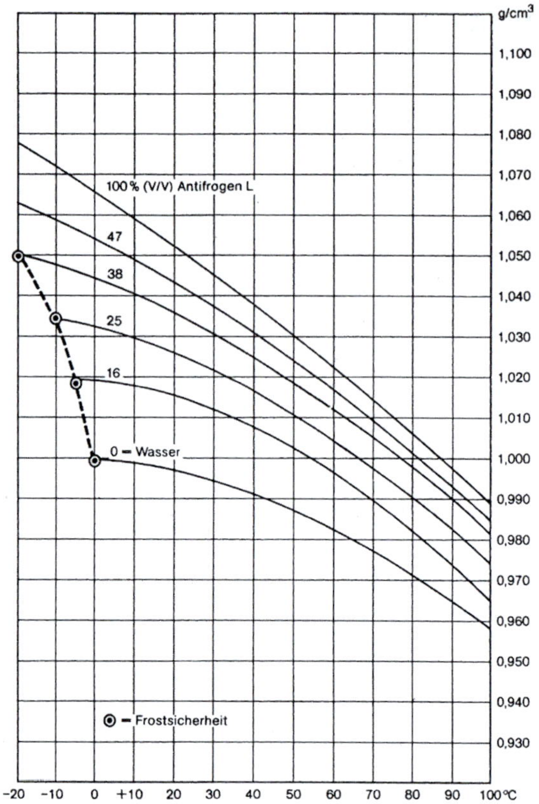

Dichte von Antifrogen L-Wasser-Mischungen

Für eine 38%ige Lösung Antifrogen L-Wasser bei einer Frostsicherheit von −20 °C wird im Diagramm eine Dichte ρ von 1,050 g/cm^3 $\hat{=}$ 1050 kg/m^3 ermittelt.

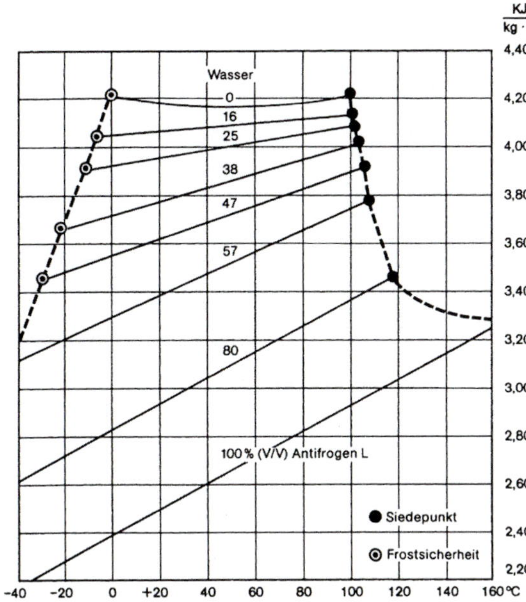

Spezifische Wärme von Antifrogen L-Wasser-Mischungen

Für eine 38%ige Lösung Antifrogen L-Wasser bei einer Frostsicherheit von –20 °C wird im Diagramm eine spezifische Wärmekapazität $c = 3{,}68\,\frac{\text{kJ}}{\text{kg K}}$ ermittelt.

$$\Delta T_\text{m} = \frac{\Delta T_1 - \Delta T_2}{\ln \frac{\Delta T_1}{\Delta T_2}}$$

$t_0 = -12\ °\text{C}$	$t_0 = -12\ °\text{C}$
$t_\text{ke} = -2\ °\text{C}$	$t_\text{ka} = -6\ °\text{C}$
$\Delta T_1 = 10\ \text{K}$	$\Delta T_2 = 6\ \text{K}$
$\Delta T_\text{m} = 7{,}83\ \text{K}$	

Antifrogen-Massenstrom

gegebene Kälteleistung: $\dot{Q}_0 = 110\,\frac{\text{kJ}}{\text{s}}$

spezifische Wärmekapazität: $c = 3{,}68\,\frac{\text{kJ}}{\text{kg K}}$

$\Delta T_\text{Antifrogen} = 4\ \text{K}$

$$\dot{m} = \frac{\dot{Q}_0}{c \cdot \Delta T} \quad \text{in } \frac{\text{kg}}{\text{s}}$$

mit: $\dot{Q}_0 \text{ in } \frac{\text{kJ}}{\text{s}}$

$c \text{ in } \frac{\text{kJ}}{\text{kg K}}$

$\Delta T \text{ in K}$

$$\dot{m} = \frac{110}{3{,}68 \cdot 4} = 7{,}47$$

$$\dot{m} = 7{,}47 \text{ kg/s}$$

Antifrogen-Volumenstrom

$$\dot{V} = \frac{\dot{m}}{\rho} \quad \text{in } \frac{\text{m}^3}{\text{s}}$$

mit: $\dot{m} \text{ in } \frac{\text{kg}}{\text{s}}$

$\rho \text{ in } \frac{\text{kg}}{\text{m}^3}$

$$\dot{V} = \frac{7{,}47}{1\,050} = 0{,}007\,11$$

$$\dot{V} = 0{,}007\,11 \frac{\text{m}^3}{\text{s}} \mathrel{\hat{=}} 25{,}60 \frac{\text{m}^3}{\text{h}}$$

16 Wärmerückgewinnung

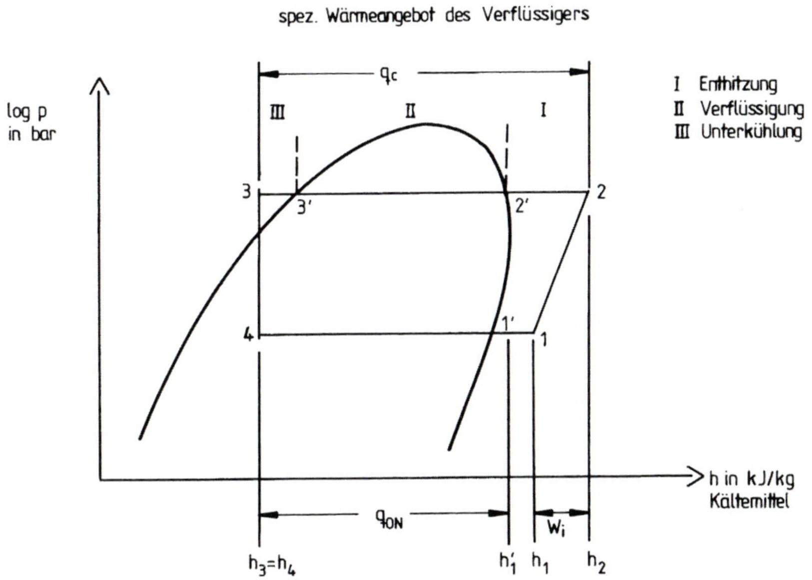

Die **Erhitzungswärmeleistung** aus dem Gebiet des überhitzten Dampfs

$$\dot{Q}_{ü} = \dot{m}_R \cdot (h_2 - h_2')$$

eignet sich insbesondere dann zur Wärmerückgewinnung, wenn die erforderliche Brauchwassertemperatur (t_w = +60 °C) höher als die Verflüssigungstemperatur liegt.

Da sich die Temperaturen des Kältemittels und des Brauchwassers im Wärmeübertrager ständig ändern, hat es sich als sinnvoll erwiesen, die Temperaturdifferenz zwischen den beiden Medien über die **mittlere logarithmische Temperaturdifferenz** zu bestimmen:

$$\Delta T_m = \frac{\Delta T_1 - \Delta T_2}{\ln \frac{\Delta T_1}{\Delta T_2}} \quad \text{in K}$$

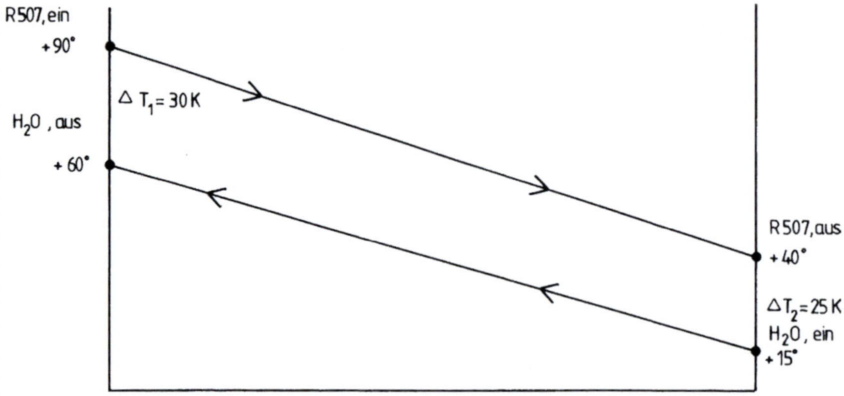

Mit den Beispieldaten aus dem obigen Diagramm ergibt sich:

$$\Delta T_m = \frac{30 - 25}{\ln \frac{30}{25}} = 27{,}42 \text{ K}$$

Erforderliche **Wärmeübertragerfläche**:

$$A = \frac{\dot{Q}_ü}{U \cdot \Delta T_m} \quad \text{in m}^2$$

mit: $\dot{Q}_ü$ in W

U in $\frac{\text{W}}{\text{m}^2 \text{ K}}$

ΔT_m in K

Zum Beispiel ergäbe sich mit

U-Wert, doppelwandiger Rohrenthitzer: 225 W/m^2 K (Herstellerangabe)

$\dot{Q}_ü = 11$ kW (zuvor berechnet)

eine erforderliche Wärmeübertragerfläche von:

$$A = \frac{11\,000}{225 \cdot 27{,}42} = 1{,}78$$

Die Auswahl des entsprechenden Rohrenthitzers erfolgt über die Wärmeübertragerfläche aus dem Herstellerprogramm.

Beispiel:

Durchschnittliche tägliche Betriebszeit der Kälteanlage über das Jahr: $12\,\frac{\text{h}}{\text{d}}$

1. rückgewinnbare Wärmemenge:

$$Q_r = \dot{Q}_ü \cdot \text{Betriebszeit in}\,\frac{\text{kWh}}{\text{d}}$$

mit: $\dot{Q}_ü$ in kW

Betriebszeit in $\frac{\text{h}}{\text{d}}$

2. vorgegebene Brauchwassertemperatur: $t_{wa} = +60\ °\text{C}$

Temperatur Kaltwasserzulauf: $t_{we} = +15\ °\text{C}$

$$\Delta T_W = 45\ \text{K}$$

3. erwärmbare Brauchwassermenge in $\frac{\text{kg}}{\text{d}}$

$$\dot{m}_w = \frac{Q_r}{c_w \cdot \Delta T_w}$$

mit: Q_r in $\frac{\text{kWh}}{\text{d}}$

$$c_w = 1{,}164\,\frac{\text{Wh}}{\text{kg K}} \mathrel{\hat{=}} 0{,}001164\,\frac{\text{kWh}}{\text{kg K}}$$

ΔT_W in K

Mit der angenommenen Wärmeleistung $\dot{Q}_ü = 11\,000\ \text{W}$ und der Betriebszeit der Anlage

$$t_{\text{Anlage}} = 12\,\frac{\text{h}}{\text{d}}$$

ergibt sich:

3.1 $Q_r = 11\,000\ \text{W} \cdot 12\,\frac{\text{h}}{\text{d}} = 132\,000\,\frac{\text{Wh}}{\text{d}} \mathrel{\hat{=}} 132\,\frac{\text{kWh}}{\text{d}}$

3.2 $\dot{m}_w = \frac{132}{0{,}001164 \cdot 45} = 2\,520{,}05$

$$= 2{,}520{,}05\,\frac{\text{kg}}{\text{d}} \mathrel{\hat{=}} 2\,520{,}05\,\frac{\text{l}}{\text{d}}$$

WRG-Schaltung mit externem doppelwandigen Rohrenthitzer

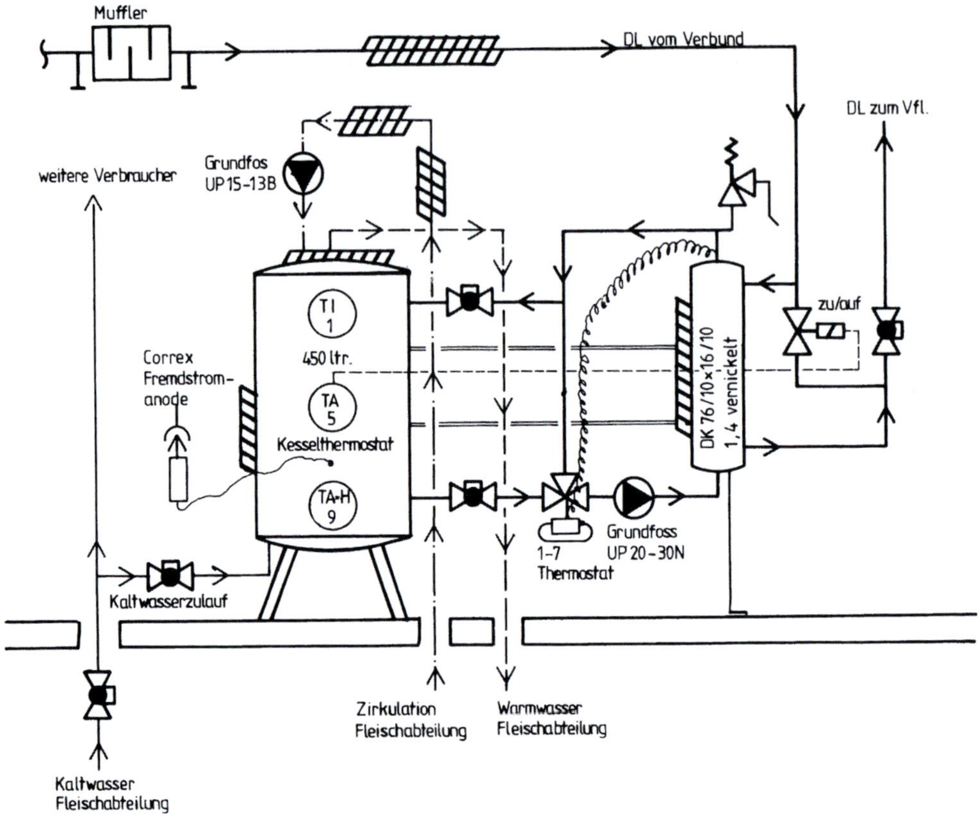

Legionellenschaltung

Trinkwassererwärmer werden nach DVGW-Arbeitsblatt W511 in 2 Gruppen eingeteilt:

1. Kleinanlagen bis 400 Liter: – ohne Temperaturanforderungen –
2. Großanlagen über 400 Liter: Am Trinkwasseraustritt muss eine Temperatur von t_{wa} = +60 °C eingehalten werden.

Wenn die WRG als Vorerwärmstufe eingesetzt wird, ist der gesamte Behälterinhalt einmal täglich auf +60 °C zu erwärmen.

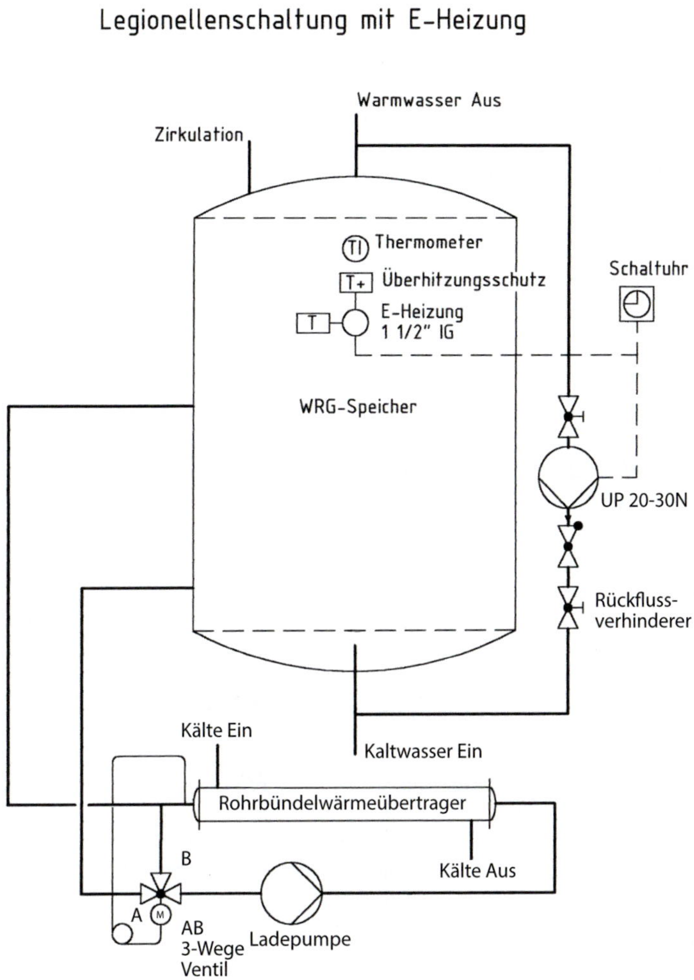

$W = P \cdot t \quad \text{in kWs}$

mit: P in kW

t in s

$Q = m \cdot c \cdot \Delta T \quad \text{in kWs}$

mit: m in kg

c in $\frac{\text{kWs}}{\text{kg K}}$

ΔT in K

$P \cdot t = m \cdot c \cdot \Delta T \quad \text{in kWs}$

Beispiel:

In wie viel Minuten werden bei der Legionellenschaltung 450 Liter Trinkwasser von +55 °C (mit Kälteanlage aufgewärmt) auf +60 °C erwärmt? Leistung E-Heizpatrone: 4,5 kW; η = 0,90

Lösung:

$$t = \frac{m \cdot c \cdot \Delta T}{p \cdot \eta}$$

$$= \frac{450 \cdot 4{,}19 \cdot 5}{4{,}5 \cdot 0{,}90} \approx 2\,328$$

$$= 2\,328\ \text{s} : 60\ \frac{\text{s}}{\text{Min}} \approx 39\ \text{Min}$$

Rohrleitungsverlegung bei WRG mit internem Wärmeübertrager im Brauchwasserspeicher

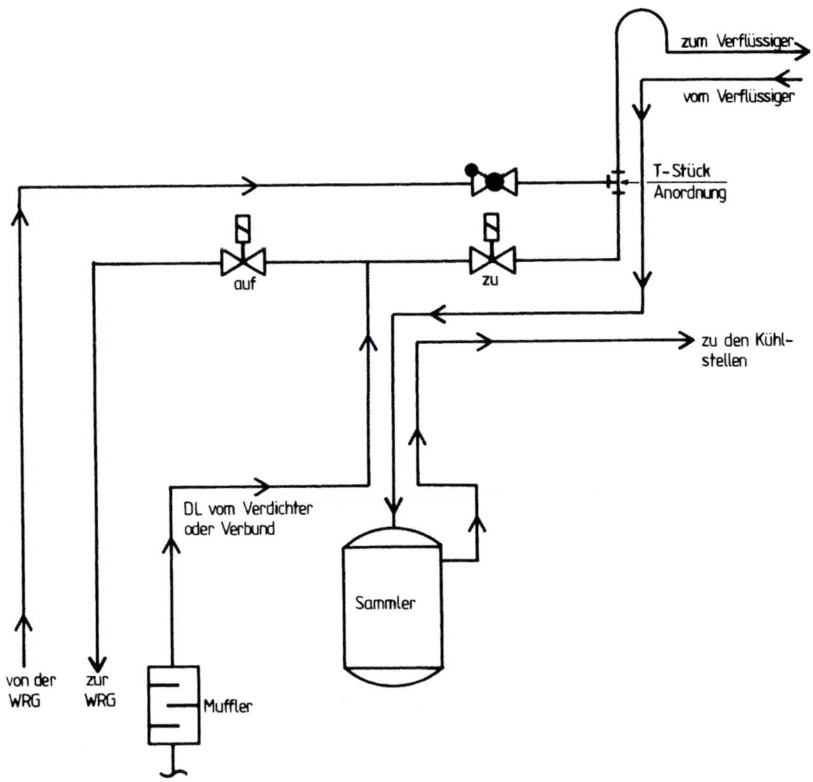

17 Symbole zur Erstellung von RI-Fließbildern für die Kältetechnik

(entnommen der elektronischen Symbolbibliothek für kältetechnische Fließbilder nach DIN EN 1861, herausgegeben von der Bundesfachschule Kälte-Klima-Technik in Maintal)

Rohrleitungen	
Ausgang	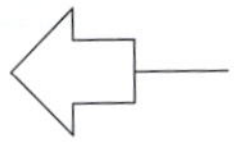
Ausgang	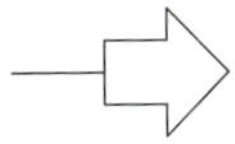
Eingang	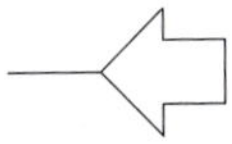
Eingang	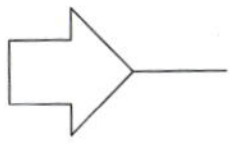
Kapillare	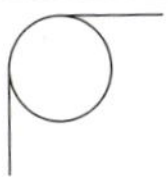
Kapillare	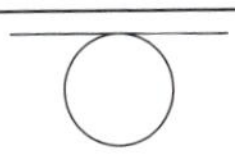
Durchfluss/Bewegung in Pfeilrichtung	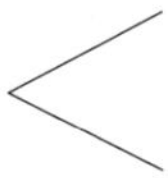
Durchfluss/Bewegung in Pfeilrichtung	
Durchfluss/Bewegung in Pfeilrichtung	
Durchfluss/Bewegung in Pfeilrichtung	
Rohrleitung, beheizt oder gekühlt	
Schlauchleitung	

Rohrleitungen	
Verbindung von Fließlinien bzw. Rohrleitungen	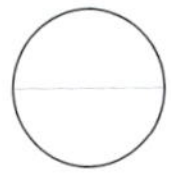
Rohrleitung, wärmegedämmt	
Rohrleitung, wärmegedämmt	

Absperrventile	
Ventil, allgemein	
Ventil	
Schieber	
Absperrventil, gegen unbefugte Betätigung gesichert	
Dreiwegeventil, allgemein	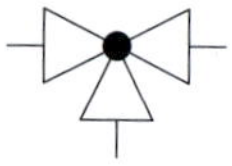
Dreiwegeventil, gegen unbefugte Betätigung gesichert	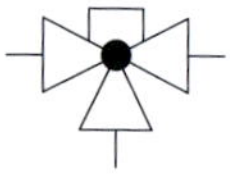
Kugelhahn	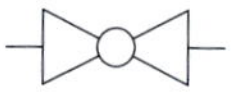
Kugelhahn, gegen unbefugte Betätigung gesichert	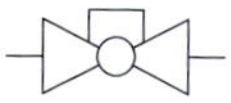
Ventil, Eckform, allgemein	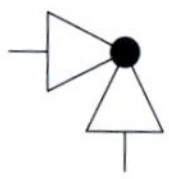
Kugelhahn, Eckform, allgemein	
Ventil, Eckform, allgemein	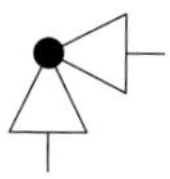
Kugelhahn, Eckform, allgemein	
Ventil, Eckform, gegen unbefugte Betätigung gesichert	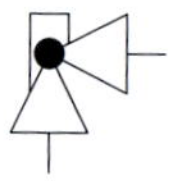
Kugelhahn, Eckform, gegen unbefugte Betätigung gesichert	
Ventil, Eckform, gegen unbefugte Betätigung gesichert	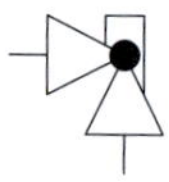

Absperrventile	
Kugelhahn, Eckform, gegen unbefugte Betätigung gesichert	
Wechselventil (schwarze Seite geschlossen)	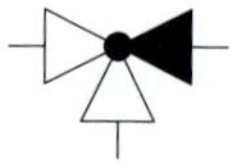
Wechselventil (schwarze Seite geschlossen)	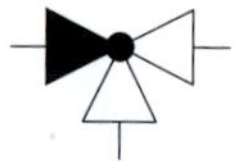
Wechselventil (schwarze Seite geschlossen)	
Ventil, betriebsmäßig absperrbar	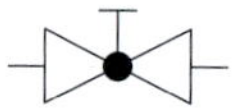
Schraderventil	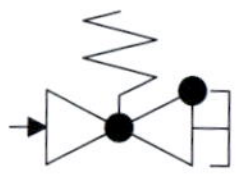
Schraderventil	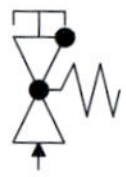
Schraderventil	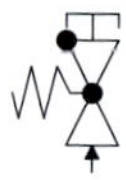
Eckventil mit Messanschluss	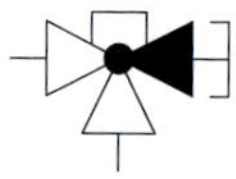
Eckventil mit Messanschluss	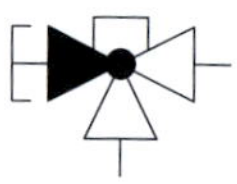
Vierwegeventil, allgemein	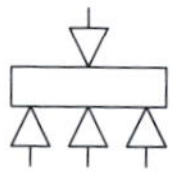
Klappe	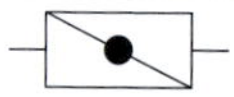

Rückflussverhinderer	
Rückflussverhinderer, allgemein	
Rückflussverhinderer, Durchgangsform, absperrbar	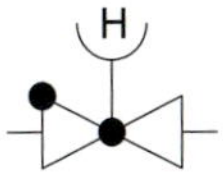
Rückflussverhinderer, Durchgangsform, absperrbar	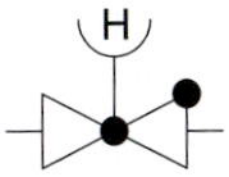
Rückflussverhinderer, Eckform	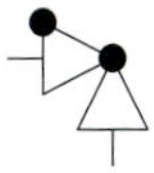
Rückflussverhinderer, Eckform	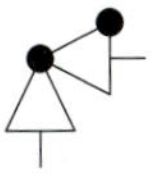
Rückschlagklappe	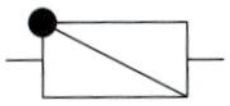
Rückschlagklappe	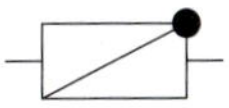
Rückschlagventil	
Rückschlagventil	
Rückschlagventil	
Rückschlagventil	

Regelventile	
Thermostatisches Expansionsventil mit innerem Druckausgleich	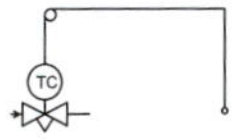
Thermostatisches Expansionsventil mit innerem Druckausgleich	
Thermostatisches Expansionsventil mit äußerem Druckausgleich	
Thermostatisches Expansionsventil mit äußerem Druckausgleich	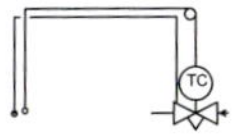
Elektronisches Expansionsventil	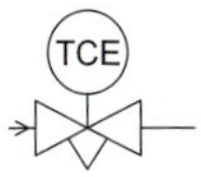
Elektronisches Expansionsventil	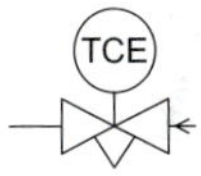
Automatisches Expansionsventil (Konstantdruck-Ventil)	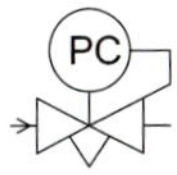
Automatisches Expansionsventil (Konstantdruck-Ventil)	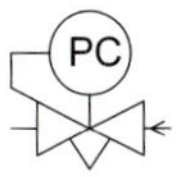
Heißgas-Bypass-Regler (Eingang links)	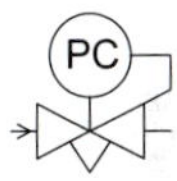
Heißgas-Bypass-Regler (Eingang rechts)	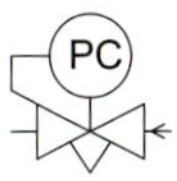
Ventil mit stetigem Stellverhalten	
Ventil mit stetigem Stellverhalten, Durchgangsform	
Schieber mit stetigem Stellverhalten, Durchgangsform	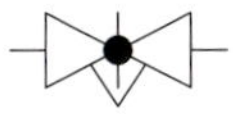
Klappe mit stetigem Stellverhalten	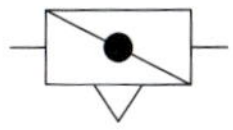

Regelventile	
Startregler (Eingang links)	
Startregler (Eingang rechts)	
Verdampferkonstantdruck-regler (Eingang links)	
Verdampferkonstantdruck-regler (Eingang rechts)	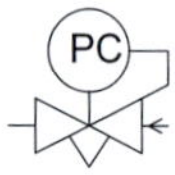

Ventile/Fittings mit Sicherheitsfunktion	
Berstscheibe (Eingang links)	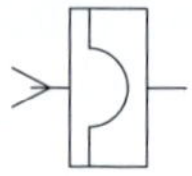
Sicherheitsventil, allgemein (Eingang links)	
Sicherheitsventil, allgemein (Eingang rechts)	
Sicherheitsventil, Gewichtsbelastet, Durchgangsform (Eingang rechts)	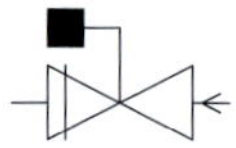
Sicherheitsventil, Gewichtsbelastet, Durchgangsform (Eingang links)	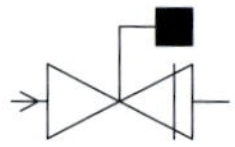
Sicherheitsventil, Federbelastet, Eckform	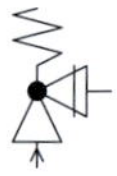
Sicherheitsventil, Federbelastet, Durchgangsform (Eingang links)	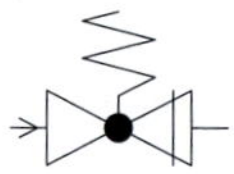
Sicherheitsventil, Federbelastet, Durchgangsform (Eingang rechts)	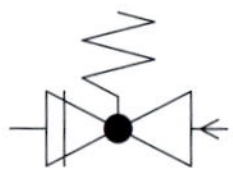
Berstscheibe & Sicherheitsventil, Durchgangsform	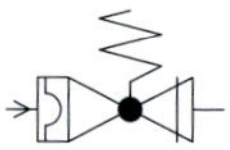
Berstscheibe & Sicherheitsventil, Durchgangsform	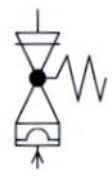
Berstscheibe & Sicherheitsventil, Eckform	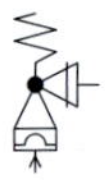
Berstscheibe & Sicherheitsventil, Eckform	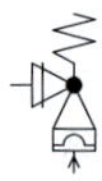

Stellantriebe	
Antrieb, allgemein mit Hilfsenergie oder selbsttätig	
Antrieb durch Elektromotor	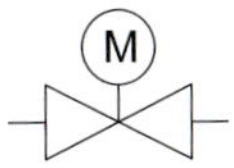
Antrieb durch Elektromagnet	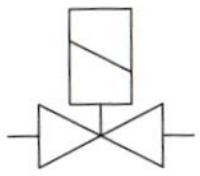
Kolbenantrieb	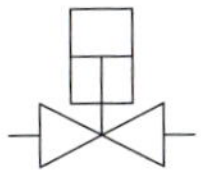
Membranantrieb	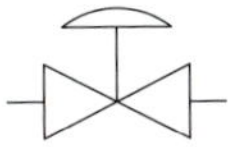
Antrieb durch Druck des Arbeitsstoffs gegen fest eingestellte Gewichtskraft	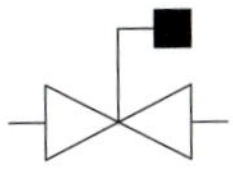
Antrieb durch Druck des Arbeitsstoffs gegen fest eingestellte Federkraft	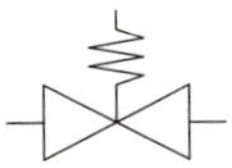
Antrieb durch Schwimmer	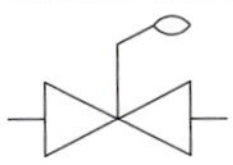
Antrieb, handbetätigt	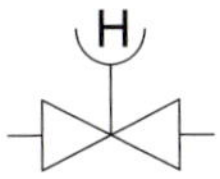
Bei Ausfall der Hilfsenergie ÖFFNEND	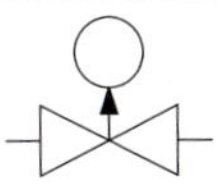
Bei Ausfall der Hilfsenergie SCHLIESSEND	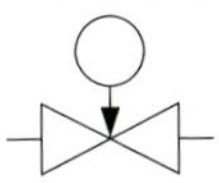
Bei Ausfall der Hilfsenergie VERBLOCKT	
Bei Ausfall der Hilfsenergie SCHNELLSCHLIESSEND	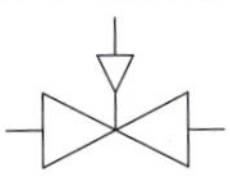
Bei Ausfall der Hilfsenergie SCHNELLSCHLIESSEND	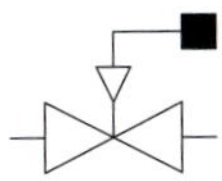

Stellantriebe	
Manueller Stellantrieb, Durchgangsform	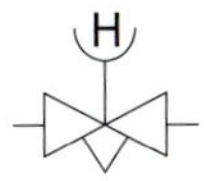
Manueller Stellantrieb, Eckform	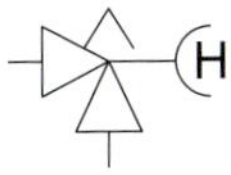
Elektronisches Expansionsventil	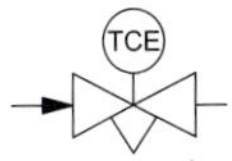
Konstantdruckventil	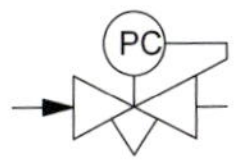

Rohrleitungsteile	
Rohrleitungskompensator	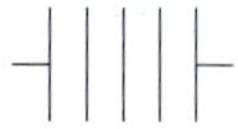
Lösbare Verbindung	
Reduzierstück, allgemein	
Ventil mit lösbarer Verbindung	
Trichter	
Abflusstrichter mit Siphon	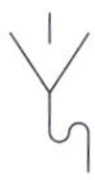
Auslass zur Atmosphäre	
Schauglas	
Schauglas mit Feuchtigkeitsindikator	
Schalldämpfer	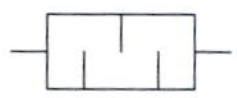
Messblende	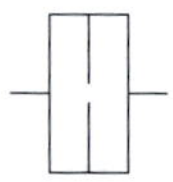
Kondensatableiter	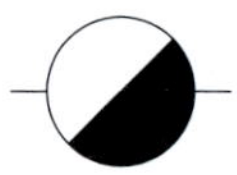
Niederdruck-Schwimmer (öffnet bei fallendem Stand)	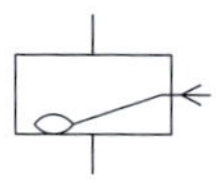
Hochdruck-Schwimmer (öffnet bei steigendem Stand)	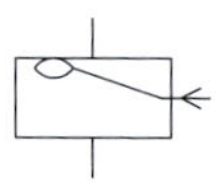
Verschlussdeckel, allgemein	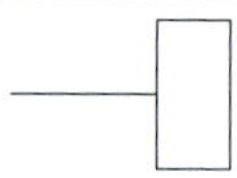

Rohrleitungsteile	
Hutmutter	
Rohrleitungsteil mit Verschluss	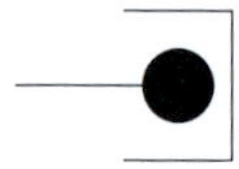
Verschluss allgemein, Leitungsabschluss	
Messanschluss	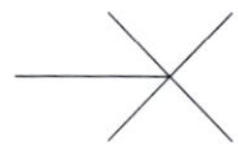
Blindflansch	
Schwimmerregler in einem Behälter	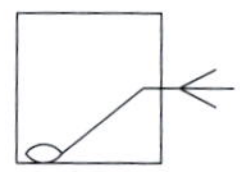
Schwimmerregler in einem Behälter	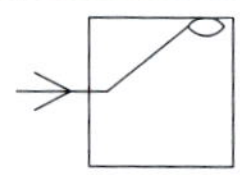

Behälter	
Behälter, allgemein	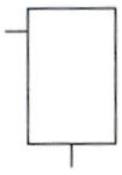
Behälter mit gewölbten Böden	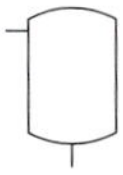
Kugelbehälter	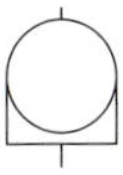
Gasflasche	
Behälter mit ebenem Deckel	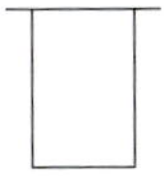
Behälter mit gewölbtem Deckel	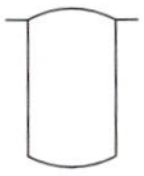
Offener Behälter mit konischem Boden	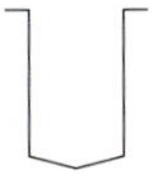
Sammler, allgemein, horizontale Anordnung	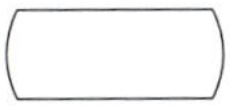
Sammler mit Absperrventilen, horizontale Anordnung	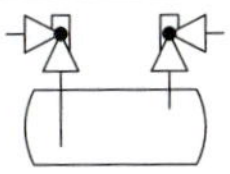
Sammler mit Absperrventilen, horizontale Anordnung	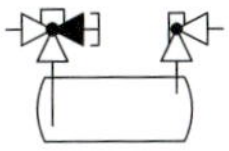
Sammler mit Flüssigkeitsabsperrventil, horizontale Anordnung	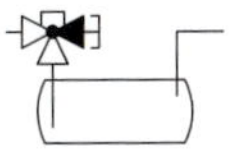
Behälter mit Dampfdom	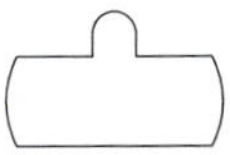
Behälter mit Abscheider	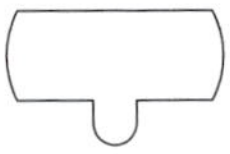
Sammler, allgemein, vertikale Anordnung	

Behälter, Kolonnen, Chemische Reaktoren mit Einbauten	
Kolonne, Behälter mit Einbauten, allgemein	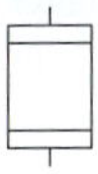
Behälter mit Austauschböden, Bodenkolonne, allgemein	
Behälter mit Glockenboden, Glockenboden – Kolonne	
Behälter mit Kaskadeneinbauten	
Behälter mit Festbett, Kolonne mit Festbett	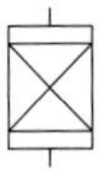
Behälter mit unregelmäßiger Packungsanordnung	
Behälter mit eingebautem Demisterpaket, unregelmäßige Anordnung, z. B. Demisterpaket	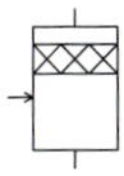
Behälter mit Spritz- oder Prallblechen	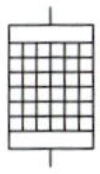
Behälter mit eingebautem Demisterpaket regelmäßige Anordnung, z. B. Prallblech	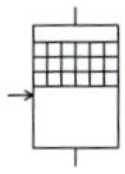
NH_3-Rektifikator mit Verstärkungs- und Abtriebsböden	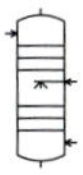

Einrichtungen zum Heizen oder Kühlen	
Behälter mit Einsteckrohrschlange	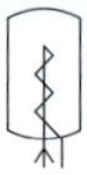
Behälter mit elektrischer Außenbeheizung	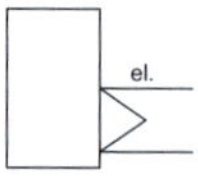
Behälter mit Mantel	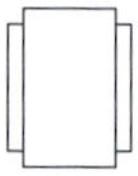
Behälter mit Feuerungssystem, Brenner	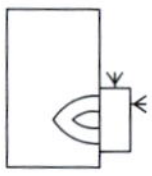
Feuerungssystem, Brenner	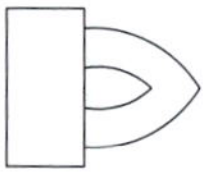
Einsteckrohrschlange	
Einrichtungen zum Heizen oder Kühlen, allgemein	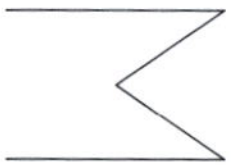

Wärmeübertrager, Dampferzeuger	
Entlüftungsapparat	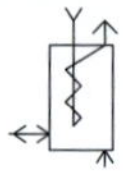
Dampfkessel	
Doppelrohr- Wärmeübertrager	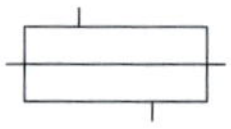
Kühlturm, allgemein	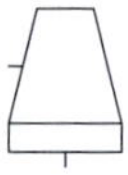
Luftgekühlter Rippenrohr- Wärmeübertrager	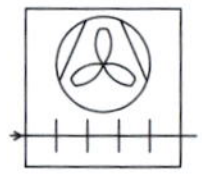
Platten-Wärmeübertrager	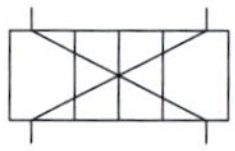
Rieselkühler	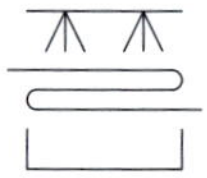
Rippenrohr- Wärmeübertrager	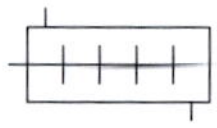
Rohrbündel- Wärmeübertrager mit Festböden	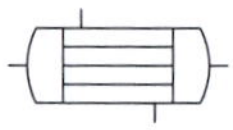
Rohrbündel mit Schwimmkopf	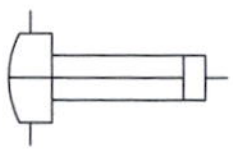
Rohrbündel mit U-Rohr	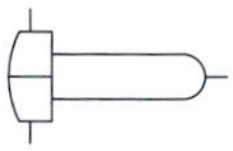
Rohrbündel- Wärmeübertrager mit Schwimmkopf	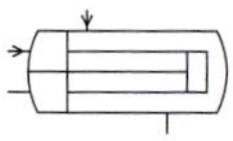
Rohrbündel- Wärmeübertrager mit U-Rohr	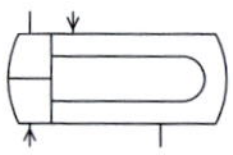
Spiral-Wärmeübertrager	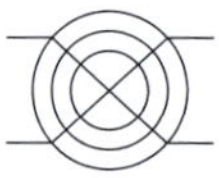

Wärmeübertrager, Dampferzeuger	
Verdunstungsverflüssiger mit saugendem Ventilator	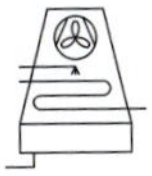
Wärmeübertrager mit Kreuzung der Fließlinien	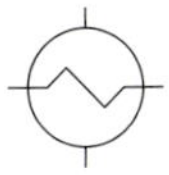
Wärmeübertrager mit Rohrschlange	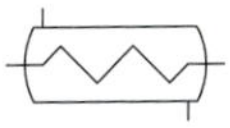
Wärmeübertrager ohne Kreuzung der Fließlinien	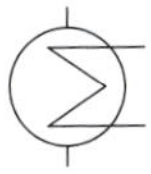
Solargenerator	

Filter, Flüssigkeitsfilter, Filtertrockner	
Filter, allgemein; Filterapparat, allgemein	
Flüssigkeitsfilter, allgemein	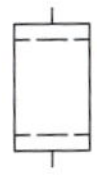
Festbettfilter, z. B. Filtertrockner, Durchgangsform	
Festbettfilter, z. B. Filtertrockner, Durchgangsform	
Festbettfilter, z. B. Filtertrockner, Eckform	
Gasfilter, allgemein; Luftfilter, allgemein, Durchgangsform	
Gasfilter, allgemein; Luftfilter, allgemein, Eckform	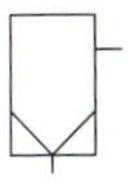
Taschenfilter, Kerzenfilter für Gase, Eckform	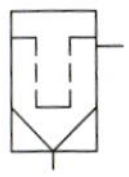
Taschenfilter, Kerzenfilter für Gase, Durchgangsform	
Kerzenfilter, Durchgangsform	
Kerzenfilter, Eckform	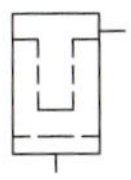
Aktivkohlefilter	
Festbettfilter, z. B. Filtertrockner, Eckform	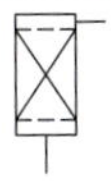

Abscheider	
Abscheider, allgemein	
Abscheider mit Ausschleusung, allgemein	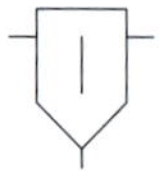
Prallabscheider	
Prallabscheider mit Ausschleusung, allgemein	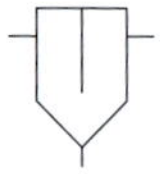
Ölabscheider mit Schwimmerausschleusung	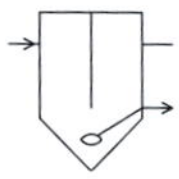
Ölabscheider mit Schwimmerausschleusung	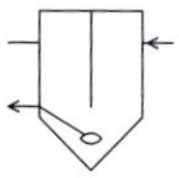

Rührer	
Rührer, allgemein	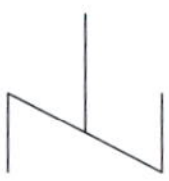
Propellerrührer	
Rührer in einem Behälter für Eiswasserkühlung	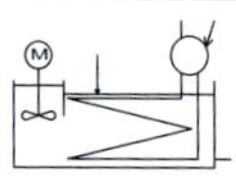

Flüssigkeitspumpen	
Elektromotor mit Wellenabdichtung, allgemein	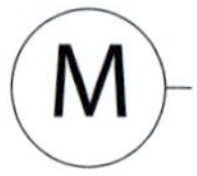
Hermetischer Elektromotor, allgemein	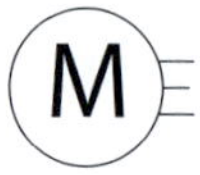
Pumpe, allgemein	
Kreiselpumpe	
Hubkolbenpumpe	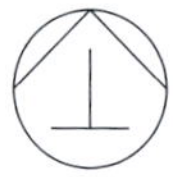
Membranpumpe	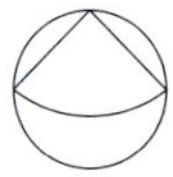
Zahnradpumpe	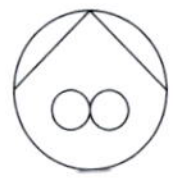
Schraubenspindelpumpe	
Strahlflüssigkeitspumpe	
Strahlflüssigkeitspumpe mit Zuführung des Treibmediums	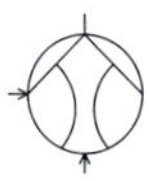
Kreiselpumpe mit Elektromotor, allgemein	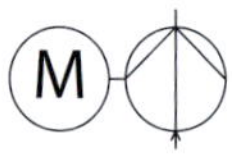
Hubkolbenpumpe mit Elektromotor, Wellenabdichtung nach außen	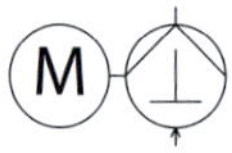
Kreiselpumpe mit hermetischem Elektromotor	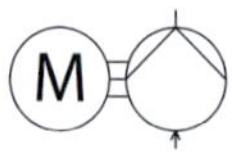

Verdichter, Vakuumpumpen, Ventilatoren	
Ventilator, allgemein	
Radialventilator	
Axialventilator	
Verdichter, Vakuumpumpe, allgemein	
Hubkolbenverdichter, Hubkolben-Vakuumpumpe	
Drehkolbenverdichter, Drehkolben-Vakuumpumpe	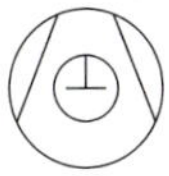
Turboverdichter, Turbo-Vakuumpumpe	
Hubkolbenverdichter, Hubkolben-Vakuumpumpe	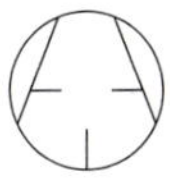
Schraubenverdichter	
Rollkolbenverdichter	
Spiralverdichter	
Flüssigkeitsringverdichter, Flüssigkeitsring-Vakuumpumpe	
Strahlverdichter, Treibmittel-Vakuumpumpe	

Verdichter, Vakuumpumpen, Ventilatoren	
Strahlverdichter mit Zuführung des Treibmediums	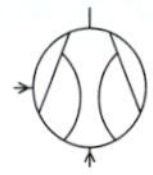
Schraubenverdichter, mit Drehstrom-Motor, allgemein	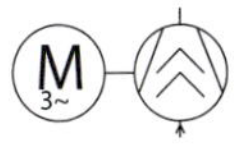
Halb- oder hermetischer Verdichter mit Drehstrom-Motor, Saugdampfgekühlt	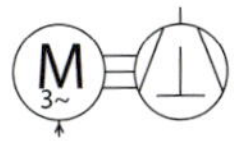

Hebe-, Förder- und Transporteinrichtungen	
Stetigförderer, allgemein	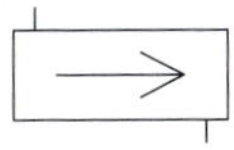
Bandförderer, allgemein	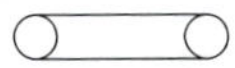
Bandförderanlage	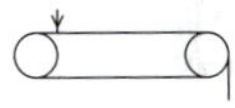

Waagen	
Waage, allgemein	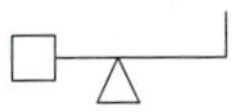
Bandwaage	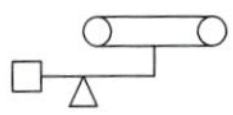
Plattformwaage mit Gasflasche	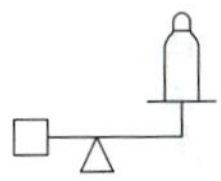

Verteileinrichtungen	
Bodenkolonne mit Sprühdüsen und eingetragener Anzahl der Böden	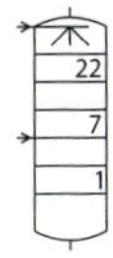
Kühlturm mit Wasserverteilerdüse	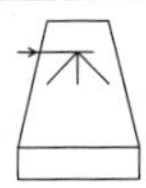
Verteilerelement für Fluide; Spritzdüse	
Verteilerelement für Fluide; Spritzdüse	

Motoren, Kraftmaschinen, Antriebsmaschinen	
Antriebsmaschine, allgemein	D
Elektromotor, allgemein	M
Verbrennungsmaschine	E
Pneumatische Antriebsmaschine	P
Hydraulische Antriebsmaschine	H
Gleichstrom-Motor, allgemein	M ===
Wechselstrom-Motor, allgemein	M 1~
Drehstrom-Motor, allgemein	M 3~
Antriebsmaschine mit Expansion des Arbeitsstoffes; Turbine	

Verschiedenes	
Therm. Expansionsventil mit innerem Druckausgleich	
Therm. Expansionsventil mit äußerem Druckausgleich	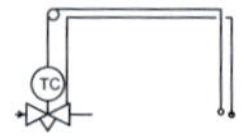
Elektronisches Expansionsventil	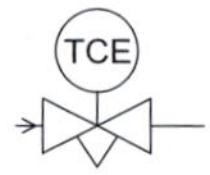
Verdampfer + Exp.-Ventil mit innerem Druckausgleich (Axialventilator)	
Verdampfer + Exp.-Ventil mit äußerem Druckausgleich (Axialventilator)	
Verdampfer + Exp.-Ventil mit innerem Druckausgleich, elektr. Abtauheizung, Axialventilator	
Verdampfer + Exp.-Ventil mit äußerem Druckausgleich, elektr. Abtauheizung, Axialventilator	
Verdampfer, allgemein, ohne elektr. Abtauheizung (Axialventilator)	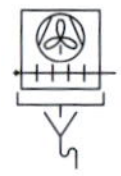
Verdampfer, allgemein, mit elektr. Abtauheizung (Axialventilator)	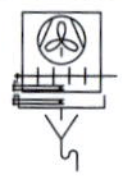
Verdampfer, allgemein, ohne elektr. Abtauheizung (Radialventilator)	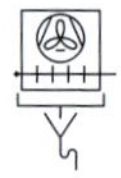
Verdampfer, allgemein, mit elektr. Abtauheizung (Radialventilator)	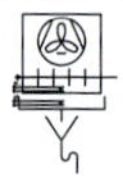
Wärmeübertrager mit Radialventilator, allgemein	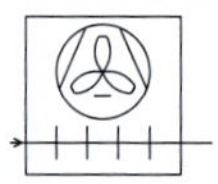
Wärmeübertrager mit Axialventilator, allgemein	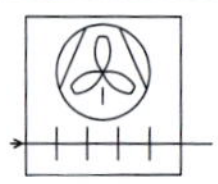
Filter und Schauglas mit Feuchtigkeitsindikator	

MSR: Druck	
Differenz-Druckmessgerät	PDI
Einrichtung zur Druckbegrenzung	PS
Druckbegrenzer für steigenden Druck	PZH
Druck – Regelung/Steuerung	PC
Druckschalter mit Anzeige (Kontakt – Druckmessgerät)	PISHL
Druckwächter für steigenden Druck	PSH
Druckwächter für fallenden Druck	PSL
Messumformer für Druck	PT
Messumformer für Druck, örtliche Anzeige	PIT
Druckmessgerät	PI
Differenzdruckschalter, Einstellung Alarm max	PDZAH
Differenzdruckschalter, Einstellung Alarm min	PDZAL
Sicherheitsdruckbegrenzer für steigenden Druck	PZHH
Sicherheitsdruckschalter, Einstellung/Alarm max	PZAH
Sicherheitsdruckschalter, Einstellung/Alarm min	PZAL

MSR: Durchfluss	
Sicherheitsschalter durch Strömung betätigt (Alarm/max)	FZAH
Sicherheitsschalter durch Strömung betätigt (Alarm/min)	FZAL

MSR	
Ausgabe und Bedienung	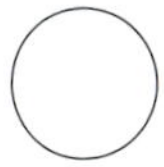
Ausgabe und Bedienung	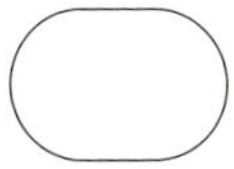
Prozessleitwarte	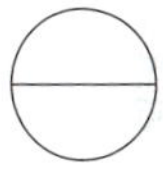
Prozessleitwarte	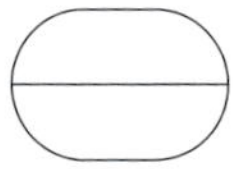
Örtlicher Leitstand	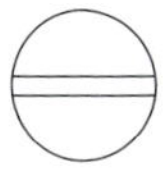
Örtlicher Leitstand	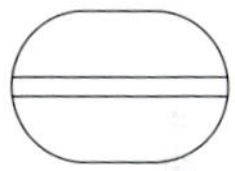

MSR: Qualität	
Messung der Gaskonzentration Anzeige und Alarm bei NH_3	QIA NH_3

MSR: Stand	
Messumformer für Stand	LT
Schalter	LS
Sicherheitsschalter, Stand, Einstellwert/Alarm max	LZAH
Sicherheitsschalter, Stand, Einstellwert/Alarm min	LZAL
Standanzeiger	LI
Standmessung mit Anzeige im Leitstand/Prozessleitwarte	LI

Temperatur	
Temperaturfühler, allgemein	
Messumformer für Temperatur mit Anzeige	TIT
Messumformer für Temperatur	TT
Temperaturschalter	TSHL
Temperaturschalter mit Anzeige (Kontakt Therm.)	TISHL
Sicherheitstemperaturschalter, Einstellung/Alarm max	TZAH
Sicherheitstemperaturschalter, Einstellung/Alarm min	TZAL
Thermometer	TI
Thermometer mit Anzeige und Registrierung in Leitwarte/Leitstelle	TIR

18 Zitierte DIN-Normen

DIN 1304-1:1994-03 Formelzeichen; Allgemeine Formelzeichen. Berlin: Beuth

DIN 1946-6:2019-12: Raumlufttechnik – Teil 6: Lüftung von Wohnungen – Allgemeine Anforderungen, Anforderungen an die Auslegung, Ausführung, Inbetriebnahme und Übergabe sowie Instandhaltung. Berlin: Beuth

DIN EN 1861:1998-07 Kälteanlagen und Wärmepumpen – Systemfließbilder und Rohrleitungs- und Instrumentenfließbilder – Gestaltung und Symbole. Berlin: Beuth

DIN 8905-1:1983-10 Rohre für Kälteanlagen mit hermetischen und halbhermetischen Verdichtern; Außendurchmesser bis 54 mm; Technische Lieferbedingungen. Berlin: Beuth

DIN 8949:2000-01 Filtertrockner für Kältemittel – Prüfung. Berlin: Beuth

DIN EN 12900:2013-10 Kältemittel-Verdichter - Nennbedingungen, Toleranzen und Darstellung von Leistungsdaten des Herstellers. Berlin: Beuth

ASTM D 1177:2017 Bestimmung des Erstarrungspunktes von wässrigen Kühlmitteln für Motoren. Berlin: Beuth

Teil III: Elektrotechnik

19 Formeln

19.1 Grundlagen

19.1.1 Formelzeichen und Einheiten der Elektrotechnik (Auszug)

Formelzeichen	Bedeutung	Einheitenzeichen	Bemerkung
Q	elektrische Ladung	C	Coulomb, 1 C = 1 As
U	elektrische Spannung	V	Volt, 1 V
C	elektrische Kapazität	F	Farad, $1\,\text{F} = \frac{\text{As}}{\text{V}}$
I	elektrische Stromstärke	A	Ampere
S	elektrische Stromdichte	$\frac{\text{A}}{\text{mm}^2}$	
L	Induktivität	H	Henry, $1\,\text{H} = \frac{\text{Vs}}{\text{A}}$
R	elektrischer Widerstand	Ω	Ohm, $1\,\Omega = \frac{1\,\text{V}}{1\,\text{A}}$
G	elektrischer Leitwert	S	Siemens, $1\,\text{S} = \frac{1}{\Omega}$
ρ	spezifischer Widerstand	$\frac{\Omega\,\text{mm}^2}{\text{m}}$	
κ	Leitfähigkeit	$\frac{\text{m}}{\Omega\,\text{mm}^2}$	
X	Blindwiderstand	Ω	
B	Blindleitwert	S	$B = \frac{1}{X}$
Z	Scheinwiderstand	Ω	
Y	Scheinleitwert	S	
W	Energie, Arbeit	Ws, Nm, J	
P	Wirkleistung	W	
Q	Blindleistung	W	1 W = 1 var
S	Scheinleistung	W	1 W = 1 VA
φ	Phasenverschiebungswinkel	rad	
$\cos\varphi$	Leistungsfaktor	1	
ΔT	Temperaturdifferenz	K	K = Kelvin

19.1.2 Der einfache elektrische Stromkreis

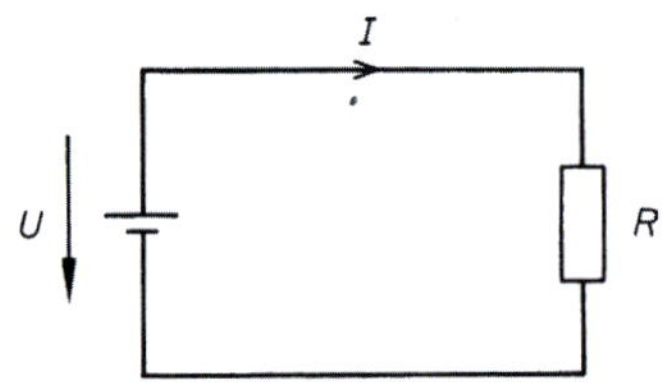

Elektrische Stromstärke

$$I = \frac{Q}{t} \quad \text{in} \frac{\text{As}}{\text{s}} = \text{A}$$

mit: I = Elektrische Stromstärke in A
Q = Elektrische Ladung in As
t = Zeit in s

Elektrische Stromdichte

$$S = \frac{I}{A} \quad \text{in} \frac{\text{A}}{\text{mm}^2}$$

mit: S = Elektrische Stromdichte in $\frac{\text{A}}{\text{mm}^2}$
I = Elektrischer Strom in A
A = Leiterquerschnitt in mm^2

Ohmsches Gesetz

$$I = \frac{U}{R} \quad \text{in} \frac{\text{V}}{\Omega} = \text{A}$$

mit: I = Stromstärke in A
U = Spannung in V
R = Widerstand in Ω

Elektrischer Leitwert

$$G = \frac{1}{R}$$

mit: G = Elektrischer Leitwert in $\frac{1}{\Omega} = \text{S}$
R = Elektrischer Widerstand in Ω

Leitungswiderstand

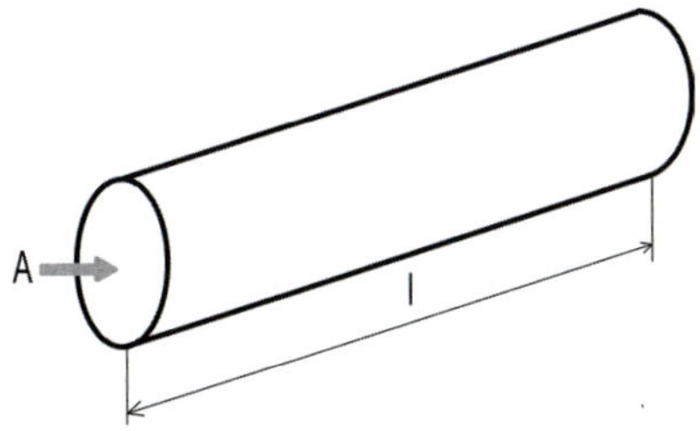

$$R_L = \frac{\rho \cdot l}{A} \quad \text{in} \ \frac{\frac{\Omega \cdot mm^2}{m} \cdot m}{mm^2} = \Omega$$

mit: R_L = Leitungswiderstand in Ω

ρ = spezifischer Widerstand in $\frac{\Omega \cdot mm^2}{m}$

l = Leiterlänge in m

A = Leiterquerschnitt in mm^2

oder mit $\kappa = \frac{1}{\rho}$

$$R_L = \frac{l}{\kappa \cdot A} \quad \text{in} \ \frac{m}{\frac{m}{\Omega \cdot mm^2} \cdot mm^2} = \Omega$$

mit: κ = Leitfähigkeit in $\frac{m}{\Omega \cdot mm^2}$

19.1.3 Widerstandsänderung infolge Temperaturänderung

$$\Delta R = R_K \cdot \alpha \cdot \Delta T \quad \text{in} \ \Omega \cdot \frac{1}{K} \cdot K = \Omega$$

mit: ΔR = Widerstandsänderung in Ω

α = Temperaturbeiwert in $\frac{1}{K}$

ΔT = Temperaturänderung (bezogen auf 20 °C) in K

R_K = Kaltwiderstand (Widerstand bei 20 °C) in Ω

Warmwiderstand

$$R_\vartheta = R_K + \Delta R$$

oder

$$R_\vartheta = R_K + R_K \cdot \alpha \cdot \Delta T$$

oder

$$R_\vartheta = R_K \left(1 + \alpha \cdot \Delta T\right)$$

mit: R_ϑ = von 20 °C abweichender Widerstand in Ω
R_K = Kaltwiderstand (Widerstand bei 20 °C) in Ω
ΔR = Widerstandsänderung in Ω
α = Temperaturbeiwert in $\frac{1}{\mathrm{K}}$

19.1.4 Reihenschaltung von Widerständen

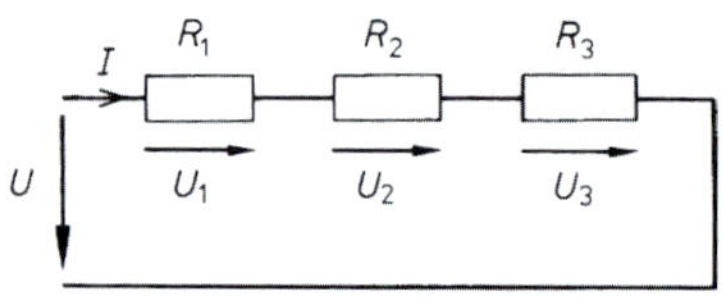

Gesamtspannung

$$U = U_1 + U_2 + U_3$$

oder

$$U = U_1 + U_2 + \ldots + U_n$$

mit: U = Gesamtspannung in V
U_1 = Spannungsfall am Widerstand R_1 in V
U_2 = Spannungsfall am Widerstand R_2 in V
U_3 = Spannungsfall am Widerstand R_3 in V
U_n = Spannungsfall am Widerstand R_n in V

Gesamtwiderstand

$$R = R_1 + R_2 + R_3$$

oder

$$R = R_1 + R_2 + \ldots + R_n$$

mit: R = Gesamtwiderstand (Ersatzwiderstand) in Ω
R_1, R_2, R_3, R_n = Teilwiderstände in Ω

Verhältnisse bei einer Reihenschaltung

$$\frac{U_1}{R_1} = \frac{U_2}{R_2} = \ldots = \frac{U}{R}$$

19.1.5 Parallelschaltung von Widerständen

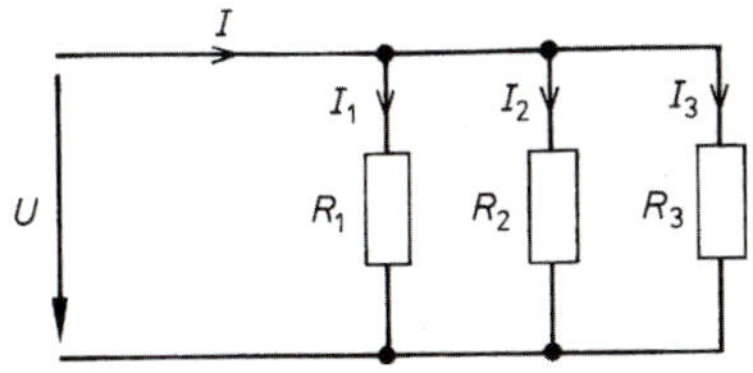

Gesamtstrom

$$I = I_1 + I_2 + I_3$$

oder

$$I = I_1 + I_2 + \ldots + I_n$$

mit: I = Gesamtstrom in A
I_1 = Strom durch R_1 in A
I_2 = Strom durch R_2 in A
I_3 = Strom durch R_3 in A
I_n = Strom durch R_n in A

Gesamtwiderstand

$$\frac{1}{R} = \frac{1}{R_1} + \frac{1}{R_2} + \frac{1}{R_3} \qquad G = G_1 + G_2 + G_3$$

oder

$$\frac{1}{R} = \frac{1}{R_1} + \frac{1}{R_2} + \ldots + \frac{1}{R_n} \qquad G = G_1 + G_2 + \ldots + G_n$$

mit: R = Gesamtwiderstand (Ersatzwiderstand) in Ω
G = Gesamtleitwert (Ersatzleitwert) in S
R_1, R_2, R_3, R_n = Teilwiderstände in Ω
G_1, G_2, G_3, G_n = Teilleitwerte in S

Verhältnisse bei Parallelschaltung

$$I_1 \cdot R_1 = I_2 \cdot R_2 = \ldots = I \cdot R$$

19.1.6 Brückenschaltung

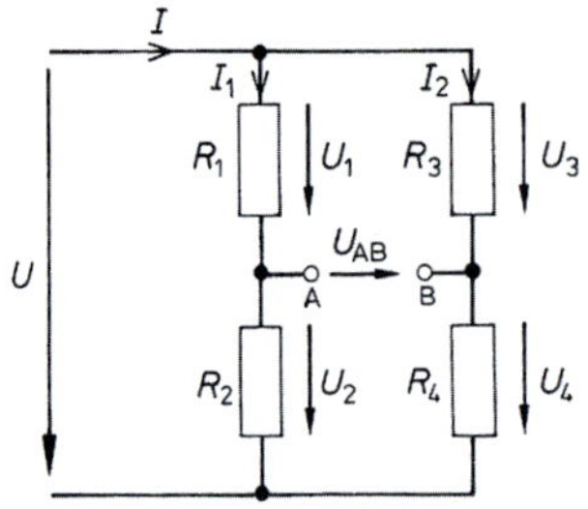

Widerstandsverhältnis bei abgeglichener Brücke ($U_{AB} = 0$ V)

$$\frac{R}{R_2} = \frac{R}{R_4}$$

mit: R_1 bis R_4 = Brückenwiderstände in Ω

Brückenspannung

$$U_{AB} = U \cdot \left(\frac{R_3}{R_3 + R_4} - \frac{R_1}{R_1 + R_2} \right) \quad \text{in V}$$

mit: U_{AB} = Brückenspannung in V
U = Gesamtspannung in V

19.1.7 Arbeit, Leistung und Wirkungsgrad

Elektrische Arbeit

$$W = U \cdot Q \quad \text{in VAs} = \text{Ws}$$

oder

$$W = U \cdot I \cdot t$$

mit: W = Elektrische Arbeit in Ws (kWh)
U = Spannung in V
I = Stromstärke in A
t = Zeit in s

Elektrische Leistung

$$P = U \cdot I \quad \text{in VA} = \text{W}$$

oder

$$P = \frac{U^2}{R}$$

oder

$$P = I^2 \cdot R$$

mit: P = Elektrische Leistung in W
U = Spannung in V
I = Stromstärke in A

Elektrische Leistung und Zählerkonstante

$$P = \frac{N}{c_Z} \quad \text{in kW}$$

mit: P = Elektrische Leistung in kW
N = Anzahl der Umdrehungen der Zählerscheibe pro Stunde
c_Z = Zählerkonstante in $\frac{1}{\text{kWh}}$

Elektrischer Wirkungsgrad

$$\eta = \frac{P_{ab}}{P_{zu}}$$

mit: η = Elektrischer Wirkungsgrad (ohne Einheit)
P_{ab} = abgegebene Leistung in W (kW)
P_{zu} = zugeführte Leistung in W (kW)

Verlustleistung

$$P_V = P_{zu} - P_{ab}$$

mit: P_V = Verlustleistung in W (kW)
P_{zu} = zugeführte Leistung in W (kW)
P_{ab} = abgegebene Leistung in W (kW)

Gesamtwirkungsgrad

$$\eta_{Ges} = \eta_1 \cdot \eta_2 \cdot \ldots \cdot \eta_n$$

mit: η_{Ges} = Gesamtwirkungsgrad
η_1, η_2, η_n = Einzelwirkungsgrade

19.1.8 Kondensatoren

Kapazität

$$C = \frac{Q}{U} \quad \text{in} \frac{\text{As}}{\text{V}} = \text{F}$$

oder

$$C = \varepsilon_0 \cdot \varepsilon_r \cdot \frac{A}{d}$$

mit: C = Kapazität in $\frac{\text{As}}{\text{V}} = \text{F}$

Q = Elektrische Ladung in As

U = Spannung in V

ε_0 = Elektrische Feldkonstante $\left(8{,}86 \cdot 10^{-12} \frac{\text{As}}{\text{Vm}}\right)$

ε_r = Permittivitätszahl

A = Plattenfläche in mm^2

d = Plattenabstand in mm

Parallelschaltung von Kondensatoren

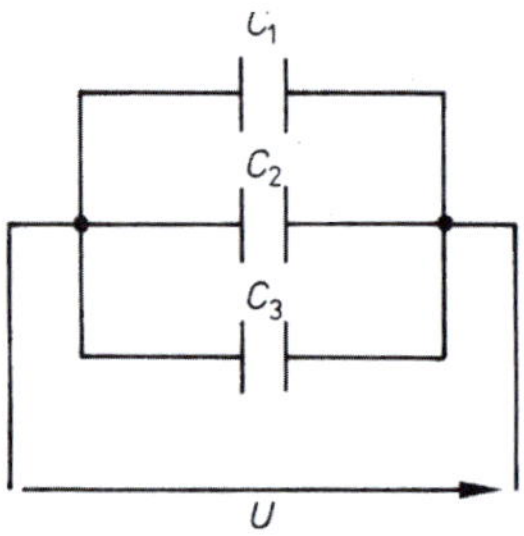

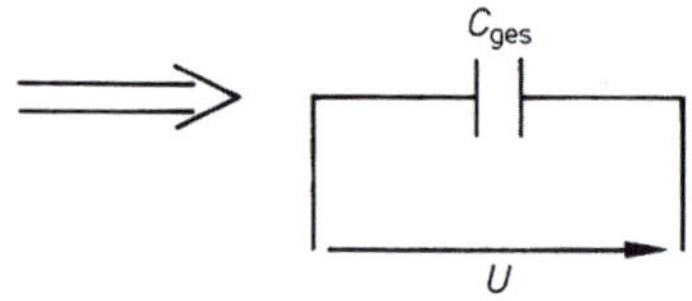

$$C_{\text{Ges}} = C_1 + C_2 + C_3$$

oder

$$C_{\text{Ges}} = C_1 + C_2 + \ldots + C_n$$

mit: C_{Ges} = Gesamtkapazität

C_1, C_2, C_3, C_n = Einzelkapazitäten

Reihenschaltung von Kondensatoren

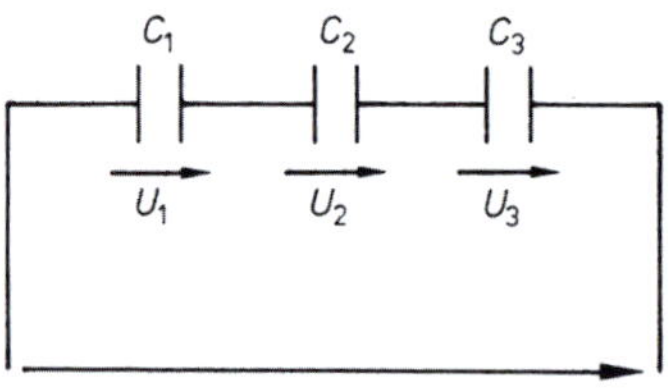

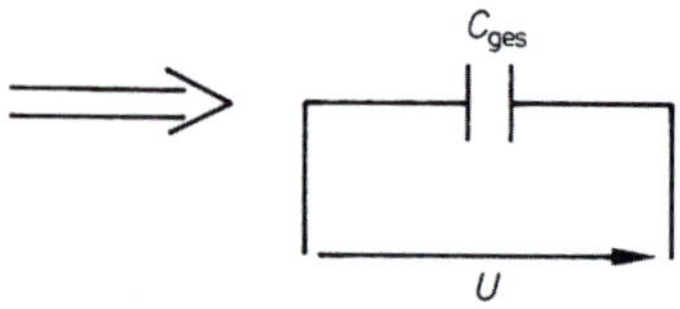

$$\frac{1}{C_{\text{Ges}}} = \frac{1}{C_1} + \frac{1}{C_2} + \frac{1}{C_3}$$

oder

$$\frac{1}{C_{\text{Ges}}} = \frac{1}{C_1} + \frac{1}{C_2} + \ldots + \frac{1}{C_n}$$

mit: C_{Ges} = Gesamtkapazität
C_1, C_2, C_3, C_n = Einzelkapazitäten

Zeitkonstante

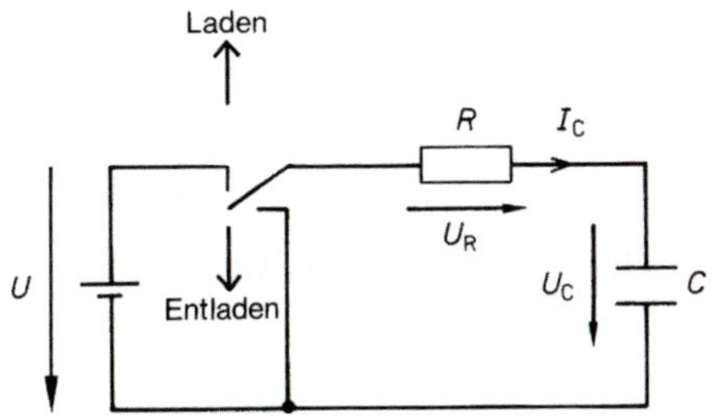

$$\tau = R \cdot C \quad \text{in } \Omega \cdot \text{F} = \frac{\text{V}}{\text{A}} \cdot \frac{\text{As}}{\text{V}} = \text{s}$$

mit: τ = Zeitkonstante in s
R = Widerstand in Ω
C = Kapazität in $\text{F} = \frac{\text{As}}{\text{V}}$

Ladevorgang

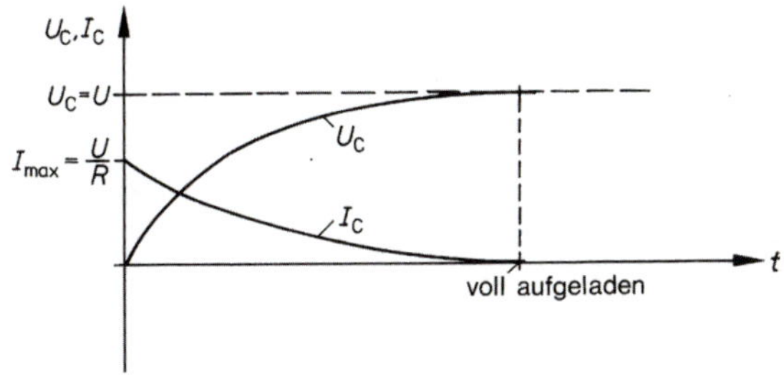

$$U_C = U \cdot \left(1 - e^{-t/\tau}\right)$$

$$I_C = \frac{U}{R} \cdot e^{-t/\tau}$$

Entladevorgang

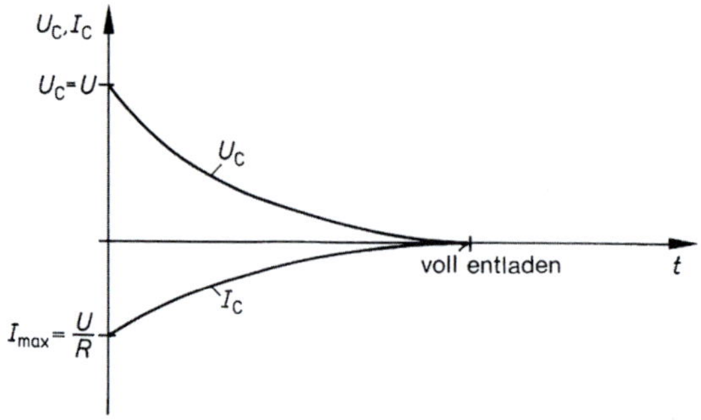

$$U_C = U \cdot e^{-t/\tau}$$

$$I_C = -\frac{U}{R} \cdot e^{-t/\tau}$$

mit: I_C, U_C = Strom und Spannung nach einer bestimmten Zeit t
U = angelegte Gesamtspannung in V
C = Kapazität in F
R = Widerstand in Ω
τ = Zeitkonstante in s
e = Euler'sche Zahl (e = 2,718…)
t = betrachteter Zeitpunkt

19.1.9 Spannungsfall im Gleichstromsystem

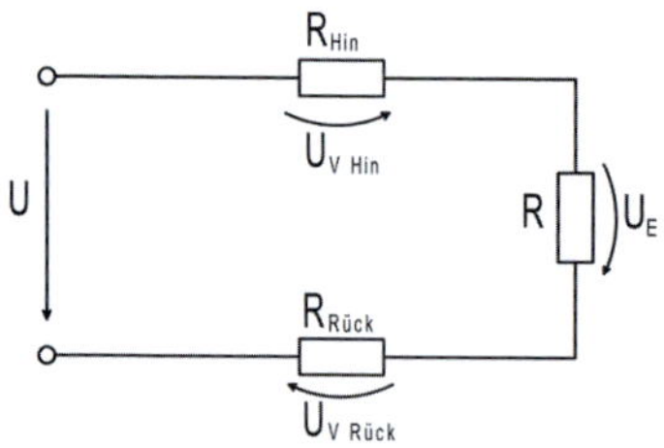

da $R_{Leitung} = R_{Hin} + R_{Rück}$ gilt

$$U_v = R_{Leitung} \cdot I = 2 \cdot \frac{l}{\kappa \cdot A} \cdot I = \frac{2 \cdot l \cdot I}{\kappa \cdot A} \quad \text{in } \frac{A \cdot m}{\frac{m}{\Omega \cdot mm^2} \cdot mm^2} = \frac{A}{\frac{1}{\Omega}} = A \cdot \Omega = V$$

mit: U_V = Spannungsfall in V
I = Stromaufnahme in A

l = einfache Leiterlänge in m (Aufmaßlänge der Leitung)

κ = Leitfähigkeit in $\frac{\text{m}}{\Omega \cdot \text{mm}^2}$

A = Leiterquerschnitt in mm^2

Leistungsverlust

$$P_{\text{V}} = \frac{2 \cdot l \cdot P^2}{\kappa \cdot A \cdot U^2} \quad \text{in} \; \frac{\text{m} \cdot \text{W}^2}{\frac{\text{m}}{\Omega \cdot \text{mm}^2} \cdot \text{mm}^2 \cdot \text{V}^2} = \frac{\text{W}^2}{\frac{\text{V}^2}{\Omega}} = \frac{\text{W}^2}{\text{W}} = \text{W}$$

19.2 Formeln Wechselstrom

19.2.1 Grundlagen der sinusförmigen Wechselspannung

Frequenz

$$f = \frac{1}{T} \quad \text{in} \; \frac{1}{\text{s}} = \text{Hz (Hertz)}$$

mit: f = Frequenz in Hz

T = Periodendauer in s

Kreisfrequenz

$$\omega = \frac{2\,\pi}{T}$$

mit: ω = Kreisfrequenz in 1/s

T = Periodendauer in s

Effektivwert sinusförmiger Größen

$$U_{\text{eff}} = U = \frac{\hat{u}}{\sqrt{2}}$$

und

$$I_{\text{eff}} = I = \frac{\hat{i}}{\sqrt{2}}$$

mit: $U_{\text{eff}}, I_{\text{eff}}$ = Effektivwerte von Spannung und Strom

$\hat{u}, \hat{i}$ = Maximalwerte von Spannung und Strom

Mathematische Beschreibung einer sinusförmigen Wechselspannung

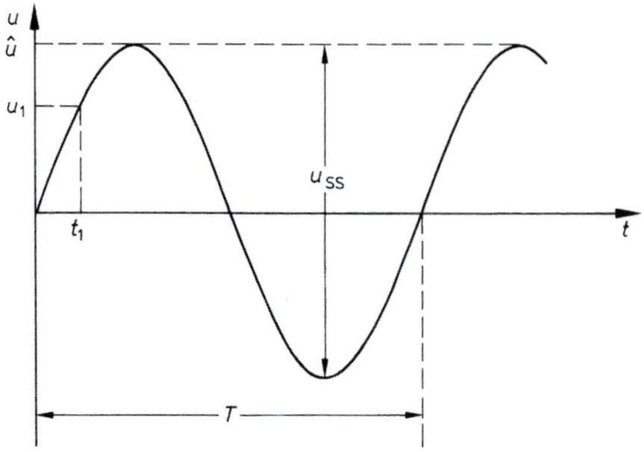

$$u = \hat{u} \cdot \sin(\omega \cdot t)$$

mit: u = Spannungswert zum Zeitpunkt t
$\hat{u}$ = Maximalwert der Spannung
ω = Kreisfrequenz
t = Zeitpunkt des Spannungswertes

Induktive Blindleistung

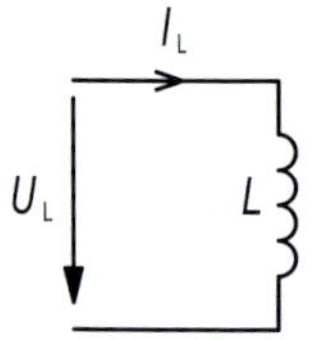

$$Q_L = U_L \cdot I_L \quad \text{in V} \cdot \text{A} = \text{var}$$

mit: Q_L = Induktive Blindleistung in var
U_L = Spannung an der Induktivität in V
I_L = Strom durch die Induktivität in A

Induktiver Blindwiderstand

$$X_L = \frac{U_L}{I_L} \quad \text{in } \frac{V}{A} = \Omega$$

oder

$$X_L = \omega \cdot L \quad \text{in } \frac{1}{s} \cdot \frac{Vs}{A} = \frac{V}{A} = \Omega$$

mit: X_L = Induktiver Blindwiderstand in Ω
U_L = Spannung an der Induktivität in V
I_L = Strom durch die Induktivität in A
ω = Kreisfrequenz in $\frac{1}{s}$
L = Induktivität in $\frac{Vs}{A}$ = H (Henry)

Kapazitive Blindleistung

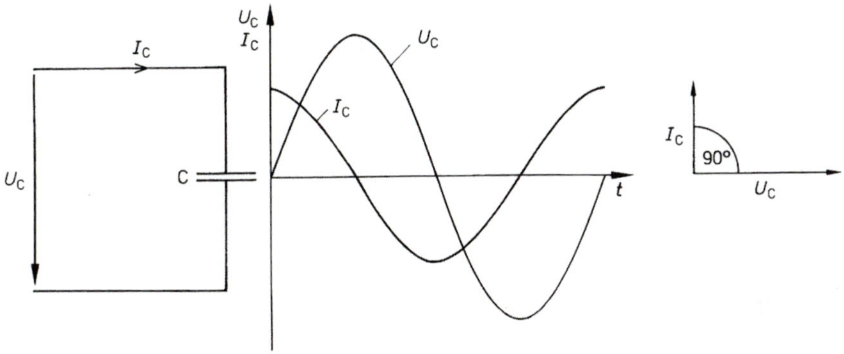

Liniendiagramm Zeigerdiagramm

$$Q_C = U_C \cdot I_C \quad \text{in V} \cdot \text{A} = \text{var}$$

mit: Q_C = Induktive Blindleistung in var
U_C = Spannung am Kondensator in V
I_C = Strom am Kondensator in A

Kapazitiver Blindwiderstand

$$X_C = \frac{U_C}{I_C} \quad \text{in } \frac{V}{A} = \Omega$$

oder

$$X_C = \frac{1}{\omega \cdot C} \quad \text{in } \frac{1}{\frac{1}{s} \cdot \frac{As}{V}} = \frac{V}{A} = \Omega$$

mit: X_C = Kapazitiver Blindwiderstand in Ω

U_C = Spannung am Kondensator in V

I_C = Strom am Kondensator in A

ω = Kreisfrequenz in $\frac{1}{s}$

C = Kapazität in $\frac{As}{V}$ = F (Farad)

19.2.2 Reihenschaltung Induktivität und Ohmscher Widerstand

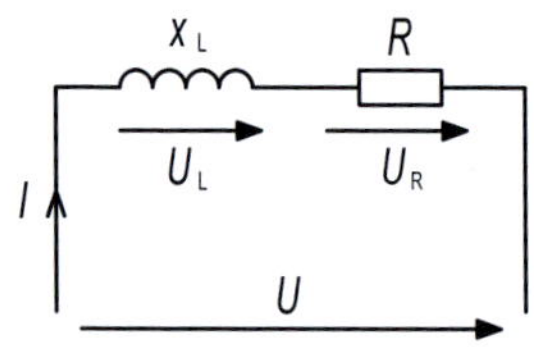

Ersatzschaltbild einer Reihenschaltung

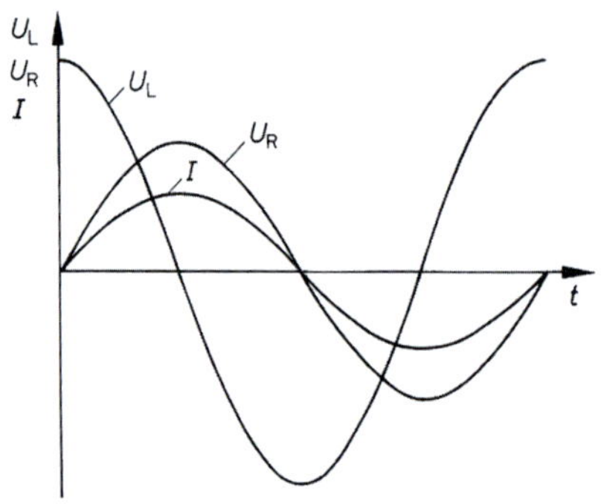

Liniendiagramm einer Reihenschaltung X_L und R

Zeigerdiagramme

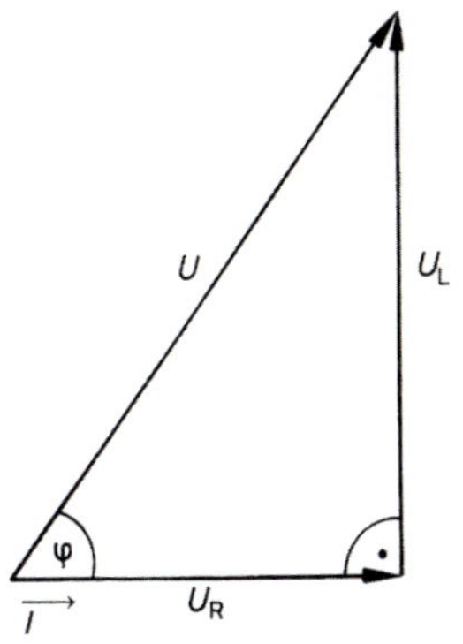

$$U^2 = U_L^2 + U_R^2 \quad \text{oder} \quad U = \sqrt{U_L^2 + U_R^2}$$

$$\sin\varphi = \frac{U_L}{U} \qquad \cos\varphi = \frac{U_R}{U} \qquad \tan\varphi = \frac{U_L}{U_R}$$

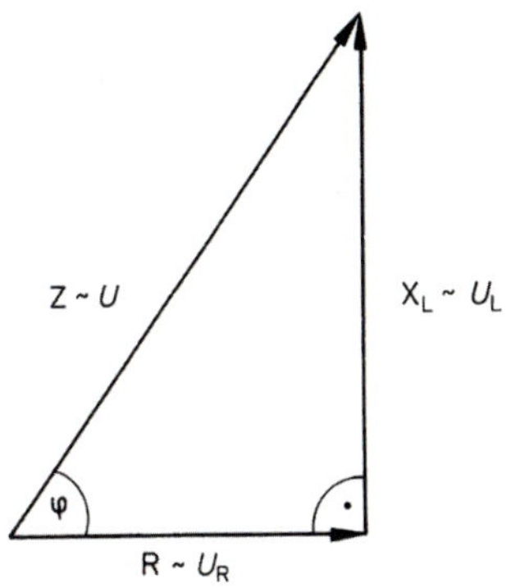

$$Z^2 = X_L^2 + R^2 \quad \text{oder} \quad Z = \sqrt{X_L^2 + R^2}$$

mit: Z = Scheinwiderstand in Ω

$$\sin\varphi = \frac{X_L}{Z} \qquad \cos\varphi = \frac{R}{Z} \qquad \tan\varphi = \frac{X_L}{R}$$

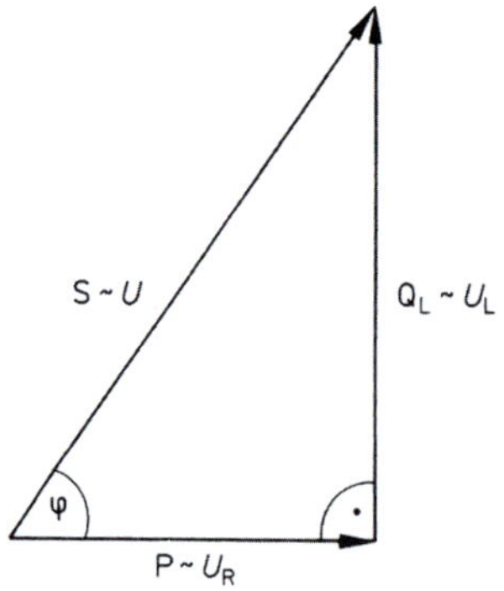

$$S^2 = Q_L^2 + P^2 \quad \text{oder} \quad S = \sqrt{Q_L^2 + P^2}$$

mit: S = Scheinleistung in VA

$$\sin\varphi = \frac{Q_L}{S} \qquad \cos\varphi = \frac{P}{S} \qquad \tan\varphi = \frac{Q_L}{P}$$

19.2.3 Parallelschaltung Induktivität und Ohmscher Widerstand

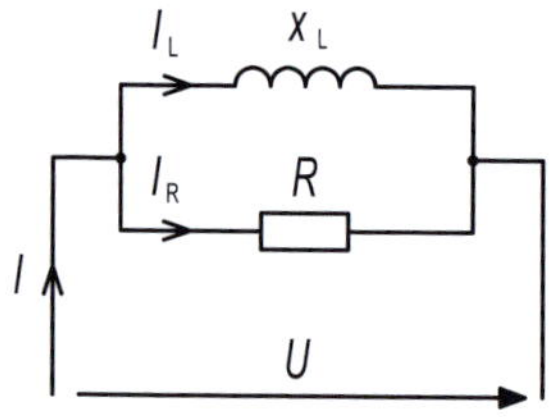

R_{P1}

Ersatzschaltbild einer Parallelschaltung

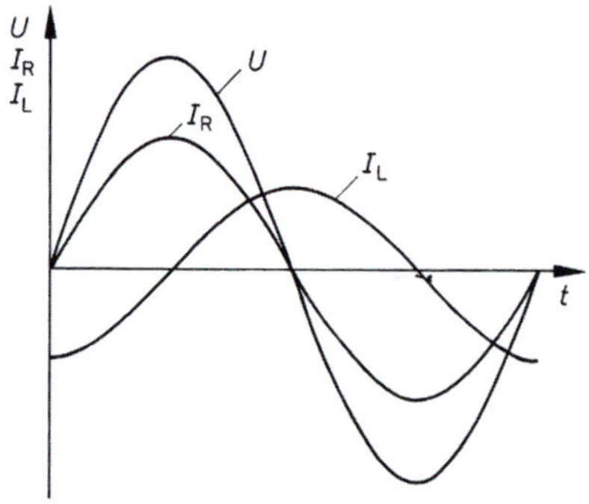

Liniendiagramm einer Parallelschaltung X_L und R

Zeigerdiagramme

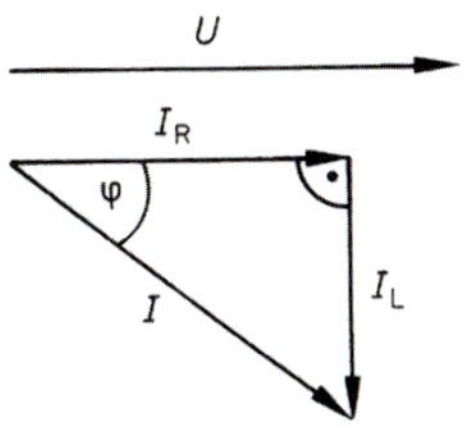

$$I^2 = I_L^2 + I_R^2 \quad \text{oder} \quad I = \sqrt{I_L^2 + I_R^2}$$

$$\sin\varphi = \frac{I_L}{I} \qquad \cos\varphi = \frac{I_R}{I} \qquad \tan\varphi = \frac{I_L}{I_R}$$

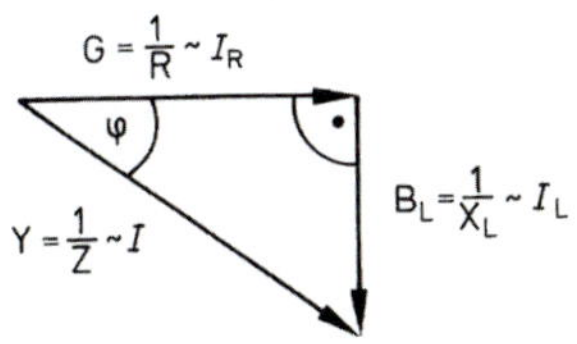

$$\left(\frac{1}{Z}\right)^2 = \left(\frac{1}{X_L}\right)^2 + \left(\frac{1}{R}\right)^2 \quad \text{oder} \quad \frac{1}{Z} = \sqrt{\left(\frac{1}{X_L}\right)^2 + \left(\frac{1}{R}\right)^2}$$

$$\sin\varphi = \frac{Z}{X_L} \qquad \cos\varphi = \frac{Z}{R} \qquad \tan\varphi = \frac{R}{X_L}$$

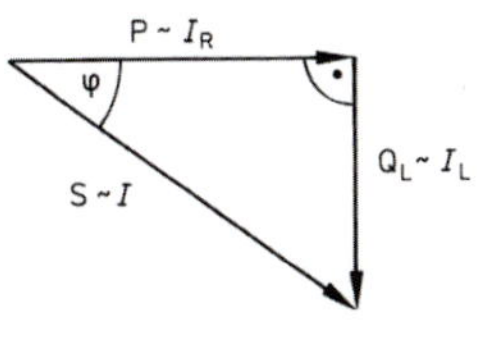

$$S^2 = Q_L^2 + P^2 \quad \text{oder} \quad S = \sqrt{Q_L^2 + P^2}$$

$$\sin\varphi = \frac{Q_L}{S} \qquad \cos\varphi = \frac{P}{S} \qquad \tan\varphi = \frac{Q_L}{P}$$

19.2.4 Reihenschaltung Kondensator und Ohmscher Widerstand

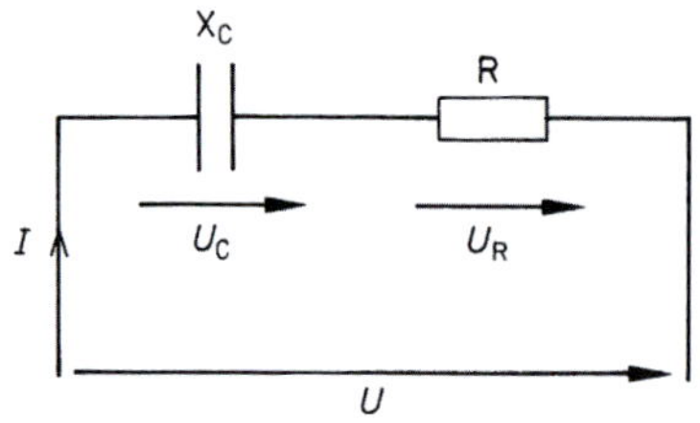

Ersatzschaltbild einer Reihenschaltung

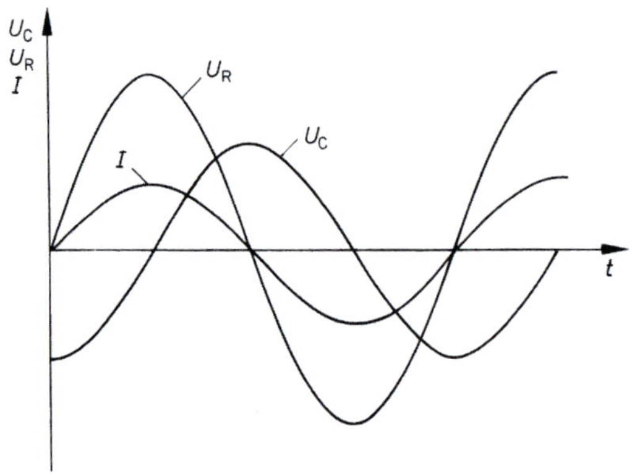

Liniendiagramm einer Reihenschaltung X_C und R

Zeigerdiagramme

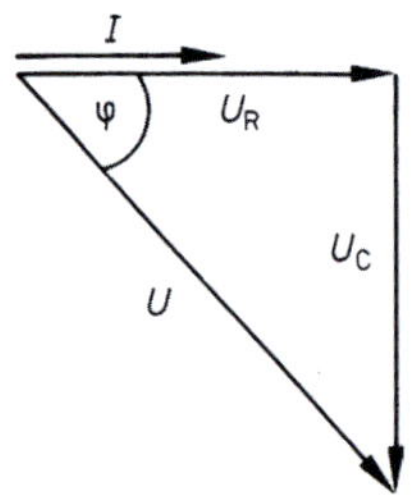

$$U^2 = U_C^2 + U_R^2 \quad \text{oder} \quad U = \sqrt{U_C^2 + U_R^2}$$

$$\sin\varphi = \frac{U_C}{U} \qquad \cos\varphi = \frac{U_R}{U} \qquad \tan\varphi = \frac{U_C}{U_R}$$

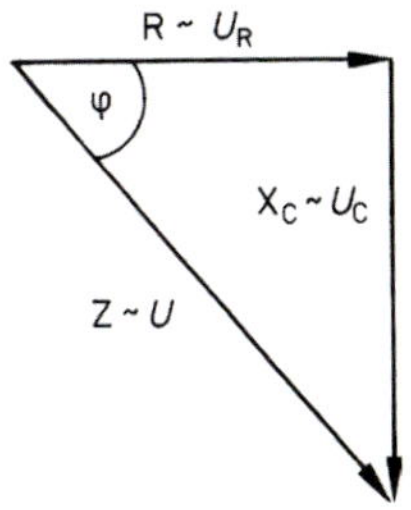

$$Z^2 = X_C^2 + R^2 \quad \text{oder} \quad Z = \sqrt{X_C^2 + R^2}$$

$$\sin\varphi = \frac{X_C}{Z} \qquad \cos\varphi = \frac{R}{Z} \qquad \tan\varphi = \frac{X_C}{R}$$

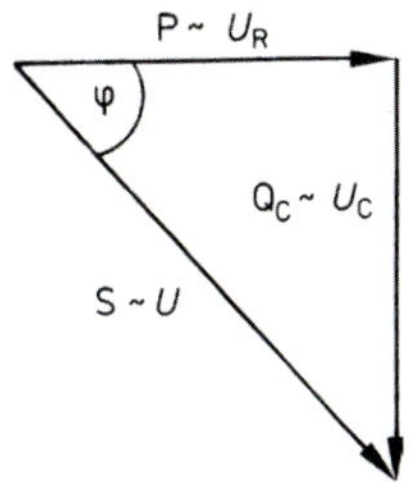

$$S^2 = Q_C^2 + P^2 \quad \text{oder} \quad S = \sqrt{Q_C^2 + P^2}$$

$$\sin\varphi = \frac{Q_C}{S} \qquad \cos\varphi = \frac{P}{S} \qquad \tan\varphi = \frac{Q_C}{P}$$

19.2.5 Parallelschaltung Kondensator und Ohmscher Widerstand

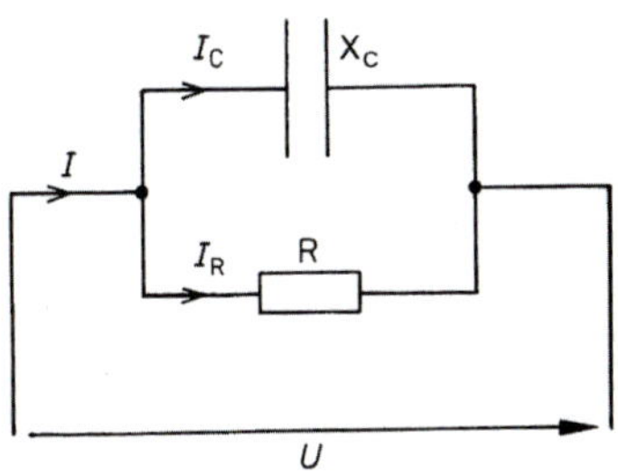

Ersatzbild einer Parallelschaltung

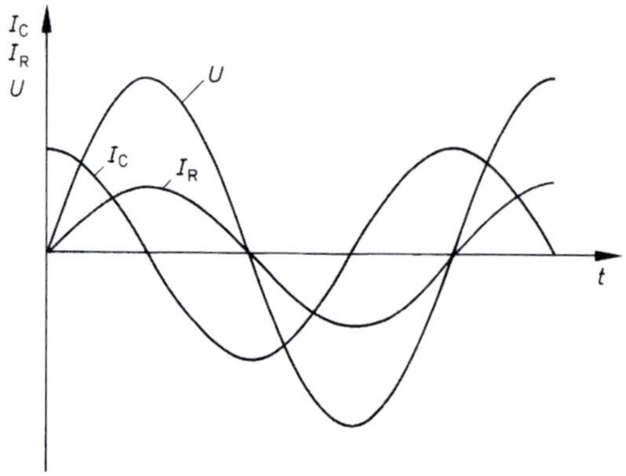

Liniendiagramm einer Parallelschaltung X_C und R

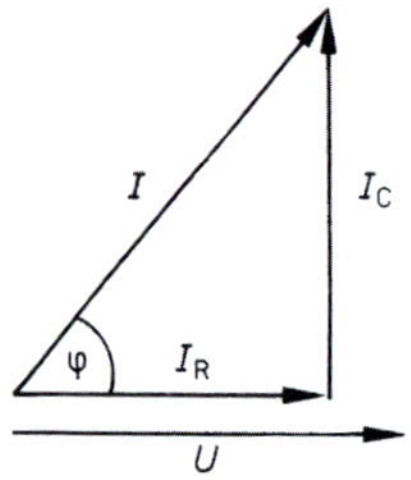

$$I^2 = I_C^2 + I_R^2 \quad \text{oder} \quad I = \sqrt{I_C^2 + I_R^2}$$

$$\sin\varphi = \frac{I_C}{I} \qquad \cos\varphi = \frac{I_R}{I} \qquad \tan\varphi = \frac{I_C}{I_R}$$

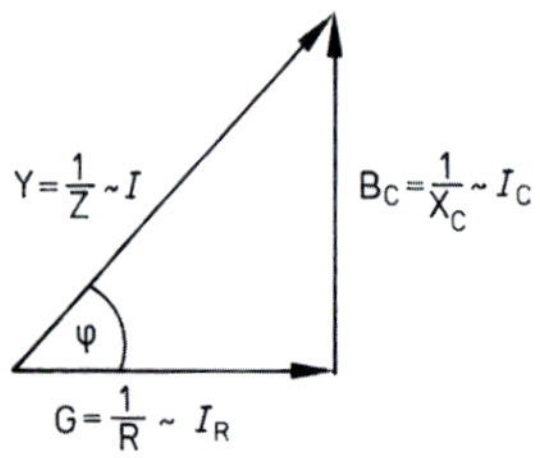

$$\left(\frac{1}{Z}\right)^2 = \left(\frac{1}{X_C}\right)^2 + \left(\frac{1}{R}\right)^2 \quad \text{oder} \quad \frac{1}{Z} = \sqrt{\left(\frac{1}{X_C}\right)^2 + \left(\frac{1}{R}\right)^2}$$

$$\sin\varphi = \frac{Z}{X_C} \qquad \cos\varphi = \frac{Z}{R} \qquad \tan\varphi = \frac{R}{X_C}$$

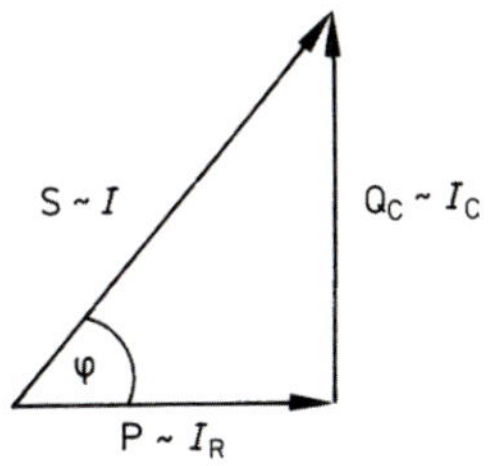

$$S^2 = Q_C^2 + P^2 \quad \text{oder} \quad S = \sqrt{Q_C^2 + P^2}$$

$$\sin\varphi = \frac{Q_C}{S} \qquad \cos\varphi = \frac{P}{S} \qquad \tan\varphi = \frac{Q_C}{P}$$

19.2.6 Blindstromkompensation

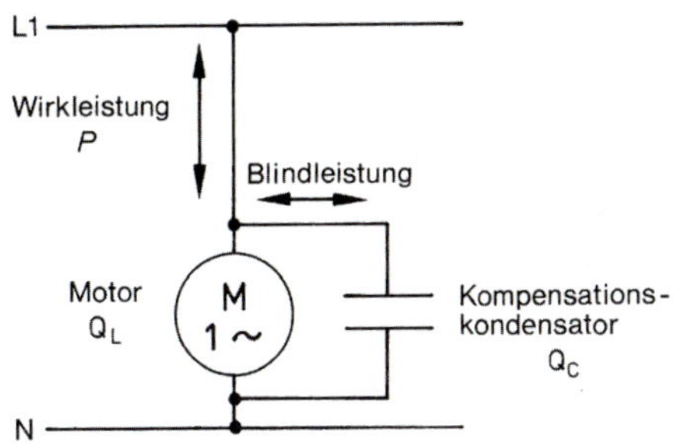

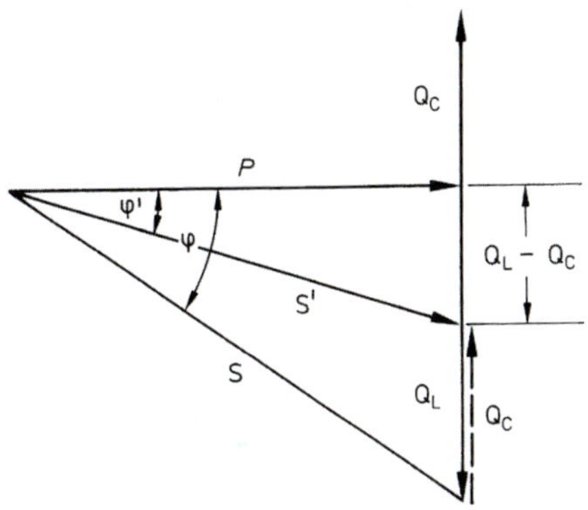

Kompensierende kapazitive Blindleistung

$$Q_C = P \cdot (\tan\varphi - \tan\varphi')$$

mit: Q_C = zur Kompensierung notwendige kapazitive Blindleistung in var
P = Wirkleistung in W
φ = Phasenverschiebungswinkel ohne Kompensation
φ' = Phasenverschiebungswinkel nach der Kompensation

Kompensationskondensator

$$C = \frac{Q_C}{U^2 \cdot 2\pi \cdot f} \quad \text{in} \; \frac{\text{V} \cdot \text{A}}{\text{V}^2 \cdot \frac{1}{\text{s}}} = \frac{\text{As}}{\text{V}} = \text{F}$$

mit:
- C = Kompensationskondensator in F
- Q_C = notwendige kapazitive Blindleistung in var
- U = Spannung in V
- f = Frequenz in $\text{Hz} = \frac{1}{\text{s}}$

19.2.7 Spannungsfall im Wechselstromsystem

$$U_V = \frac{2 \cdot I \cdot \cos\varphi \cdot l}{\kappa \cdot A} \quad \text{in} \; \frac{\text{A} \cdot \text{m}}{\frac{\text{m}}{\Omega \cdot \text{mm}^2} \cdot \text{mm}^2} = \text{A} \cdot \Omega = \text{A} \cdot \frac{\text{V}}{\text{A}} = \text{V}$$

mit:
- U_V = Spannungsfall in V
- I = Leiterstrom in A
- $\cos\varphi$ = Leistungsfaktor
- l = einfache Leiterlänge in m (Aufmaßlänge der Leitung)
- κ = Leitfähigkeit in $\frac{\text{m}}{\Omega \cdot \text{mm}^2}$
- A = Leiterquerschnitt in mm^2

Leistungsverlust eines Wechselstrom-Verbrauchers

$$P_V = \frac{2 \cdot l \cdot P^2}{\kappa \cdot A \cdot U^2 \cdot (\cos\varphi)^2} \quad \text{in} \; \frac{\text{m} \cdot \text{W}^2}{\frac{\text{m}}{\Omega \cdot \text{mm}^2} \cdot \text{mm}^2 \cdot \text{V}^2} = \frac{\text{W}^2}{\frac{\text{V}^2}{\Omega}} = \frac{\text{W}^2}{\text{W}} = \text{W}$$

mit:
- P_V = Verlustleistung in W
- P = Leistungsaufnahme in W
- U = Spannung in V

19.3 Dreiphasenwechselstrom

19.3.1 Dreiphasenwechselstromsystem (Drehstrom)

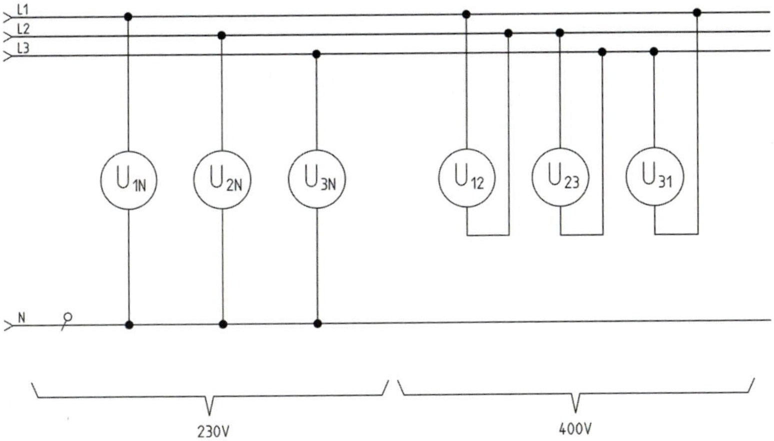

$U = U_{Str} \cdot \sqrt{3}$

mit: U = Außenleiterspannung (U_{12}, U_{23}, U_{31}) in V

U_{Str} = Strangspannung (U_{1N}, U_{2N}, U_{3N}) in V

19.3.2 Ohmscher Verbraucher in Sternschaltung

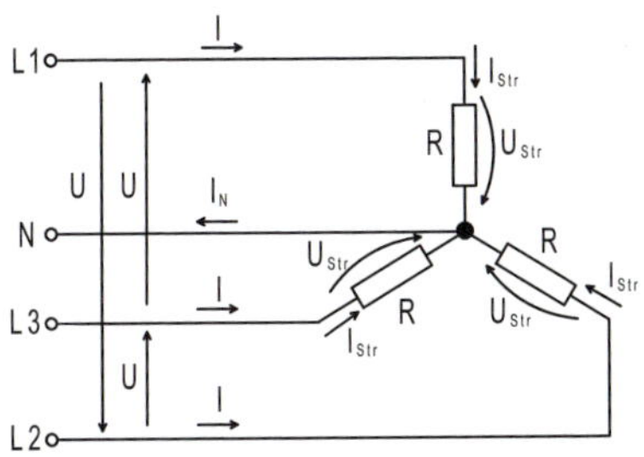

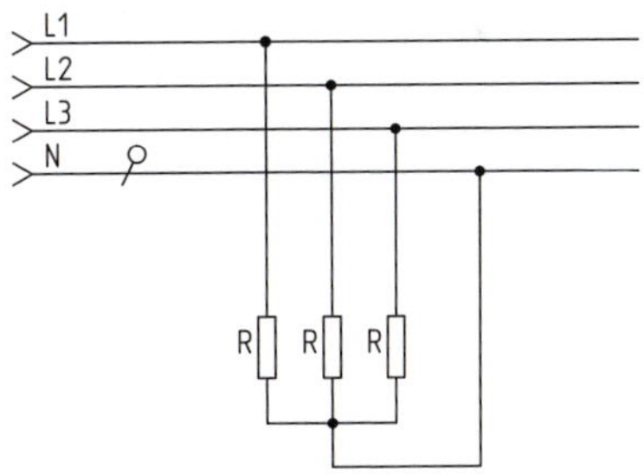

$I = I_{Str}$

mit: I = Leiterstrom in A

I_{Str} = Strangstrom in A

$U = U_{Str} \cdot \sqrt{3}$

mit: U = Außenleiterspannung in V

U_{Str} = Strangspannung in V

$$P = U \cdot I \cdot \sqrt{3} \quad \text{und} \quad P = 3 \cdot P_{Str}$$

mit: P = Gesamtwirkleistung in W
P_{Str} = Strangleistung in W

19.3.3 Ohmscher Verbraucher in Dreieckschaltung

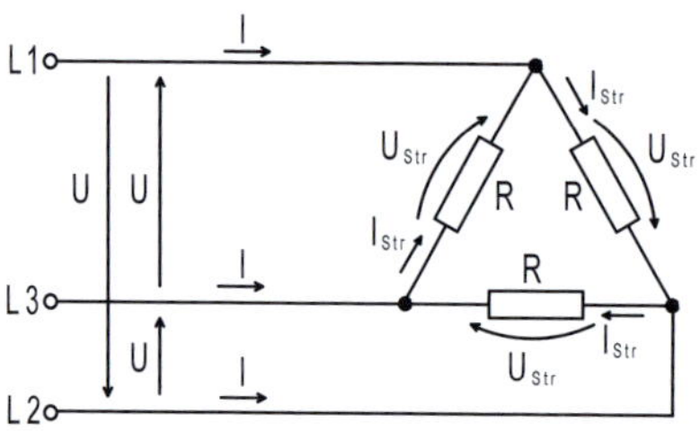

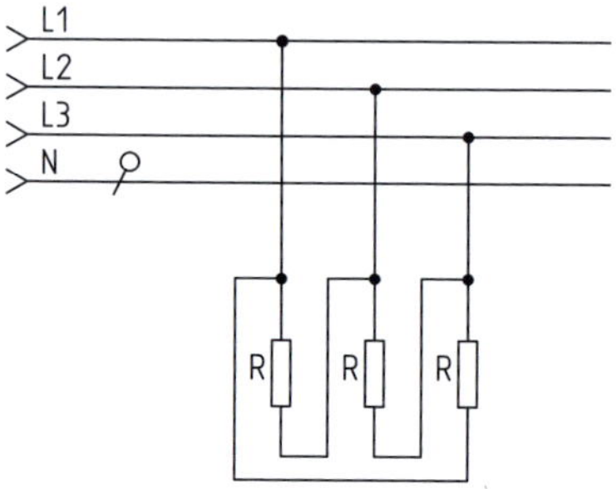

$$U = U_{Str}$$

mit: U = Außenleiterspannung in V
U_{Str} = Strangspannung in V

$$I = I_{Str} \cdot \sqrt{3}$$

mit: I = Leiterstrom in A
I_{Str} = Strangstrom in A

$$P = U \cdot I \cdot \sqrt{3} \quad \text{und} \quad P = 3 \cdot P_{Str}$$

mit: P = Gesamtwirkleistung in W
P_{Str} = Strangleistung in W

Zusammenhang zwischen Stern- und Dreieckschaltung

Bedingung: Ohmsche Verbraucher mit konstantem Widerstand an gleicher Leiterspannung

$$I_Y = \frac{1}{3} \cdot I_\Delta \quad \text{und} \quad P_Y = \frac{1}{3} \cdot P_\Delta$$

mit: I_Y = Stromaufnahme in Sternschaltung in A
I_Δ = Stromaufnahme in Dreieckschaltung in A
P_Y = Leistungsaufnahme in Sternschaltung in W
P_Δ = Leistungsaufnahme in Dreieckschaltung in W

19.3.4 Leistungsänderung bei Störungen im Drehstromnetz

Art der Störung	Änderung in Sternschaltung		Änderung in Dreieckschaltung	
Unterbrechung eines Außenleiters	$P' = \frac{2}{3} P$ (mit N-Leiter)	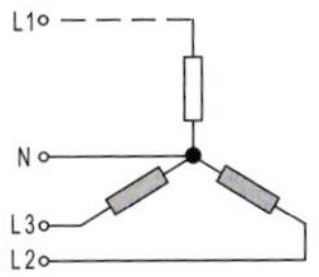	$P' = \frac{1}{2} P$	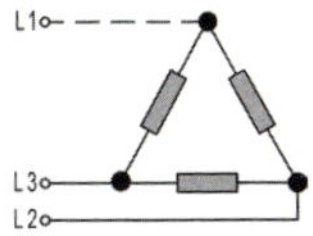
	$P' = \frac{1}{2} P$ (ohne N-Leiter)	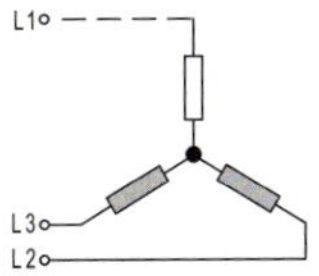		
Unterbrechung von zwei Außenleitern	$P' = \frac{1}{3} P$ (mit N-Leiter)	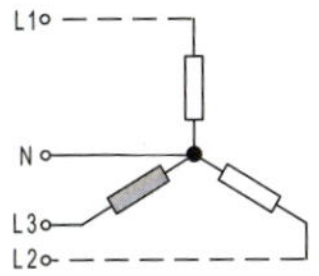	$P' = 0$	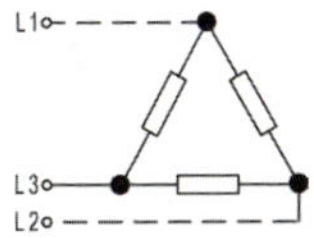
	$P' = 0$ (ohne N-Leiter)	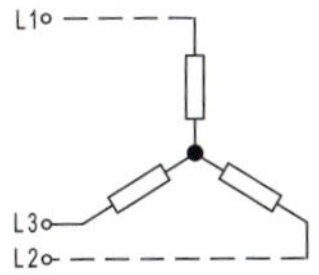		
Unterbrechung eines Strangs	$P' = \frac{2}{3} P$ (mit N-Leiter)	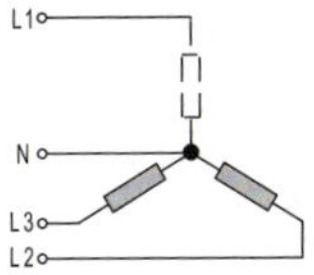	$P' = \frac{2}{3} P$	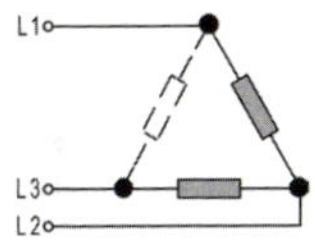
	$P' = \frac{1}{2} P$ (ohne N-Leiter)	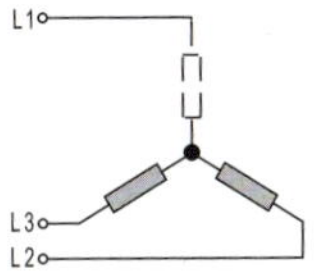		
Unterbrechung zweier Stränge	$P' = \frac{1}{3} P$ (mit N-Leiter)	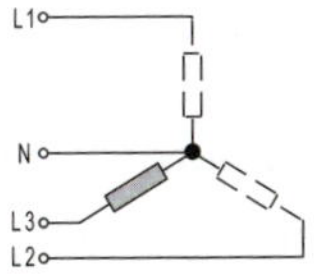	$P' = \frac{1}{3} P$	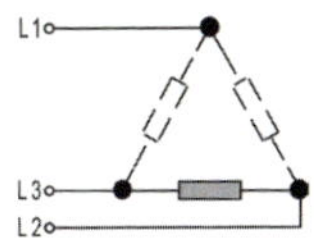
	$P' = 0$ (ohne N-Leiter)	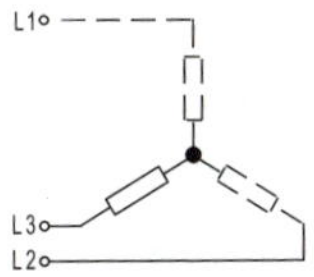		

Art der Störung	Änderung in Sternschaltung		Änderung in Dreieckschaltung	
Unterbrechung eines Außenleiters und eines Strangs	siehe Unterbrechung zweier Stränge		$P' = \frac{1}{6} P$	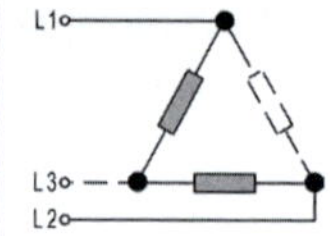 bzw.
			$P' = \frac{1}{3} P$	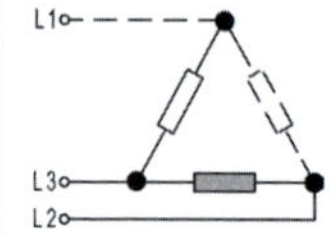

mit: P' = Verbleibende Leistung aufgrund der Störung

P = Gesamtleistung ohne Störung

Anmerkung:
In Sternschaltung gilt: Außenleiter = Strang, da $I = I_{\text{Str}}$

19.3.5 Motoren an Dreiphasenwechselstrom

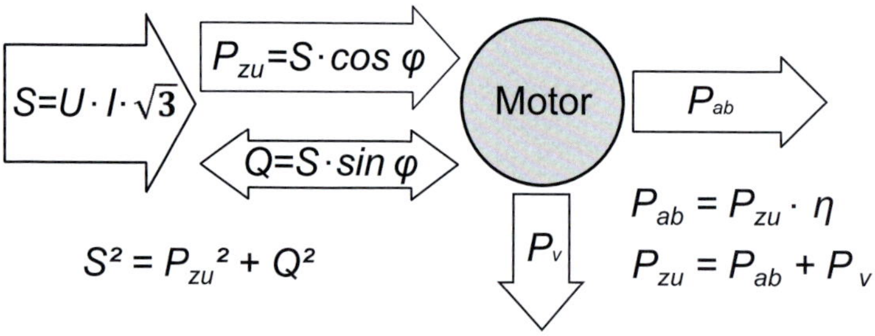

$$P = U \cdot I \cdot \cos\varphi \cdot \sqrt{3}$$

mit:
- U = Außenleiterspannung in V
- I = Leiterstromstärke in A
- S = Scheinleistung in VA
- P_{zu} = zugeführte Wirkleistung in W
- P_{ab} = abgegebene mechanische Leistung in W
- P_{v} = Verlustleistung in W
- Q = Blindleistung in var
- η = Wirkungsgrad
- $\cos\varphi$ = Wirkleistungsfaktor
- $\sin\varphi$ = Blindleistungsfaktor

19.3.6 Spannungsfall im Drehstromsystem

$$U_V = \frac{\sqrt{3} \cdot I \cdot \cos\varphi \cdot l}{\kappa \cdot A} \quad \text{in} \ \frac{\text{A} \cdot \text{m}}{\frac{\text{m}}{\Omega \cdot \text{mm}^2} \cdot \text{mm}^2} = \text{A} \cdot \Omega = \text{A} \cdot \frac{\text{V}}{\text{A}} = \text{V}$$

mit:
- U_V = Spannungsfall in V
- I = Leiterstrom in A
- $\cos\varphi$ = Leistungsfaktor
- l = Leiterlänge in m (einfache Leiterlänge)
- κ = Leitfähigkeit in $\frac{\text{m}}{\Omega \cdot \text{mm}^2}$
- A = Leiterquerschnitt in mm^2

Leistungsverlust des Drehstrom-Verbrauchers

$$P_V = \frac{3\,l \cdot P^2}{\kappa \cdot A \cdot U^2 \cdot (\cos\varphi)^2} \quad \text{in} \ \frac{\text{m} \cdot \text{W}^2}{\frac{\text{m}}{\Omega \cdot \text{mm}^2} \cdot \text{mm}^2 \cdot \text{V}^2} = \frac{\text{W}^2}{\frac{\text{V}^2}{\Omega}} = \frac{\text{W}^2}{\text{W}} = \text{W}$$

mit:
- P_V = Verlustleistung in W
- P = Leistungsaufnahme in W
- U = Außenleiterspannung in V

19.4 Elektrische Antriebe

Drehmoment

$$M = F \cdot r$$

Mechanische Leistung

$$P = M \cdot n \cdot 2 \cdot \pi$$

mit:
- P = Mechanische Leistung in W
- M = Drehmoment in Nm
- n = Drehzahl in $\frac{1}{\text{s}}\left(\frac{1}{\text{min}}\right)$

oder

$$P = \frac{M \cdot n}{9\,549} \quad \text{in kW}$$

wobei immer M in Nm und n in $\frac{1}{\text{min}}$ gegeben sein muss.

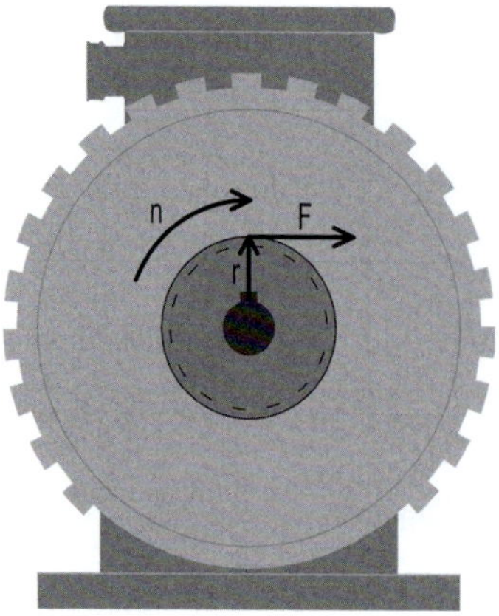

Drehfelddrehzahl

$$n_{\mathrm{f}} = \frac{f}{p} \quad \text{oder} \quad n_{\mathrm{f}} = \frac{1}{T \cdot p}$$

mit: n_{f} = Drehfelddrehzahl in $\frac{1}{\mathrm{min}} \left(\frac{1}{\mathrm{s}}\right)$
f = Frequenz in Hz
p = Polpaarzahl
T = Periodendauer in s

Zusammenhang zwischen Polpaarzahl und Drehzahl bei $f = 50$ Hz

Anzahl der Pole	Polpaarzahl	Zeit für eine Umdrehung	Drehzahl
2	1	$20\ \mathrm{ms} \mathrel{\hat{=}} T$	$3\,000 \frac{1}{\mathrm{min}}$
4	2	$40\ \mathrm{ms} \mathrel{\hat{=}} 2 \cdot T$	$1\,500 \frac{1}{\mathrm{min}}$
6	3	$60\ \mathrm{ms} \mathrel{\hat{=}} 3 \cdot T$	$1\,000 \frac{1}{\mathrm{min}}$
8	4	$80\ \mathrm{ms} \mathrel{\hat{=}} 4 \cdot T$	$750 \frac{1}{\mathrm{min}}$
usw.	usw.	usw.	usw.
$2 \cdot p$	p	$p \cdot T$	$n = \frac{1}{p \cdot T}$

Schlupfdrehzahl

$$n_s = n_f - n$$

mit: n_s = Schlupfdrehzahl in $\frac{1}{\text{min}}$

n_f = Drehfelddrehzahl in $\frac{1}{\text{min}}$

n = Nenndrehzahl (Angabe auf dem Leistungsschild) in $\frac{1}{\text{min}}$

Schlupf

$$s = \frac{n_s}{n_f} \quad \text{oder} \quad s = \frac{n_f - n}{n_f} \quad \text{oder} \quad s = 1 - \frac{n}{n_f}$$

mit: s = Schlupf (ohne Einheit)

Drehmoment und Anlaufstrom

$$\frac{M'}{M} = \frac{(I')^2}{(I)^2}$$

mit: M' = Reduziertes Drehmoment

M = Drehmoment bei Direktanlauf

I' = Reduzierter Anlaufstrom

I = Anlaufstrom bei Direktanlauf (blockierter Rotorstrom)

20 Symbole und Schaltungen aus der Steuerungstechnik

20.1 Normgerechte Darstellung der elektrischen Betriebsmittel (Auszug)

Leitungen und Verbindungen

Bezeichnung	Symbol	Bezeichnung	Symbol
Leitungen allgemein		Pol eines Steckers	
Leitungen geschirmt		Steckverbindung	
Leitungen beweglich			
Leitungsverbindung allgemein	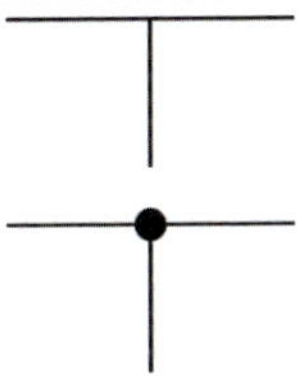	Erde allgemein	
Doppelabzweig von Leitern	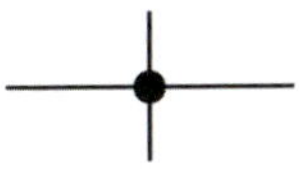	Schutzerde	
Verbindungsstelle lösbar	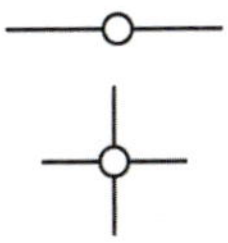	Zusammengefasste Leitung	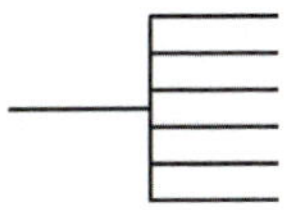
Anschlussleiste	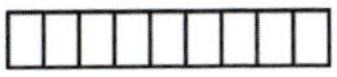	Neutralleiter (N)	
Anschlussleiste – Darstellungsvarianten (nicht nach Norm)	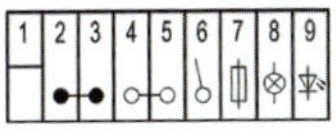	Schutzleiter (PE)	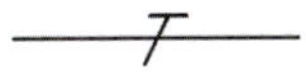
Pol einer Steckbuchse		PEN-Leiter: Kombination von Schutz- und Neutralleiter (PEN)	

Antriebe

Benennung	Symbol	Benennung	Symbol
Handantrieb allgemein		Kraftantrieb durch Temperatur	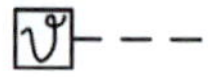
Betätigung durch Drücken		Kraftantrieb durch Druck	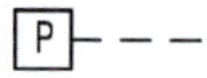
Betätigung durch Ziehen		Kraftantrieb durch Feuchte	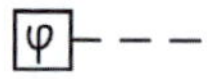
Betätigung durch Drehen		Kraftantrieb durch Durchfluss	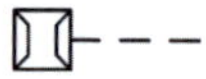
Betätigung durch Kippen		Kraftantrieb durch Drehzahl	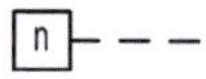
Betätigung durch Schlüssel	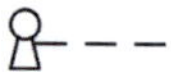	Auslöseeinrichtung	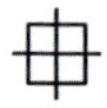
Betätigung durch Fühler (Rolle) Endschalterfunktion		Elektromagnetischer Antrieb (z. B. Schütz)	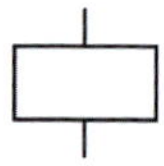
Antrieb mit Anzugsverzögerung	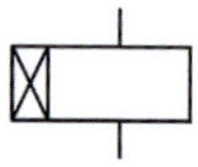	Elektromagnetisch angetriebenes Absperrorgan (Magnetventil)	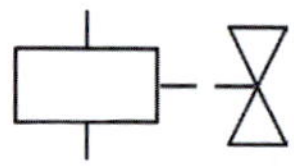
Antrieb mit Rückfallverzögerung	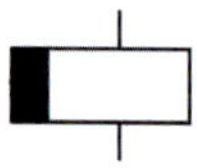	Elektromagnetischer Überstromauslöser (Kurzschlussauslöser)	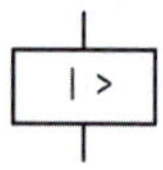
Antrieb mit Anzugs- und Rückfallverzögerung	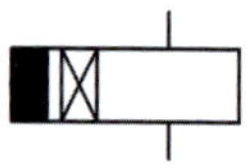	Elektrothermischer Überstromauslöser	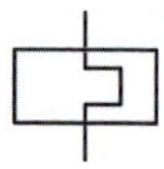
Kraftantrieb allgemein	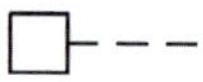	Schaltuhr	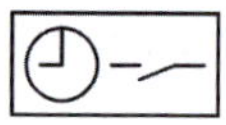

Schaltglieder und Schaltgeräte

Schließer		Schließer handbetätigt, selbsttätiger Rückgang (Taster)	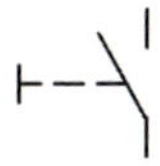
Öffner		Schließer handbetätigt mit Raste (Schalter)	
Wechsler		Sperre allgemein, von Hand lösbar	
Schließer mit verzögertem Kontakt (schließt verzögert)		Öffner durch thermischen Überstromauslöser betätigt	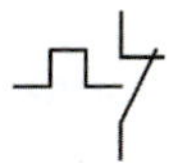
Schließer mit verzögertem Kontakt (öffnet verzögert bei Rückfall)		Handbetätigter Schalter mit vier Stellungen	
Öffner mit verzögertem Kontakt (öffnet verzögert)		Leitungsschutzschalter	
Öffner mit verzögertem Kontakt (schließt verzögert bei Rückfall)		Motorschutzschalter mit thermischer und magnetischer Auslösung	

Meldegeräte und Anzeigegeräte

Leuchtmelder allgemein		Blindleistungsmessgerät	
Hupe, Horn	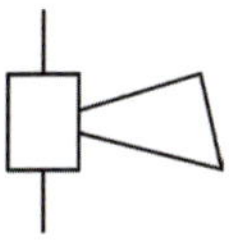	Wattstundenzähler (Elektrizitätszähler)	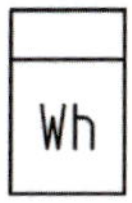
Spannungsmessgerät		Betriebsstundenzähler	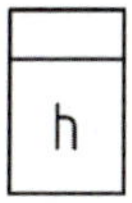
Strommessgerät	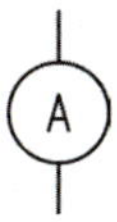	Blindleistungszähler	

Motoren

Asynchronmotor einphasig	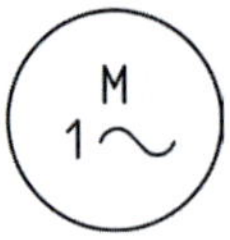	Polumschaltbarer Drehstrommotor (z. B. mit getrennten Wicklungen, Dahlander)	
Drehstromasynchronmotor	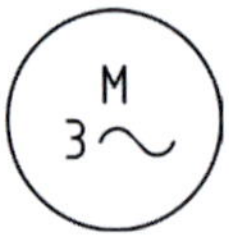	Drehstrommotor mit Fühler	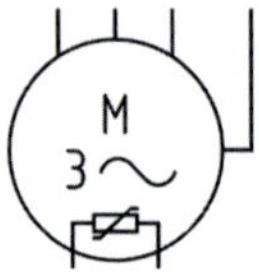

Sicherungen

Sicherung allgemein		Sicherungstrennschalter	
Sicherungsschalter		Sicherungslasttrennschalter	

Passive Bauelemente

Widerstand allgemein		Kondensator allgemein	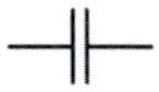
Heizelement		Kondensator veränderbar	
Widerstand veränderbar		Induktivität, Spule, Drossel	

Halbleiterbauelemente

Diode allgemein		PNP-Transistor	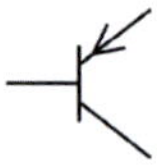
Leuchtdiode allgemein	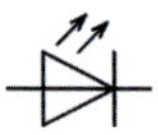	NPN-Transistor	
Z-Diode		Thyristordiode rückwärts sperrend	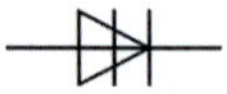
Thyristortriode, Triac	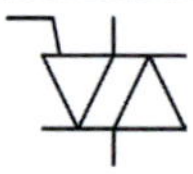	Thyristordiode rückwärts leitend	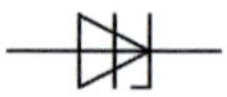

20.2 Wechselstrommotor mit Haupt- und Hilfswicklung

Schaltzeichen eines Wechselstrommotors mit Hilfswicklung und Kondensator

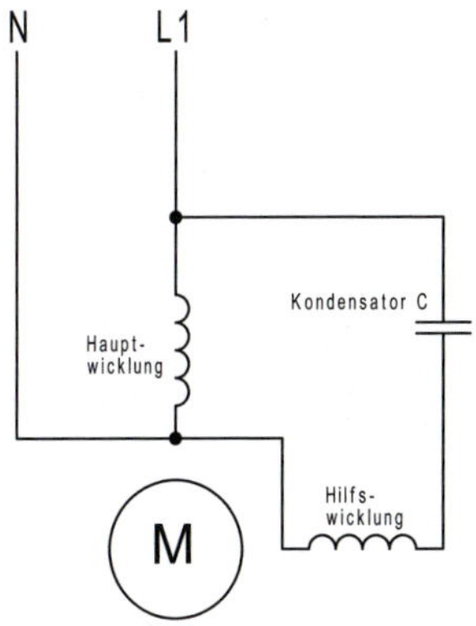

Wechselstrommotor mit Bezeichnung der Wicklungen in Rechtslauf und Linkslauf

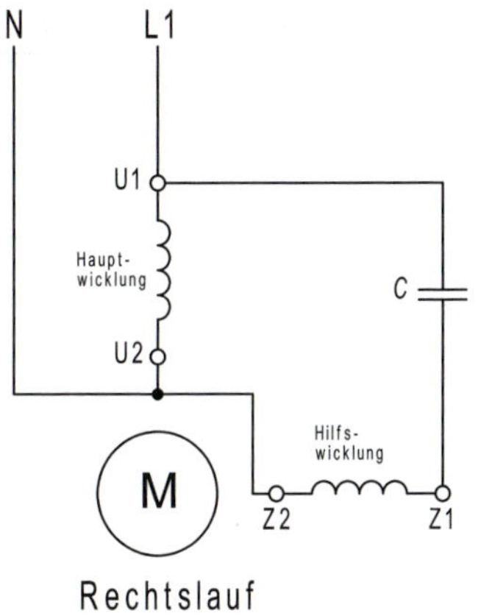

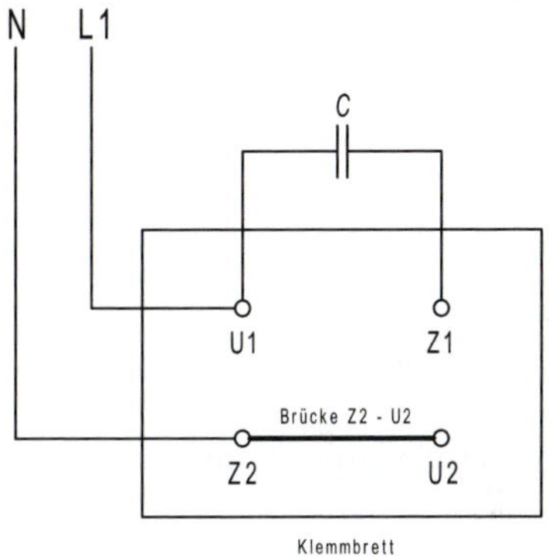

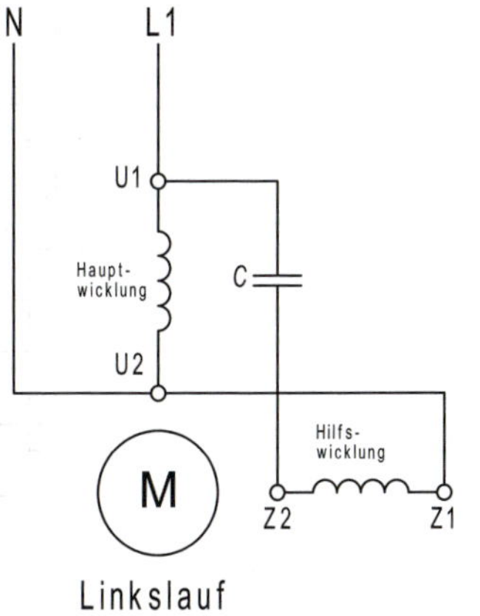

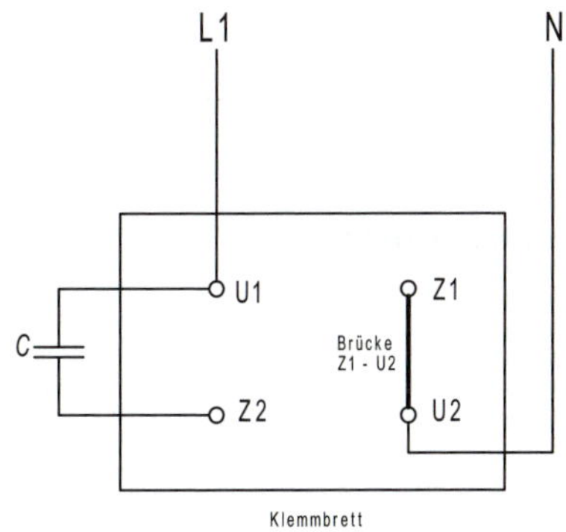

Anlauf- und Betriebskondensator

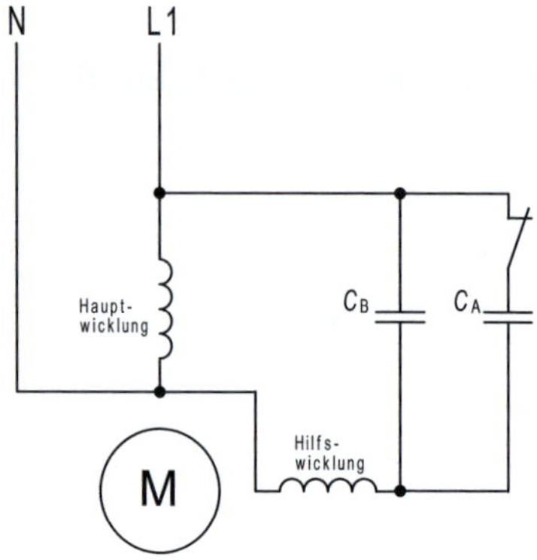

C_A = Anlaufkondensator
C_B = Betriebskondensator

Stromabhängiges Relais

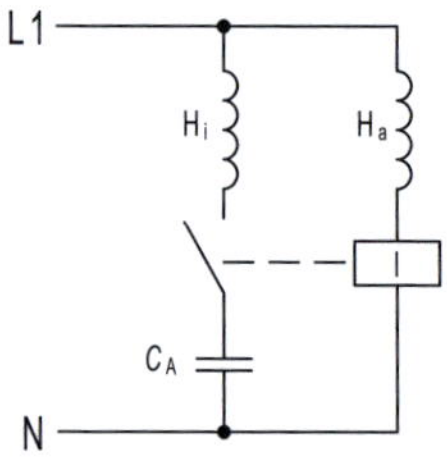

H_i = Hilfswicklung
H_a = Hauptwicklung

Spannungsabhängiges Relais

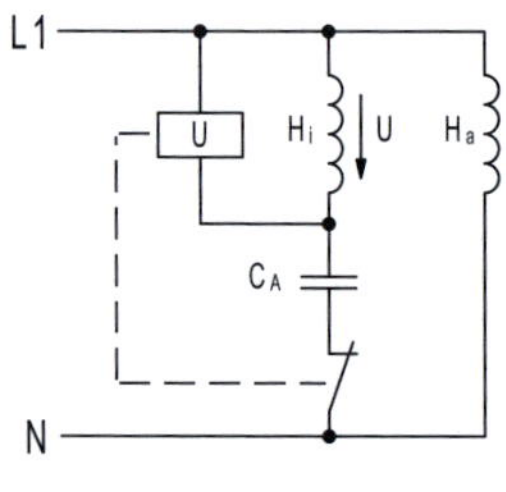

PTC-Anlassvorrichtung

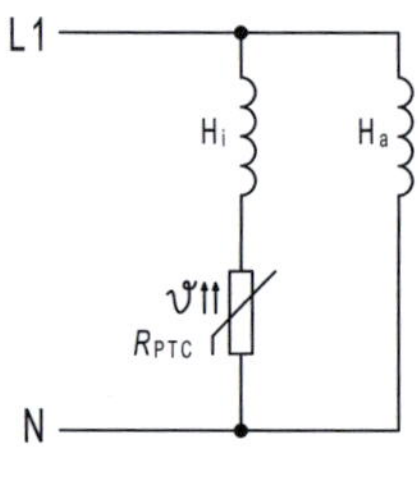

20.3 Schaltungen von Drehstrommotoren

20.3.1 Direktes Einschalten

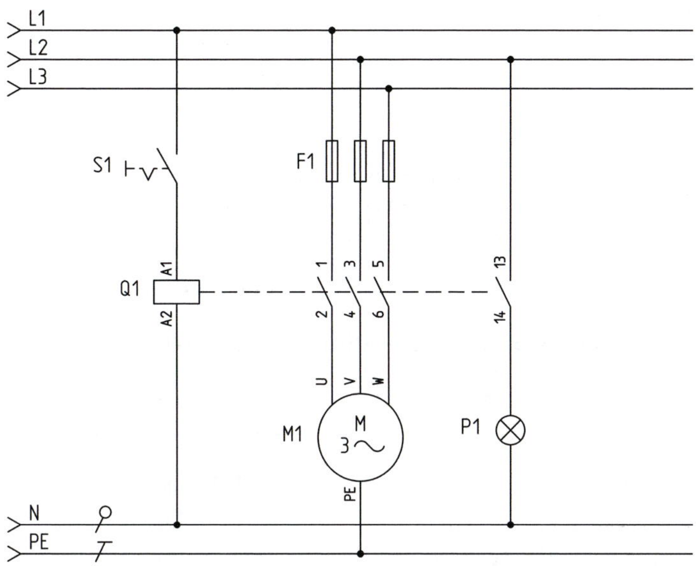

S1 = Einschalter
Q1 = Motorschütz
M1 = Motor
F1 = Motorsicherungen
P1 = Meldeleuchte Motor EIN

20.3.2 Stern-Dreieck-Schaltung

Wicklungen im Stern und Dreieck

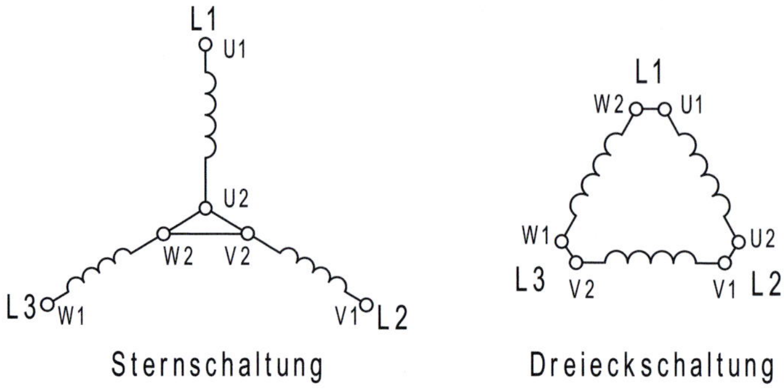

Klemmanschluss für Drehstrom-Motorverdichter in Stern- und Dreieckschaltung

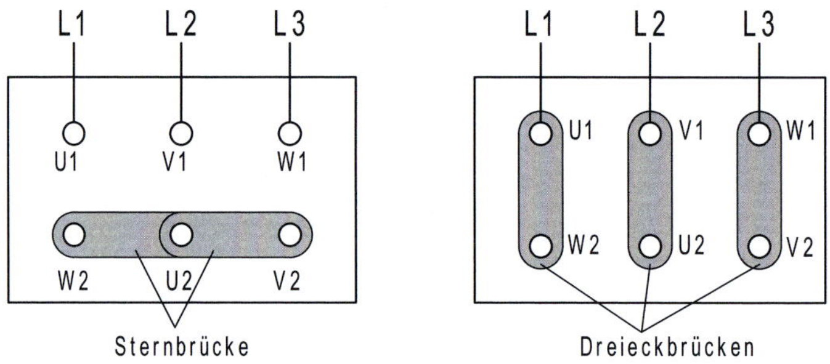

Hauptstromkreis eines Drehstrommotors in Stern-Dreieck

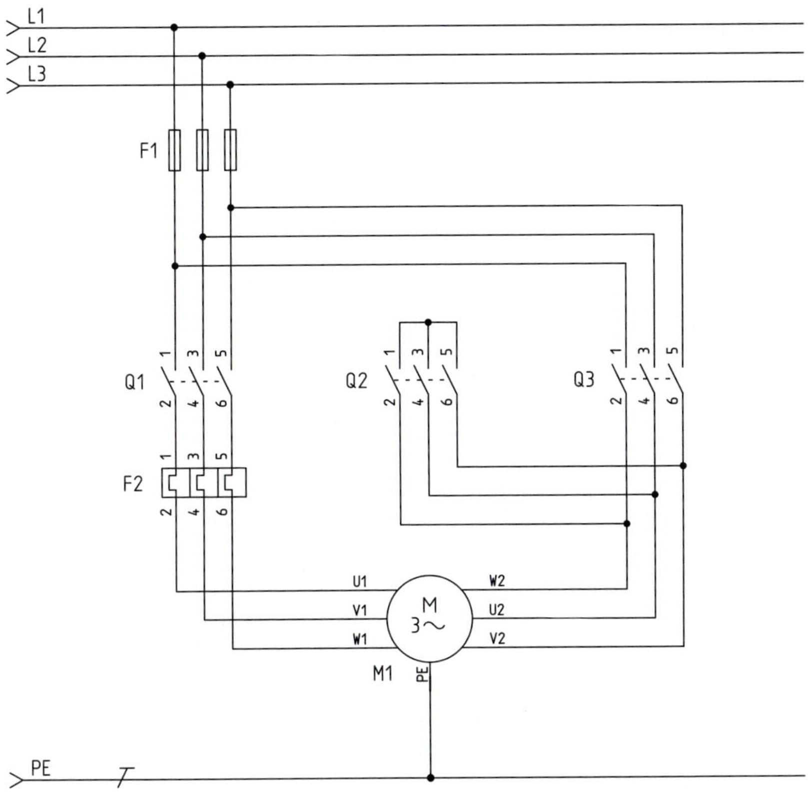

Q1	=	Netzschütz	Q2 =	Sternschütz	Q3	=	Dreieckschütz
M1	=	Stern-Dreieck-Motor	F1 =	Sicherungen	F2	=	Thermischer Überstromauslöser

Steuerstromkreis einer Stern-Dreieck-Schaltung

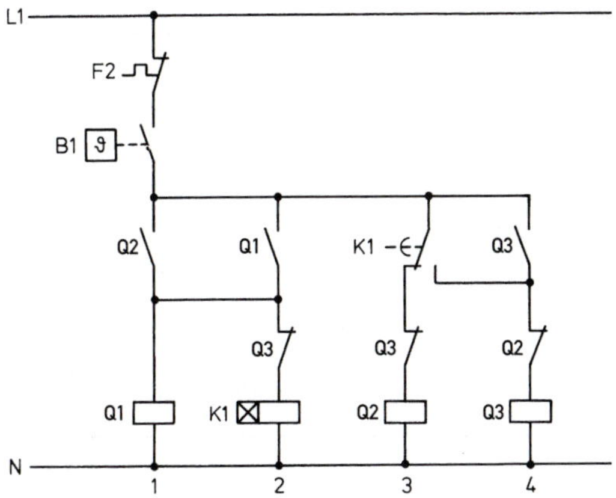

B1 = Raumthermostat
K1 = Zeitrelais für Umschaltung von Stern- auf Dreieckbetrieb

20.3.3 Teilwicklungsanlauf

Hauptstromkreis

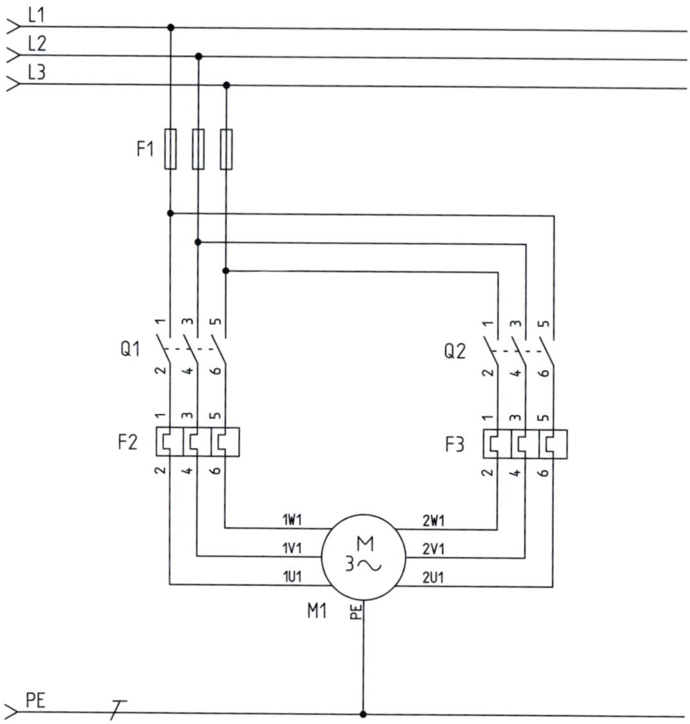

F1 = Sicherungen
F2 = Thermischer Überstromauslöser 1. Teilwicklung
F3 = Thermischer Überstromauslöser 2. Teilwicklung
Q1 = Schütz 1. Teilwicklung
Q2 = Schütz 2. Teilwicklung
M1 = Teilwicklungsmotor

Steuerstromkreis Teilwicklungsanlauf mit Anlaufentlastung

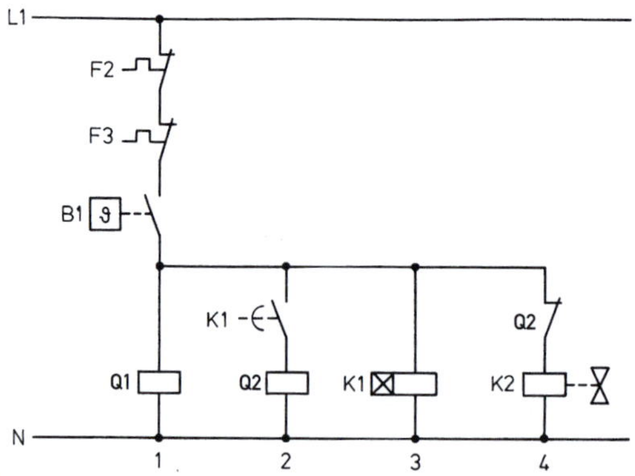

B1 = Raumthermostat
K1 = Zeitrelais für die Zuschaltung der 2. Teilwicklung
K2 = Magnetventil Anlaufentlastung

20.3.4 Drehzahlgeregelte Motoren

Motor mit getrennten Wicklungen

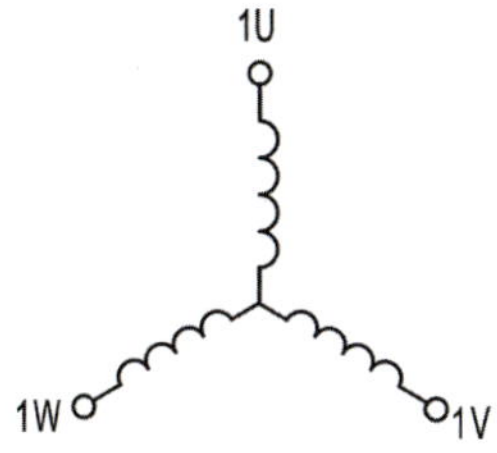

niedrige Drehzahl

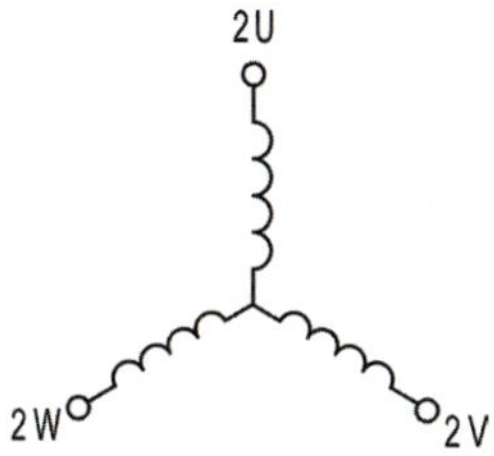

hohe Drehzahl

Dahlanderschaltung

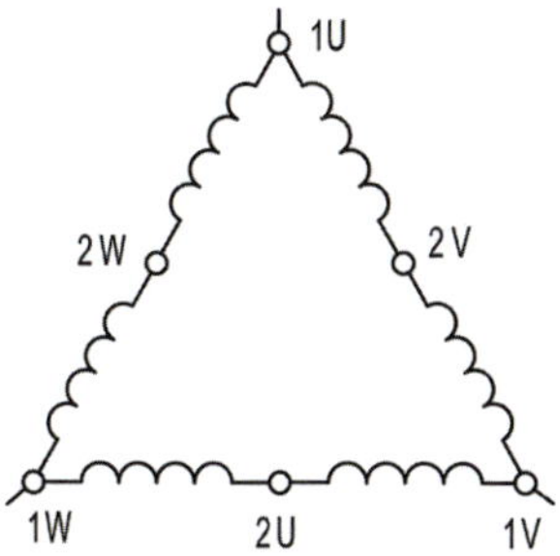

niedrige Drehzahl
Dreieck

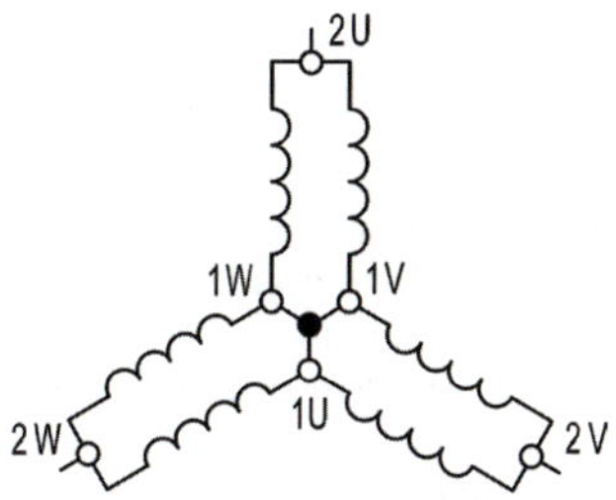

hohe Drehzahl
Doppelstern

Hauptstromkreis eines Motors mit getrennten Wicklungen

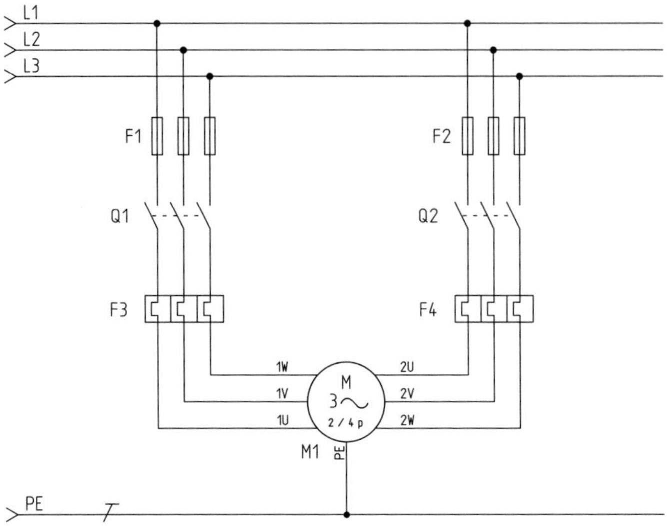

F1 = Sicherung niedrige Drehzahl
F2 = Sicherung hohe Drehzahl
F3 = Thermischer Überstromauslöser niedrige Drehzahl
F4 = Thermischer Überstromauslöser hohe Drehzahl
Q1 = Schütz niedrige Drehzahl
Q2 = Schütz hohe Drehzahl
M1 = Motor mit getrennten Wicklungen

Hauptstromkreis eines Dahlandermotors

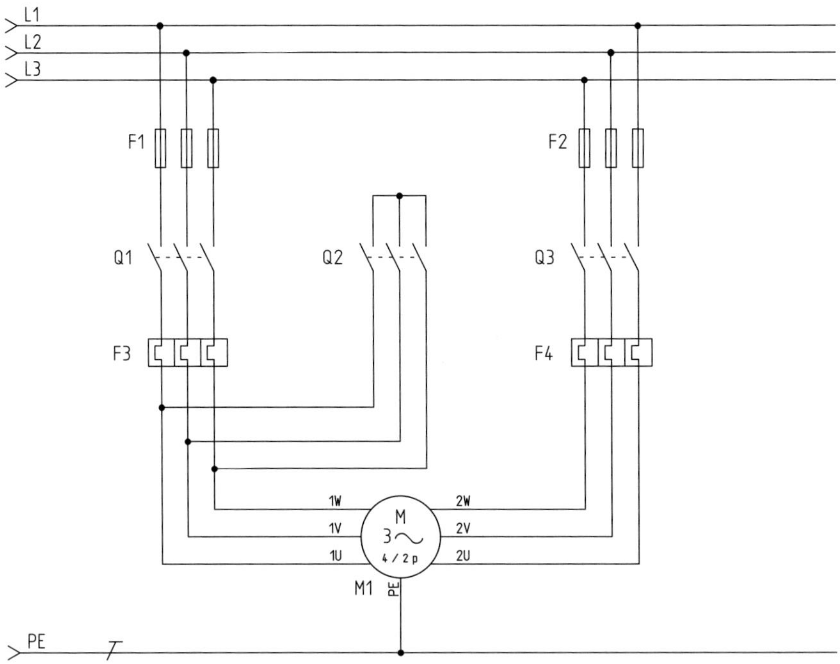

Q1 = Schütz niedrige Drehzahl
Q2, Q3 = Schütz hohe Drehzahl

20.4 Pump-down und Pump-out mit Steuerungsbeispielen

Pump-down-Schaltung

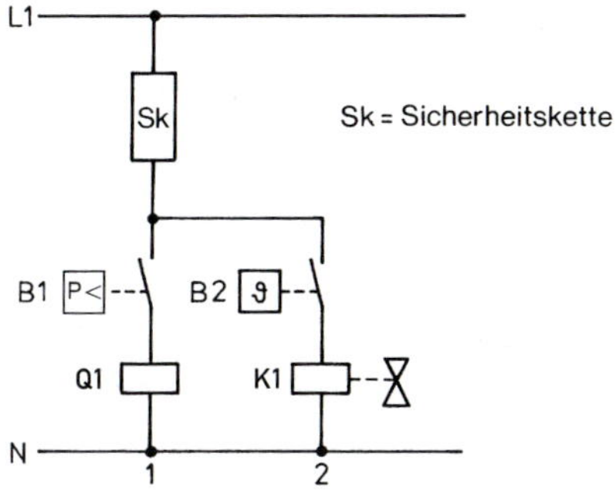

B1 = Niederdruckpressostat
B2 = Raumthermostat
Q1 = Verdichterschütz
K1 = Magnetventil Flüssigkeitsleitung

Verdichter mit Stern-Dreieck-Anlauf in Pump-down-Schaltung

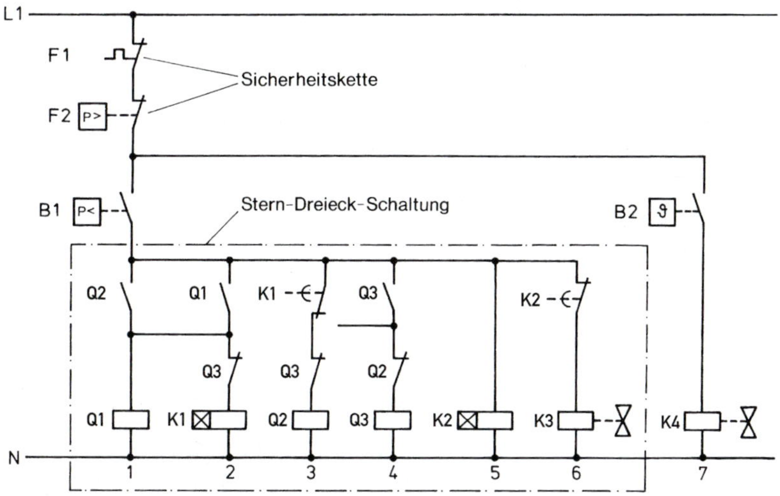

F1 = Thermischer Überstromauslöser
F2 = Hochdrucksicherheitspressostat
B1 = Niederdruckpressostat
B2 = Raumthermostat
K3 = Magnetventil Anlaufentlastung
K4 = Magnetventil Flüssigkeitsleitung
Q1 = Netzschütz
Q2 = Sternschütz
Q3 = Dreieckschütz
K1 = Zeitrelais Stern-Dreieck-Umschaltung
K2 = Zeitrelais Anlaufentlastung

Pump-out-Schaltung

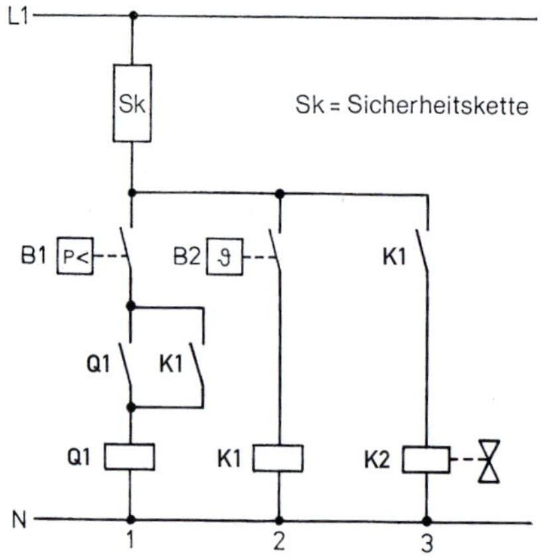

B1 = Niederdruckpressostat
K1 = Hilfsschütz Pump-out
Q1 = Verdichterschütz
B2 = Raumthermostat
K2 = Magnetventil Flüssigkeitsleitung

Verdichter mit Teilwicklungsanlauf in Pump-out-Schaltung

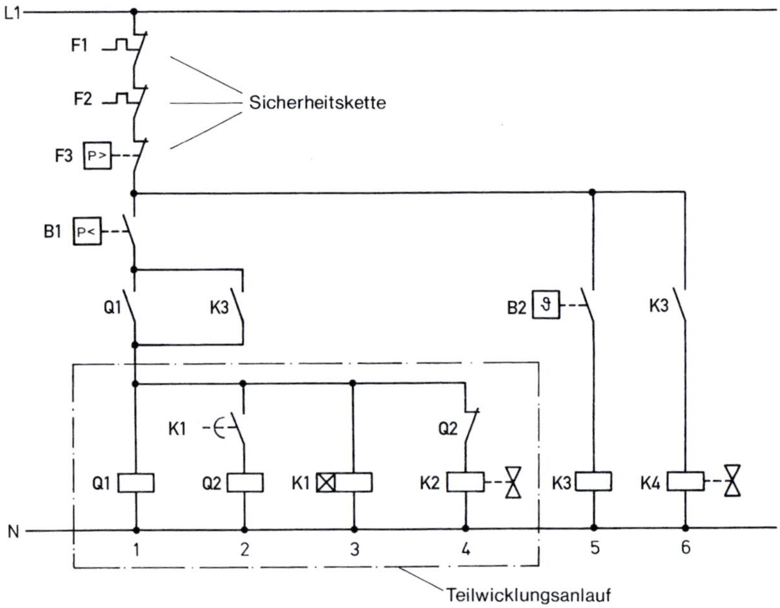

F1 = Thermischer Überstromauslöser 1. Teilwicklung
F2 = Thermischer Überstromauslöser 2. Teilwicklung
F3 = Hochdrucksicherheitspressostat
B1 = Niederdruckpressostat
Q1 = Schütz 1. Teilwicklung
K1 = Zeitrelais Zuschaltung 2. Teilwicklung
K3 = Hilfsschütz Pump-out
B2 = Raumthermostat
Q2 = Schütz 2. Teilwicklung
K2 = Magnetventil Anlaufentlastung
K4 = Magnetventil Flüssigkeitsleitung

20.5 Schaltungen der Sicherheitskette

Sammelstörmeldung ohne Resetfunktion

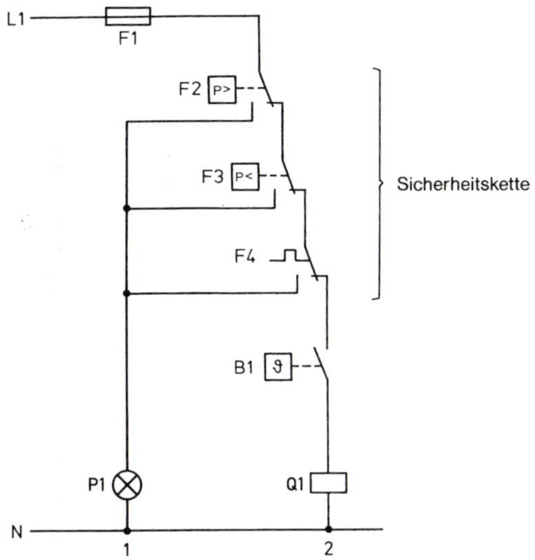

F1 = Steuersicherung
F2 = Hochdruckwächter
F3 = Niederdruckwächter
F4 = Überstromauslöser

B1 = Raumthermostat
Q1 = Verdichterschütz
P1 = Meldeleuchte Störung

Einzelstörmeldung ohne Resetfunktion

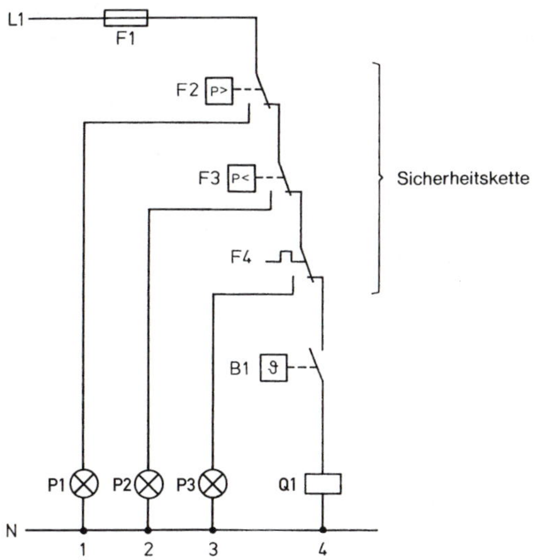

P1 = Meldeleuchte Hochdruckstörung
P2 = Meldeleuchte Niederdruckstörung
P3 = Meldeleuchte Überstrom

Sammelstörmeldung mit Resetfunktion

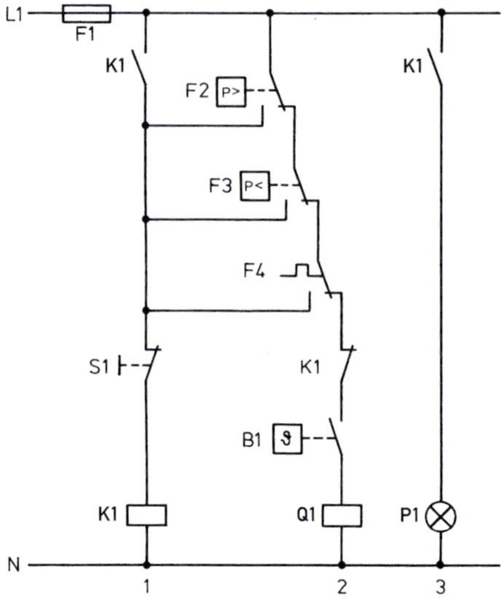

K1 = Hilfsschütz Reset
S1 = Resettaster

Einzelstörmeldung mit Resetfunktion

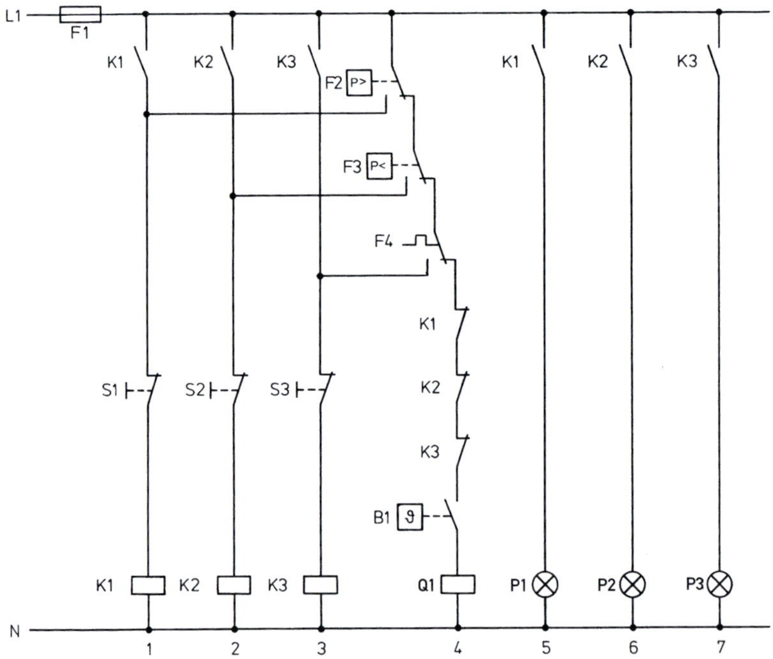

K1 = Hilfsschütz Reset Hochdruck
K2 = Hilfsschütz Reset Niederdruck
K3 = Hilfsschütz Reset Überstrom
P1 = Meldeleuchte Störung Hochdruck
P3 = Meldeleuchte Störung Überstrom
S1 = Resettaster Störung Hochdruck
S2 = Resettaster Störung Niederdruck
S3 = Resettaster Störung Überstrom
P2 = Meldeleuchte Störung Niederdruck

21 Praxistabellen und Diagramme aus der Elektro- und Steuerungstechnik

21.1 Kennzeichnung von Objekten

Klassifizierung nach Zweck oder Aufgabe und zugeordnete Kennbuchstaben-Hauptklassen (DIN EN 81346-2) – Auszug

Kenn-buch-stabe	Zweck und Aufgabe des Objekts	Beispiele für typische Mechanik-/Fluid-Objekte	Beispiele für typische elektrische Produkte
A	zwei oder mehr Zwecke oder Aufgaben Anmerkung: Klasse ist nur für Objekte, für die kein Hauptzweck oder keine Hauptaufgabe identifiziert werden kann		Sensorbildschirm, Regler mit Anzeige, Frequenzumrichter mit Regel- und Überwachungs-aufgaben
B	Umwandlung einer Eingangsvariablen (physikalischen Eigenschaft, Zustand oder Ereignis) in ein zur Weiterverarbeitung bestimmtes Signal	Messblende, Sensor	Fühler, Gaswächter, Messelement, Messwiderstand, Messwandler, Sensor, Temperaturfühler
C	Speichern von Material, Energie oder Informationen	Puffer, Zisterne, Behälter, Druckspeicher, Dampfspeicher, Tank, Kessel	Kondensator, Ereignisspeicher, Festplatte, Speicher, Arbeitsspeicher
E	Bereitstellung von Strahlung oder Wärmeenergie	Boiler, Gefrierschrank, Heizung, Wärmeübertrager, Radiator, Kühlschrank	LS-Lampe, Heizung, Lampe, Glühlampe
F	Direkter (selbsttätiger) Schutz eines Energie- oder Signalflusses von Personen oder Einrichtungen vor gefährlichen oder unerwünschten Zuständen	Puffer, Schutzvorrichtung, Überdruckventil, Berstplatte, Sicherheitsventil,	Sicherung, Leitungsschutzschalter, Überspannungsableiter, thermischer Überlast-auslöser
G	Initiieren eines Energie- oder Materialflusses, Erzeugen von Signalen, Produzieren von Material	Gebläse, Lüfter, Pumpe, Vakuumpumpe, Ventilator	Batterie, Dynamo, Generator, Leistungs-, Signal- und umlaufender Generator
H	Produzieren einer neuen Materialart oder eines neuen Produkts	Zerkleinern, Mahlen, Mischen	Magnetabscheider, Elektrofilter
K	Verarbeitung (Empfang, Verarbeitung und Bereitstellung) von Signalen oder Informationen	Fluidregler, Steuerventil, Ventilstellungsregler	Schaltrelais, Hilfsschütz, CPU, Verzögerungsglied, Regler, Programmsteuer-gerät, Zeitrelais, Schaltuhr

Kennbuchstabe	Zweck und Aufgabe des Objekts	Beispiele für typische Mechanik-/Fluid-Objekte	Beispiele für typische elektrische Produkte
M	Bereitstellung von mechanischer Energie zu Antriebszwecken	Verbrennungsmotor, Fluidantrieb, Wärmemaschine, Turbine, mechanischer Stellantrieb	Stellantrieb, Betätigungsspule, Elektromotor, Linearmotor
P	Darstellung von Informationen	Akustisches Signalgerät, Klingel, Uhr, Anzeigegerät, Durchflussmesser, Gaszähler, Manometer, Schauglas, Thermometer, Wasserzähler	Akustisches Signalgerät, Klingel, Uhr, Amperemeter, optisches Signalgerät, Drucker, Signallampe, Zähler
Q	Kontrolliertes Schalten oder Variieren eines Signal-, Energie- oder Materialflusses	Stellventil, Kupplung, Druckregelventil	Leistungsschalter, Schütz (für Last), Trennschalter, Sicherungsschalter, Sicherungstrennschalter, Motoranlasser, Leistungstransistor,
R	Begrenzung oder Stabilisierung von Bewegung oder Fluss von Energie, Material oder Information	Rückschlagventil, Dämpfungskörper, Verriegelungsgerät, Messblende (zur Flussbegrenzung), Druckregelventil, Drosselscheibe	Diode, Drosselspule, Begrenzer, Widerstand
S	Umwandeln einer manuellen Betätigung in ein zur Weiterverarbeitung bestimmtes Signal	druckknopf-betätigtes Ventil, Wahlschalter	Steuerschalter, Tastatur, Maus, Tastschalter, Wahlschalter, Sollwerteinsteller
T	Umwandeln der Energie/eines Signals unter Beibehaltung der Energieart/des Informationsgehalts, Verändern der Form eines Materials	Getriebe, Messumformer, Druckverstärker	AC/DC-Umformer, Verstärker, Frequenzwandler, Messumformer, Messgeber, Leistungstransformator, Gleichrichter, Signalumformer
U	Halten von Objekten in einer definierten Lage	Träger, Lager, Block, Kabelleiter, Kabelwanne, Konsole, Balkenträger, Fundament, Aufhänger, Isolator, Montageplatte, Montagegestell	Isolator
V	Verarbeitung (Behandlung) von Materialien oder Produkten	Zentrifuge, Filter, Abscheider, Sieb, Staubsauger, Anfeuchtgerät	Filter
W	Leiten oder Führen von Energie, Signalen, Materialien oder Produkten	Kanal, Schlauch, Leiter, Verbindung, Rohr, Welle	Sammelschiene, Kabel, Leiter (elektrisch), Informationsbus, Lichtwellenleiter
X	Verbinden von Objekten	Flansch, Haken, Schlauchanschlussstück, Rohrleitungskupplung, Schnelltrennkupplung	Verbinder (elektrisch), Steckdose, Klemme, Klemmleiste

21.2 Farbgebung von Bedien- und Anzeigeelementen

Farben für Drucktaster und ihre Bedeutung (VDE 0113-1)

<table>
<tr><th>Farbe</th><th>Bedeutung</th><th>Erklärung</th><th>Anwendungsbeispiele</th></tr>
<tr><td>ROT</td><td>Notfall</td><td>bei einer gefahrbringenden Situation oder im Notfall betätigen</td><td>NOT-HALT/NOT-AUS
Einleitung von NOT-Funktionen
(auch für STOPP-Funktion erlaubt)</td></tr>
<tr><td>GELB</td><td>anomal</td><td>bei einem anomalen Zustand betätigen</td><td>Eingriff, um einen anomalen Zustand zu unterdrücken
Eingriff, um einen unterbrochenen automatischen Ablauf wieder zu starten</td></tr>
<tr><td>BLAU</td><td>zwingend</td><td>bei einem Zustand betätigen, der eine zwingende Handlung erfordert</td><td>Rückstellfunktion</td></tr>
<tr><td>GRÜN</td><td>normal</td><td>betätigen, um normale Zustände einzuleiten</td><td>Startfunktion</td></tr>
<tr><td>WEISS</td><td rowspan="3">keine spezielle Bedeutung zugeordnet</td><td rowspan="3">für allgemeine Einleitung von Funktionen, außer für NOT-HALT</td><td>START/EIN (bevorzugt)
STOPP/AUS</td></tr>
<tr><td>GRAU</td><td>START/EIN
STOPP/AUS</td></tr>
<tr><td>SCHWARZ</td><td>START/EIN
STOPP/AUS (bevorzugt)</td></tr>
</table>

Farben für Anzeigeleuchten und ihre Bedeutung (VDE 0113-1)

Farbe	Bedeutung	Erklärung	Handlung durch den Bediener
ROT	NOTFALL	gefahrbringender Zustand	sofortige Handlung, um auf einen gefahrbringenden Zustand zu reagieren (z. B. Ausschalten der Energieversorgung der Maschine, vor dem gefahrbringenden Zustand gewarnt sein und von der Maschine Abstand halten)
GELB	anomal	anomaler Zustand, bevorstehender kritischer Zustand	Überwachen und/oder Eingreifen (z. B. durch Wiederherstellen der vorgesehenen Funktion)
BLAU	zwingend	Anzeige eines Zustands, der Handlung durch den Bediener erfordert	zwingende Handlung
GRÜN	normal	normaler Zustand	optional
WEISS	neutral	andere Zustände; darf verwendet werden, wenn Zweifel über die Anwendung von ROT, GELB, GRÜN oder BLAU bestehen	Überwachen

Bei Leuchtdrucktastern gelten die obigen Tabellen „Farben für Drucktaster und ihre Bedeutung“ und „Farben für Anzeigeleuchten und ihre Bedeutung“.

21.3 IP-Schutzgrad

Schutzarten für elektrische Betriebsmittel; Berührungs- und Fremdkörperschutz

Erste Kennziffer	Schutzumfang	
	Benennung	**Erklärung**
0	kein Schutz	kein besonderer Schutz von Personen gegen zufälliges Berühren unter Spannung stehender oder sich bewegender Teile kein Schutz des Betriebsmittels gegen Eindringen von festen Fremdkörpern
1	Schutz gegen große Fremdkörper	Schutz gegen zufälliges großflächiges Berühren unter Spannung stehender und innerer sich bewegender Teile, z. B. mit der Hand, aber kein Schutz gegen absichtlichen Zugang zu diesen Teilen Schutz gegen Eindringen von festen Fremdkörpern mit einem Durchmesser größer als 50 mm
2	Schutz gegen mittelgroße Fremdkörper	Schutz gegen Berühren mit den Fingern unter Spannung stehender oder innerer sich bewegender Teile Schutz gegen Eindringen von festen Fremdkörpern mit einem Durchmesser größer als 12,5 mm
3	Schutz gegen kleine Fremdkörper	Schutz gegen Berühren unter Spannung stehender oder innerer sich bewegender Teile mit Werkzeugen, Drähten oder Ähnlichem von einer Dicke größer als 2,5 mm Schutz gegen Eindringen von festen Fremdkörpern mit einem Durchmesser größer als 2,5 mm
4	Schutz gegen kornförmige Fremdkörper	Schutz gegen Berühren unter Spannung stehender oder innerer sich bewegender Teile mit Werkzeugen, Drähten oder Ähnlichem von einer Dicke größer als 1 mm Schutz gegen Eindringen von festen Fremdkörpern mit einem Durchmesser größer als 1 mm
5	Schutz gegen Staubablagerung	Vollständiger Schutz gegen Berühren unter Spannung stehender oder innerer sich bewegender Teile Schutz gegen schädliche Staubablagerungen. Das Eindringen von Staub ist nicht vollkommen verhindert, aber der Staub darf nicht in solchen Mengen eindringen, dass die Arbeitsweise beeinträchtigt wird
6	Schutz gegen Staubeintritt	Vollständiger Schutz gegen Berühren unter Spannung stehender oder innerer sich bewegender Teile Schutz gegen Eindringen von Staub

Schutzarten für elektrische Betriebsmittel; Wasserschutz

Erste Kennziffer	Schutzumfang	
	Benennung	**Erklärung**
0	kein Schutz	kein besonderer Schutz
1	Schutz gegen senkrecht fallendes Tropfwasser	Wassertropfen, die senkrecht fallen, dürfen keine schädliche Wirkung haben
2	Schutz gegen schräg fallendes Tropfwasser	Wassertropfen, die in einem beliebigen Winkel bis zu 15° zur Senkrechten fallen, dürfen keine schädliche Wirkung haben

Erste Kennziffer	Schutzumfang	
	Benennung	**Erklärung**
4	Schutz gegen Spritzwasser	Wasser, das aus allen Richtungen gegen das Betriebsmittel spritzt, darf keine schädliche Wirkung haben
5	Schutz gegen Strahlwasser	Ein Wasserstrahl aus einer Düse, der aus allen Richtungen gegen das Betriebsmittel gerichtet wird, darf keine schädliche Wirkung haben
6	Schutz bei Überflutung	Wasser darf bei vorübergehender Überflutung, z. B. durch schwere See, nicht in schädlichen Mengen in das Betriebsmittel gelangen
7	Schutz beim Eintauchen	Wasser darf nicht in schädlichen Mengen eindringen, wenn das Betriebsmittel unter den festgelegten Druck- und Zeitbedingungen in Wasser eingetaucht wird
8	Schutz beim Untertauchen	Wasser darf nicht in schädlichen Mengen eindringen, wenn das Betriebsmittel unter einem festgelegten Druck und für unbestimmte Zeit unter Wasser getaucht wird
9	Schutz gegen Hochdruck	Schutz gegen Wasser bei Hochdruck-/Dampfstrahlreinigung, speziell Landwirtschaft

21.4 Aufbau, Kennzeichnung und Verwendung von Leitungen und Kabeln

Typenkurzzeichen isolierter Leitungen

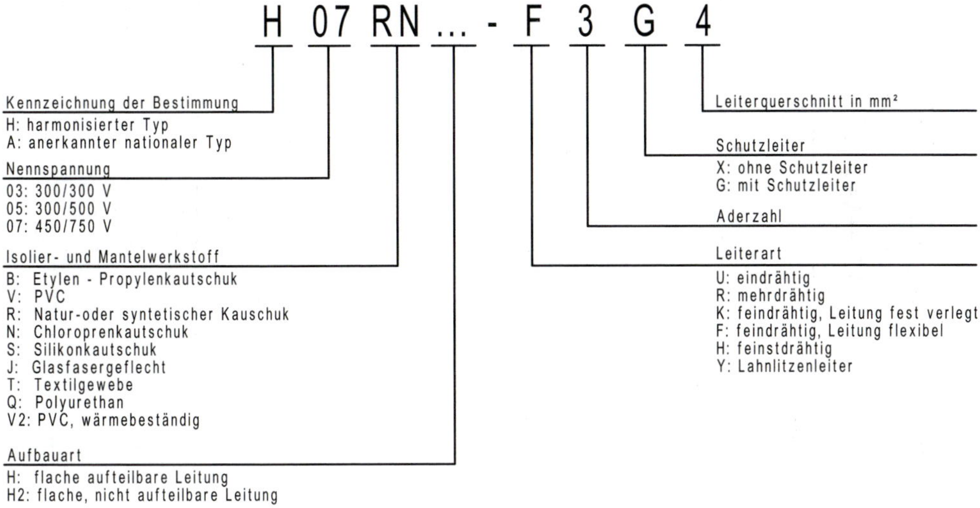

Bezeichnungen kunststoffisolierter Leitungen

Bezeichnung	Typenkurzzeichen	Typenkurzzeichen der abgelösten Typen	Nennspannung U_0/U V	Aderzahl	Nennquerschnitt mm^2	Charakteristische Anwendungsbeispiele
Leichte Zwillingsleitungen	H03VH-Y	NLYZ	300/300	2	~0,1	Zum Anschluss besonders leichter Handgeräte (elektrische Rasierapparate), soweit dies in den Festlegungen erlaubt ist
Zwillingsleitungen	H03VH-H	NYZ	300/300	2	0,5 und 0,75	Bei sehr geringen mechanischen Beanspruchungen in Haushalten, Küchen und Büroräumen für leichte Handgeräte (Rundfunkgeräte, Tischleuchten, Stehleuchten usw.)
Leichte PVC-Schlauchleitungen • runde Ausführung • flache Ausführung	 H03VV-F H03VVH2-F	 NYLHYrd NYLHYfl	 300/300	 2 und 3 2	 0,5 und 0,75 0,75	Bei geringen mechanischen Beanspruchungen in Haushalten, Küchen und Büroräumen für leichte Handgeräte (Rundfunkgeräte, Tischleuchten, Stehleuchten, Büromaschinen usw.). Für den Leiterquerschnitt 0,75 mm^2 gelten die charakteristischen Anwendungen wie für mittlere PVC-Schlauchleitungen
Mittlere PVC-Schlauchleitungen	H05VV-F	NYMHY	300/500	2 bis 5	1 bis 2,5	Bei mittleren mechanischen Beanspruchungen in Haushalten, Küchen und Büroräumen; für Hausgeräte auch in feuchten Räumen (Waschmaschinen, Wäscheschleudern, Heimwerkergeräte)
PVC-Verdrahtungsleitungen mit • eindrähtigem Leiter • feindrähtigem Leiter	 H05V-U H05C-K	 NYFA, NYA NYFAF, NYAF	 300/500	 1	 0,5 bis 1	Bei geschützter Verlegung in Geräten sowie in und an Leuchten
PVC-Aderleitungen mit • eindrähtigem Leiter • mehrdrähtigem Leiter • feindrähtigem Leiter	 H07V-U H07V-R H07V-R	 NYA NYA NYAF	 450/750	 1 1 1	 1,5 bis 16 6 bis 400 1,5 bis 240	Bei Verlegung in Rohren auf und unter Putz

Bezeichnungen gummiisolierter Leitungen

Bezeichnung	Typen-kurz-zeichen	Typenkurz-zeichen der abgelösten Typen	Nenn-spannung U_0/U V	Ader-zahl	Nenn-querschnitt mm^2	Charakteristische Anwendungsbeispiele
Wärmebeständige Silikon-Gummi-aderleitungen	H05SJ-K	N2GAFU	300/500	1	0,5 bis 16	Bei erhöhten Umgebungstemperaturen zur festen Verlegung in und an Leuchten und in Geräten. Leitungen mit Querschnitten von 1,5 mm^2 und darüber sind für Verlegung in Rohren auf oder unter Putz zugelassen
Gummiaderschnüre	H03RT-F	NSA	300/300	2 und 3	0,75 bis 1,5	Bei geringen mechanischen Beanspruchungen in Haushalten, Küchen und Büroräumen für leichte Handgeräte (Tischlampen, Leuchten, Bügeleisen, Toaster usw.)
Leichte Gummi-schlauchleitungen	H05RR-F	NLH, NMH	300/500	2 bis 5	0,75 bis 2,5	Bei geringen mechanischen Beanspruchungen in Haushalten, Küchen und Büroräumen für leichte Handgeräte (Staubsauger, Bügeleisen, Küchengeräte, Lötkolben, Toaster usw.)
Schwere Gummi-schlauchleitungen	H07RN-F	NMHöu und NSHöu	450/750	1 2 und 5 3 und 4	1,5 bis 400 1 bis 25 1 bis 95	Bei mittleren mechanischen Beanspruchungen in trockenen und feuchten Räumen, im Freien, in explosionsgefährdeten Betrieben: z. B. für Geräte in gewerblichen und landwirtschaftlichen Betrieben: große Kochkessel, Heizplatten, Handleuchten, Elektrowerkzeuge wie Bohrmaschinen, Kreissägen, Heimwerkergeräte; auch für transportable Motoren oder Maschinen auf Baustellen oder in landwirtschaftlichen Betrieben usw.; verwendbar auch für feste Verlegung z. B. auf Putz, in provisorischen Bauten und Wohnbaracken; zulässig für direkte Verlegung auf Bauteilen von Hebezeugen, Maschinen usw.

Außendurchmesser von Leitungen und Kabeln

Leitung	Querschnitt	Mittelwert Außendurchmesser	
		Mindestwert	Höchstwert
	mm^2	mm	mm
H03VV-F	2 × 0,5	4,8	6,0
	2 × 0,75	5,2	6,4
	3 × 0,5	5,0	6,2
	3 × 0,75	5,4	6,8
	4 × 0,5	5,6	6,8
	4 × 0,75	6,0	7,4
H05VV-F	2 × 4	10,0	12,0
	3 × 4	11,0	13,0
	3 × 4	11,0	13,0
	5 × 4	13,5	15,5
	5 × 4	13,5	15,5
H07RN-F	3 × 70	39,0	49,5
	3 × 95	44,0	54,0
	3 × 120	47,5	59,0
	3 × 150	52,5	66,5
	6 × 1,5	14,0	17,0
	6 × 2,5	16,0	19,5
	6 × 4	19,0	22,0
H05SJ-K	1 × 0,5	3,4	
	1 × 0,75	3,6	
	1 × 1,0	3,8	
	1 × 1,5	4,3	
	1 × 2,5	5,0	
	1 × 4,0	5,6	
	1 × 6,0	6,2	
	1 × 10,0	8,2	

Kennzeichnung von Leitern

Leiterbezeichnung		Kennzeichnung		
		alphanumerisch	Bildzeichen	Farbe
AC	Außenleiter 1	L1		braun (bevorzugt)
	Außenleiter 2	L2		schwarz (bevorzugt)
	Außenleiter 3	L3		grau (bevorzugt)
	Neutralleiter	N		blau
DC	positiv	L +	+	rot (bevorzugt)
	negativ	L –	–	blau (bevorzugt)
Schutzleiter		PE		grün-gelb
PEN-Leiter (Neutralleiter) mit Schutzfunktion		PEN		grün-gelb (zusätzlich mit blauer Markierung an den Enden)

Kurzzeichen für Farben

Farbe	Grün-Gelb	Blau	Schwarz	Braun	Rot	Grau	Weiß
Kurzzeichen neu nach DIN IEC 60757	GNYE	BU	BK	BN	RD	GY	WH
Kurzzeichen alt nach DIN 47002	gnge	bl	sw	br	rt	gr	ws

21.5 Abmessungen von Kabelkanälen und Verschraubungen

Leitungen in Kabelkanälen

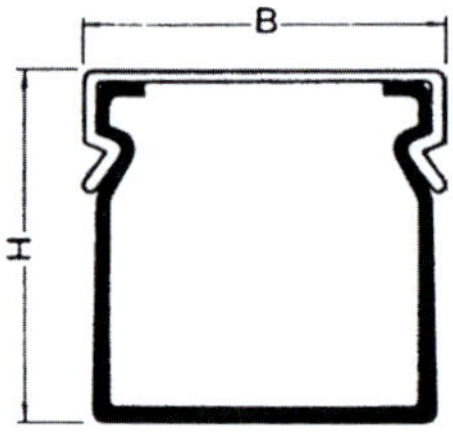

Maße Kabelkanal		ausreichend für n-Drähte, z. B. HO7V-U/R/k		
H mm	*B* mm	1 mm^2	1,5 mm^2	2,5 mm^2
18	19	21	19	14
23	31	45	36	29
32	18	36	32	23
33	30	63	55	41
34	46	100	87	65
44	19	53	46	34
44	30	84	73	53
44	45	126	110	79
45	67	193	168	120
45	86	247	216	155
45	126	360	315	225
63	19	76	67	48
65	30	124	109	81
65	46	191	167	124
65	66	274	240	178
65	86	357	313	232
65	107	445	389	289
65	126	524	458	340
65	156	576	504	374
65	206	768	672	498
85	31	168	147	109
85	47	255	226	166
85	67	364	322	236
85	87	473	418	307
85	107	581	514	377
85	127	690	610	448

Es wird empfohlen, eine Platzreserve von 30 % einzuplanen.

Kabelverschraubungen

Erforderlicher Lochdurchmesser	metrische Größen	Pg-Größen	verwendbar für Leitungs-Außendurchmesser
12,5 mm	**M 12**		**2–6,5 mm**
13,0 mm		Pg 7	4–8 mm
15,5 mm		Pg 9	6–11 mm
16,5 mm	**M 16**		**5–9 mm**
19,0 mm		Pg 11	8–12 mm
20,5 mm	**M 20**		**6–12 mm**
21,0 mm		Pg 13,5	10–14 mm
23,0 mm		Pg 16	10–16 mm
25,5 mm	**M 25**		**9–16 mm**
29,0 mm		Pg 21	15–21 mm
32,5 mm	**M 32**		**11–21 mm**
37,5 mm		Pg 29	22–30 mm
40,5 mm	**M 40**		**16–28 mm**
47,5 mm		Pg 36	29–37 mm
50,5 mm	**M 50**		**21–34,5 mm**
54,5 mm		Pg 42	37–43 mm
60,0 mm		Pg 48	41–47 mm

21.6 Sicherungsbauarten und Sicherungsgrößen

Anwendungsbereiche von Schmelzsicherungen

Funktionsklassen

„g“ Ganzbereichssicherung: **schützen vor Überlastung und Kurzschluss**; sie können Ströme bis zu ihrem Bemessungsstrom dauernd führen und Ströme vom kleinsten Schmelzstrom bis zum Bemessungsausschaltstrom ausschalten.

„a“ Teilbereichssicherung: **schützen nur vor Kurzschluss**; sie können Ströme bis zu ihrem Bemessungsstrom dauernd führen und Ströme oberhalb eines bestimmten Vielfachen ihres Bemessungsstroms bis zum Bemessungsausschaltstrom ausschalten.

Schutzobjekte:

L Kabel- und Leitungsschutz
M Schaltgeräteschutz
R Halbleiterschutz
B Bergbau Anlagenschutz
G Schutz für allgemeine Zwecke
Tr Transformatorschutz

Betriebsklassen:

gG/gL Ganzbereichs-, Kabel- und Leitungsschutz
aM Teilbereichs-Schaltgeräteschutz
aR Teilbereichs-Halbleiterschutz
gB Ganzbereichs-Bergbau-Anlagenschutz

D- und D0-Sicherungen

<table>
<tr><th colspan="2">Sicherung und Passeinsatz</th><th>Sockel</th><th colspan="2">Gewindegröße und Schraubkappe</th></tr>
<tr><th>Bemessungs-stromstärke in A</th><th>Kennfarbe</th><th>Bemessungs-stromstärke in A</th><th>Diazed</th><th>Neozed</th></tr>
<tr><td>2</td><td>rosa</td><td rowspan="8">25</td><td rowspan="8">D II (E27)</td><td rowspan="6">D01 (E14)</td></tr>
<tr><td>4</td><td>braun</td></tr>
<tr><td>6</td><td>grün</td></tr>
<tr><td>10</td><td>rot</td></tr>
<tr><td>13</td><td>schwarz</td></tr>
<tr><td>16</td><td>grau</td></tr>
<tr><td>20</td><td>blau</td><td rowspan="6">D02 (E18)</td></tr>
<tr><td>25</td><td>gelb</td></tr>
<tr><td>32</td><td>violett</td><td rowspan="4">63</td><td rowspan="4">D III (E33)</td></tr>
<tr><td>35/40</td><td>schwarz</td></tr>
<tr><td>50</td><td>weiß</td></tr>
<tr><td>63</td><td>kupfer</td></tr>
<tr><td>80</td><td>silber</td><td rowspan="2">100</td><td rowspan="2">D IV (R1/4″)</td><td rowspan="2">D03 (M 30x2)</td></tr>
<tr><td>100</td><td>rot</td></tr>
</table>

NH-Sicherungen

Baugröße	Unterteile	Einsätze	Gesamtlänge in mm
	Bemessungsstromstärke in A		
00	160	6 bis 160	78
0	160	6 bis 250	125
1	250	16 bis 355	135
2	400	25 bis 500	150
3	630	250 bis 800	150
4	1 000	400 bis 1 600	200
4a	1 250	400 bis 1 600	200

21.7 Überlast- und Kurzschlussschutz von Leitungen und Kabeln

Schutz bei Überlast (Koordinierung der Kenngrößen)

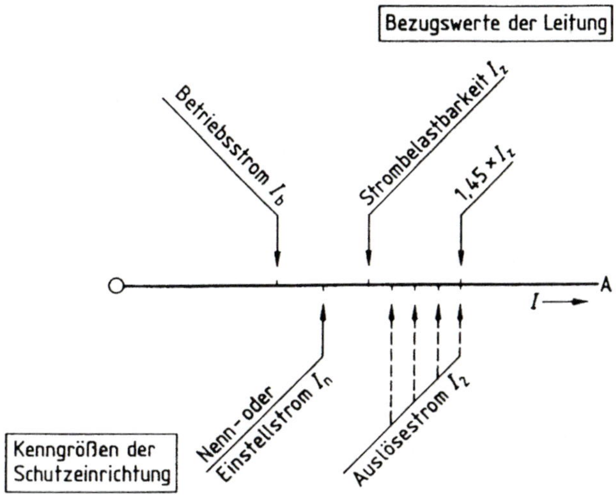

I_b = Zu erwartender Betriebsstrom
I_z = Strombelastbarkeit der Leitung bei tatsächlichen Verlegebedingungen
I_r = Belastbarkeit bei vereinbarten Verlegebedingungen
Πf = Produkt der erforderlichen Reduktionsfaktoren
I_n = Bemessungsstrom des Schutzorgans
I_2 = Der Strom, der eine Auslösung des Schutzorgans unter den in den Gerätebestimmungen festgelegten Bedingungen bewirkt (großer Prüfstrom)

Folgende Bedingungen müssen erfüllt sein:

$$I_b \leq I_n \leq I_z \quad \text{mit } I_z = I_r \cdot \Pi f$$

und

$$I_2 \leq 1{,}45 \cdot I_z$$

Strombelastbarkeit von isolierten Starkstromleitungen nach DIN VDE 0298-4, Verlegearten für die feste Verlegung in und an Gebäuden (Auszug)

Referenz-verlegeart	**A1**		**A2**		**B1**		**B2**		**C**		**E**	
Anzahl der belasteten Adern	2	3	2	3	2	3	2	3	2	3	2	3
Verlege-beispiele – Darstellung	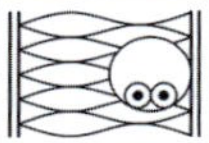	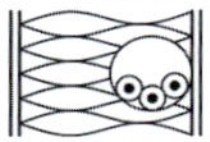	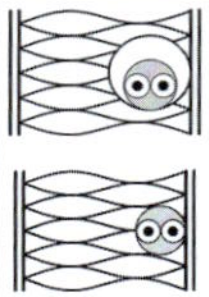	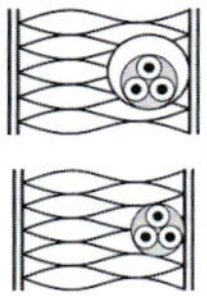	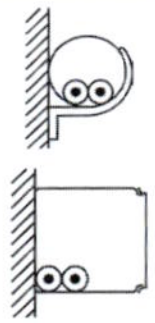	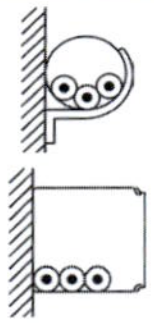	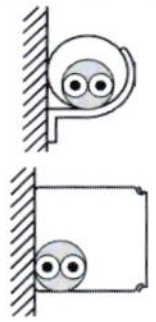	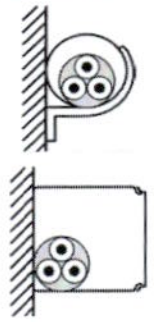	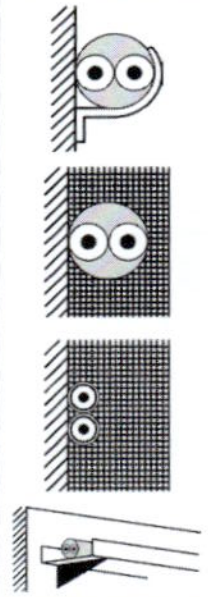	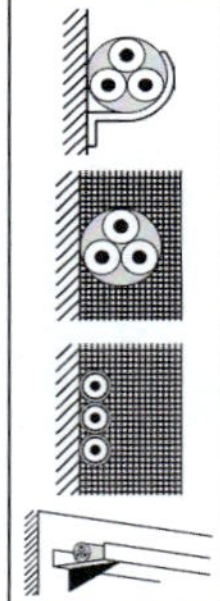	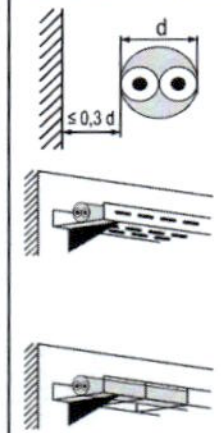	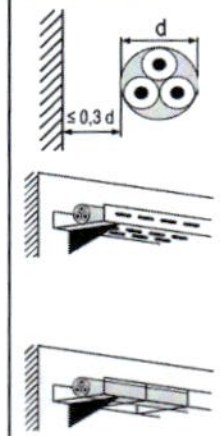
Verlege-bedingung	Verlegung in wärmegedämmten Wänden				Verlegung in Elektroinstallationsrohren oder geschlossenen Elektro-installationskanälen auf oder in Wänden oder in Kanälen für Unterflurverlegung				Direkte Verlegung auf oder in Wänden/Decken oder ungelochten Kabelpritschen		Verlegung frei in Luft mit einem Mindestabstand von 0,3 · *d*, Verlegung auf gelochten Kabelpritschen oder Gitterrinnen	
	Aderleitungen oder einadrige Kabel / Mantelleitungen im Elektro-installationsrohr oder kanal		Mehradrige Kabel / Mantelleitungen im Elektro-installationsrohr, -kanal oder direkt verlegt		Aderleitungen oder einadrige Kabel / Mantelleitungen		Mehradrige Kabel / Mantelleitungen		Einadrige oder mehradrige Kabel / Mantelleitungen		Mehradrige Kabel / Mantelleitungen	

Strombelastbarkeit von Kabeln und Leitungen *für die feste Verlegung in und an Gebäuden für die Referenzverlegearten A1, A2, B1, B2, C und E für Leiter aus Kupfer mit einer Betriebstemperatur von 70 °C bei einer Umgebungstemperatur von 30 °C nach VDE 0298-4 (Auszug Tabelle 3 und 4)*

Referenz-verlegeart	A1		A2		B1		B2		C		E	
Anzahl der belasteten Adern	2	3	2	3	2	3	2	3	2	3	2	3
Nenn-querschnitt in mm²	Strombelastbarkeit I_r in A für Kupferleiter											
1,5	15,5*	13,5	15,5*	13	17,5	15,5	16,5	15	19,5	17,5	22	18,5
2,5	19,5	18	18,5	17,5	24	21	23	20	27	24	30	25
4	26	24	25	23	32	28	30	27	36	32	40	34
6	34	31	32	29	41	36	38	34	46	41	51	43
10	46	42	43	39	57	50	52	46	63	57	70	60
16	61	56	57	52	76	68	68	62	85	76	94	80
25	80	73	75	68	101	89	90	80	112	96	119	101
35	99	89	92	83	125	110	111	99	138	119	148	126
50	119	108	110	99	151	134	133	118	168	144	180	153
70	151	136	139	125	192	171	168	149	213	184	232	196
95	182	164	167	150	232	207	201	179	258	223	282	238
120	210	188	192	172	269	239	232	206	299	259	328	276
150	240	216	219	196	300	262	258	225	344	299	379	319
185	273	245	248	223	341	296	294	255	392	341	434	364
240	321	286	291	261	400	346	344	297	461	403	514	430
300	367	328	334	198	458	394	394	339	530	464	593	497

* siehe Erläuterungen des Anhangs C der DIN VDE 0298-4

Umrechnungsfaktoren für Umgebungstemperaturen abweichend von 30 °C für die Strombelastbarkeit von Kabeln und Leitungen in Luft nach VDE 0298-4 (Auszug – Tabelle 17)

Umgebungs-temperatur in °C	Zulässige bzw. empfohlene Betriebstemperatur am Leiter						mineralisolierte Kabel und Leitungen mit zulässiger Manteltemperatur*	
	40 °C	60 °C	70 °C	80 °C	85 °C	90 °C	70 °C	105 °C
	Umrechnungsfaktoren, anzuwenden auf die Belastbarkeitsangaben							
10	1,73	1,29	1,22	1,18	1,17	1,15	1,26	1,14
15	1,58	1,22	1,17	1,14	1,13	1,12	1,20	1,11
20	1,41	1,15	1,12	1,10	1,09	1,08	1,14	1,07
25	1,22	1,08	1,06	1,05	1,04	1,04	1,07	1,04
30	**1,00**	**1,00**	**1,00**	**1,00**	**1,00**	**1,00**	**1,00**	**1,00**
35	0,71	0,91	0,94	0,95	0,95	0,96	0,93	0,96
40	–	0,82	0,87	0,89	0,90	0,91	0,85	0,92
45	–	0,71	0,79	0,84	0,85	0,87	0,77	0,88
50	–	0,58	0,71	0,77	–	0,82	0,67	0,84
55	–	0,41	0,61	0,71	–	0,76	0,57	0,80
60	–	–	0,50	0,63	–	0,71	0,45	0,75
65	–	–	0,35	0,55	–	0,64	–	0,70
70	–	–	–	0,45	–	0,58	–	0,65
75	–	–	–	0,32	–	0,50	–	0,60
80	–	–	–	–	–	0,41	–	0,54
85	–	–	–	–	–	0,29	–	0,47
90	–	–	–	–	–	–	–	0,40
95	–	–	–	–	–	–	–	0,32

* Bei höheren Umgebungstemperaturen ist der Hersteller zu befragen.

Umrechnungsfaktoren für die Häufung von Kabeln und Leitungen auf der Wand, im Rohr, im Kanal, auf dem Fußboden oder unter der Decke für Starkstromleitungen nach DIN VDE 0298-4 (Auszug – Tabelle 21)

Verlegeanordnung	Anzahl der mehradrigen Kabel oder Leitungen oder Anzahl der Wechsel- oder Drehstromkreise aus einadrigen Kabeln oder Leitungen (2 bzw. 3 stromführende Leiter)														
	1	**2**	**3**	**4**	**5**	**6**	**7**	**8**	**9**	**10**	**12**	**14**	**16**	**18**	**20**
Gebündelt direkt auf der Wand, auf dem Fußboden, im Elektro- Installationsrohr oder -kanal, auf oder in der Wand															
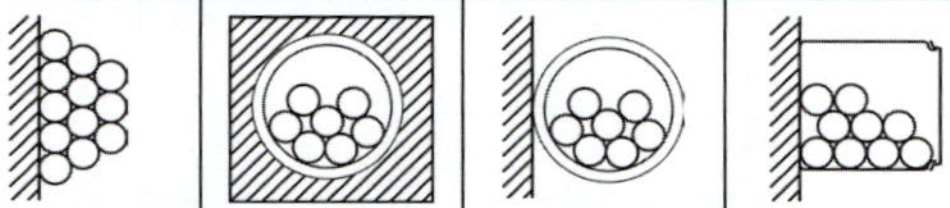	1,00	0,80	0,70	0,65	0,60	0,57	0,54	0,52	0,50	0,48	0,45	0,43	0,41	0,39	0,38
Einlagig auf der Wand oder auf dem Fußboden, mit Berührung															
	1,00	0,85	0,79	0,75	0,73	0,72	0,72	0,71	0,70	0,70	0,70	0,70	0,70	0,70	0,70
Einlagig auf der Wand oder auf dem Fußboden, mit Zwischenraum gleich dem Außendurchmesser *d*															
	1,00	0,94	0,90	0,90	0,90	0,90	0,90	0,90	0,90	0,90	0,90	0,90	0,90	0,90	0,90
Einlagig unter einer Holzdecke, mit Berührung															
	0,95	0,81	0,72	0,68	0,66	0,64	0,63	0,62	0,61	0,61	0,61	0,61	0,61	0,61	0,61
Einlagig unter Decke, mit Zwischenraum gleich dem Außendurchmesser *d*															
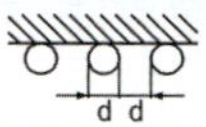	0,95	0,85	0,85	0,85	0,85	0,85	0,85	0,85	0,85	0,85	0,85	0,85	0,85	0,85	0,85

○ Symbol für ein einadriges oder mehradriges Kabel/Leitung

- Anwendung nur bei gleichartigen Kabeln oder Leitungen der gleichen Verlegeart
- die Leitungsnennquerschnitte dürfen sich max. um eine Querschnittsstufe unterscheiden
- überschreitet der Abstand zwischen zwei Leitungen oder Kabel das Zweifache des Außendurchmessers, braucht der Reduktionsfaktor nicht angewendet werden
- weitere Anmerkungen siehe DIN VDE 0298-4:2013-06 Tabelle 21

Umrechnungsfaktoren für die Häufung von mehradrigen Kabeln oder Leitungen auf Kabelrinnen oder Kabelleiter nach DIN VDE 0298-4 (Auszug – Tabelle 22)

Verlegeanordnung		**Anzahl der Kabelrinnen oder Kabelleitern**	**Anzahl der mehradrigen Kabel oder Leitungen** 1	2	3	4	6	9
			Umrechnungsfaktoren					
Ungelochte Kabelrinnen	mit Berührung 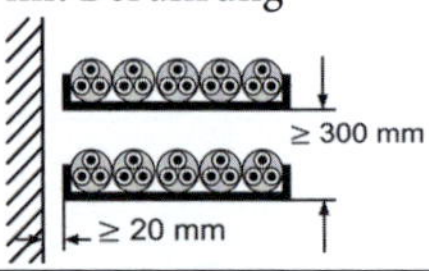	1	0,97	0,84	0,78	0,75	0,71	0,68
		2	0,97	0,83	0,76	0,72	0,68	0,63
		3	0,97	0,82	0,75	0,71	0,66	0,61
		6	0,97	0,81	0,73	0,69	0,63	0,58
Gelochte Kabelrinnen	mit Berührung 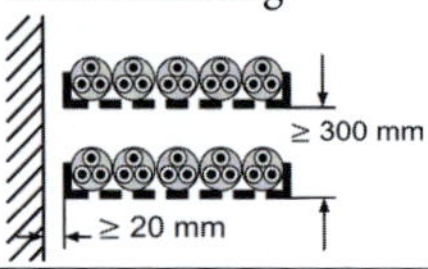	1	1,00	0,88	0,82	0,79	0,76	0,73
		2	1,00	0,87	0,80	0,77	0,73	0,68
		3	1,00	0,86	0,79	0,76	0,71	0,66
		6	1,00	0,84	0,77	0,73	0,68	0,64
	mit Abstand 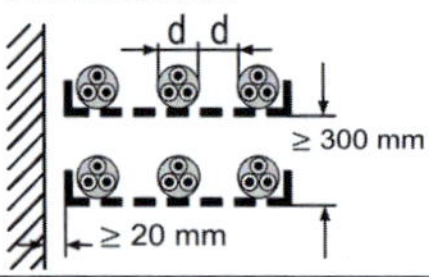	1	1,00	1,00	0,98	0,95	0,91	
		2	1,00	0,99	0,96	0,92	0,87	
		3	1,00	0,98	0,95	0,91	0,85	
	mit Berührung 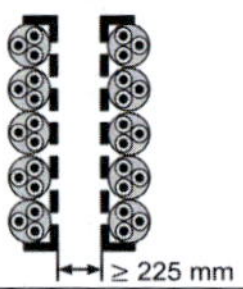	1	1,00	0,88	0,82	0,78	0,73	0,72
		2	1,00	0,88	0,81	0,76	0,71	0,70
	mit Abstand 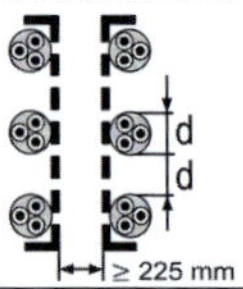	1	1,00	0,91	0,89	0,88	0,87	–
		2	1,00	0,91	0,88	0,87	0,85	–
Kabelleitern	mit Berührung 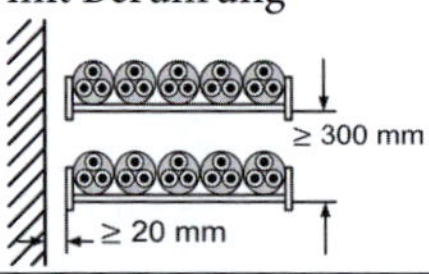	1	1,00	0,87	0,82	0,80	0,79	0,78
		2	1,00	0,86	0,81	0,78	0,76	0,73
		3	100	0,85	0,79	0,76	0,73	0,70
		6	1,00	0,83	0,76	0,73	0,69	0,66
	mit Abstand 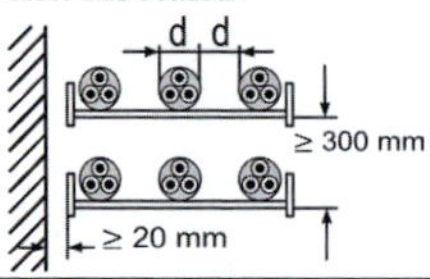	1	1,00	1,00	1,00	1,00	1,00	–
		2	1,00	0,99	0,98	0,97	0,96	–
		3	1,00	0,98	0,97	0,96	0,93	–

ANMERKUNG: Die Umrechungsfaktoren gelten für einlagig verlegte Gruppen von Kabeln oder Leitungen, wie dargestellt; sie gelten nicht, wenn die Kabel oder Leitungen mit Berührung übereinander verlegt sind oder die angegebenen Mindestabstände nicht eingehalten werden, in solchen Fällen sind die Umrechnungsfaktoren zu reduzieren, z. B. nach Tabelle 21 (DIN VDE 0298-4).

21.8 Kenngrößen von Normmotoren

Motorbemessungsströme von Drehstrommotoren (Richtwerte für Käfigläufer)

Motorleistung		η	220 V/230 V			380 V/400 V			500 V			660 V/690 V		
				Sicherung			Sicherung			Sicherung			Sicherung	
			Motorbemessungsstrom	Anlauf direkt	Y/Δ	Motorbemessungsstrom	Anlauf direkt	Y/Δ	Motorbemessungsstrom	Anlauf direkt	Y/Δ	Motorbemessungsstrom	Anlauf direkt	Y/Δ
kW	cos φ	%	A	A	A	A	A	A	A	A	A	A	A	A
0,06	0,7	58	0,39	2	–	0,23	2	–	0,17	2	–	0,13	2	–
0,09	0,7	60	0,56	2	–	0,32	2	–	0,25	2	–	0,19	2	–
0,12	0,7	60	0,75	4	2	0,43	2	–	0,33	2	–	0,25	2	–
0,18	0,7	62	1,1	4	2	0,64	2	–	0,48	2	–	0,36	2	–
0,25	0,7	62	1,4	4	2	0,8	2	2	0,6	2	–	0,5	2	–
0,37	0,72	64	2,1	6	4	1,2	4	2	0,9	2	2	0,7	2	–
0,55	0,75	69	2,7	10	4	1,6	4	2	1,2	4	2	0,9	4	2
0,75	0,8	74	3,4	10	4	2	6	4	1,5	4	2	1,1	4	2
1,1	0,83	77	4,5	10	6	2,6	6	4	2	6	4	1,5	4	2
1,5	0,83	78	6	16	10	3,5	6	4	2,6	6	4	2	6	4
2,2	0,83	81	8,7	20	10	5	10	6	3,7	10	4	2,9	10	4
3	0,84	81	11,5	25	16	6,6	16	10	5	16	6	3,5	10	4
4	0,84	82	15	32	16	8,5	20	10	6,4	16	10	4,9	16	6
5,5	0,85	83	20	32	25	11,5	25	16	9	20	16	6,7	16	10
7,5	0,86	85	27	50	32	15,5	32	16	11,5	25	16	9	20	10
11	0,86	87	39	80	40	22,5	40	25	17	32	20	13	25	16
15	0,86	87	52	100	63	30	63	32	22,5	50	25	17,5	32	20
18,5	0,86	88	64	125	80	36	63	40	28	50	32	21	32	25
22	0,87	89	75	125	80	43	80	50	32	63	32	25	50	25
30	0,87	90	100	200	100	58	100	63	43	80	50	33	63	32
37	0,87	90	124	200	125	72	125	80	54	100	63	42	80	50
45	0,88	91	147	250	160	85	160	100	64	125	80	49	80	63
55	0,88	91	180	250	200	104	200	125	78	160	80	60	100	63
75	0,88	91	246	315	250	142	200	160	106	200	125	82	160	100
90	0,88	92	292	400	315	169	250	200	127	200	160	98	160	100
110	0,88	92	357	500	400	204	315	200	154	250	160	118	200	125
132	0,88	92	423	630	500	243	400	250	182	250	200	140	250	160

Fortsetzung: Motorbemessungsströme von Drehstrommotoren (Richtwerte für Käfigläufer)

Motorleistung		η	220 V/230 V			380 V/400 V			500 V			660 V/690 V		
				Sicherung			Sicherung			Sicherung			Sicherung	
			Motorbemessungsstrom	Anlauf direkt	Y/Δ	Motorbemessungsstrom	Anlauf direkt	Y/Δ	Motorbemessungsstrom	Anlauf direkt	Y/Δ	Motorbemessungsstrom	Anlauf direkt	Y/Δ
kW	cos φ	%	A	A	A	A	A	A	A	A	A	A	A	A
160	0,88	93	500	630	630	292	400	315	220	315	250	170	250	200
200	0,88	93	620	800	630	368	500	400	283	400	315	214	315	250
250	0,88	93	–	–	–	465	630	500	355	500	400	268	400	315
315	0,88	93	–	–	–	580	800	630	444	630	500	337	500	400
400	0,89	96	–	–	–	720	1 000	800	534	800	630	410	630	400
500	0,89	96	–	–	–	–	–	–	–	–	–	515	630	630
600	0,90	97	–	–	–	–	–	–	–	–	–	600	800	630

Anmerkung: Die Motorbemessungsströme gelten für normale innen- und oberflächengekühlte Drehstrommotoren mit 1 500 min^{-1}.

Direkter Anlauf: Anlaufstrom max. 6 × Motorbemessungsstrom, Anlaufzeit maximal 5 s.

Y/Δ-Anlauf: Anlaufstrom max. 2 × Motorbemessungsstrom, Anlaufzeit 15 s.
Motorschutzrelais im Strang auf 0,58 × Motorbemessungsstrom einstellen.

Sicherungsbemessungsströme bei Y/Δ-Anlauf gelten auch für Drehstrommotoren mit Schleifringläufer.
Bei höherem Bemessungs-, Anlaufstrom und/oder längerer Anlaufzeit größere Sicherung verwenden.
Tabelle gilt für „träge“ bzw. „gG“-Sicherungen (DIN VDE 0636).
Bei NH-Sicherungen mit aM-Charakteristik wird Sicherung = Bemessungsstrom gewählt.

21.9 Kennzeichnung von Widerständen

Farbkennzeichnung von Widerständen

Farbe	1. Ring ≙ 1. Ziffer	2. Ring ≙ 2. Ziffer	3. Ring ≙ Multiplikator	4. Ring ≙ Toleranz
schwarz	–	0	1	–
braun	1	1	10	± 1 %
rot	2	2	10^2	± 2 %
orange	3	3	10^3	–
gelb	4	4	10^4	–
grün	5	5	10^5	± 0,5 %
blau	6	6	10^6	–
violett	7	7	10^7	–
grau	8	8	10^8	–
weiß	9	9	–	–
gold	–	–	0,1	± 5 %
silber	–	–	0,01	±10 %
ohne Farbe	–	–	–	±20 %

Beispiele:

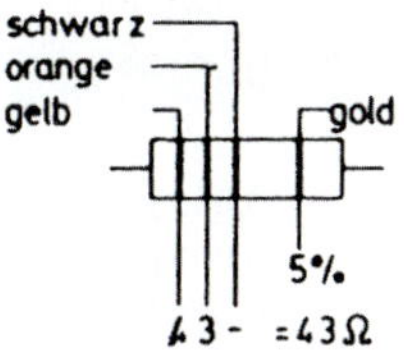

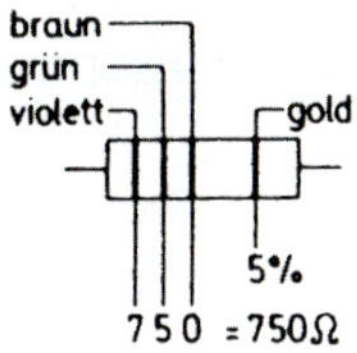

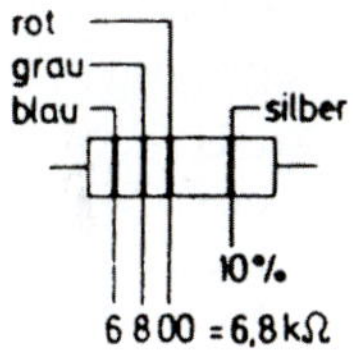

21.10 Werkstoffeigenschaften

Eigenschaft einiger ausgewählter Werkstoffe

Werkstoff	Dichte	Spezifische Leitfähigkeit κ_{20}	Spezifischer Widerstand ρ_{20}	Temperaturbeiwert α_{20}
	kg/dm³	m/Ω · mm²	Ω · mm²/m	1/K
Aluminium				
rein	2,70	38,0	0,02632	0,00430
E-AL F 6,5	2,70	35,4	0,02825	0,00403
E-AL F 7	2,70	35,4	0,02825	0,00403
E-AL F 8	2,70	35,2	0,02841	0,00400
E-AL F 9	2,70	34,8	0,02874	0,00396
E-AL F 10	2,70	34,8	0,02874	0,00396
E-AL F 11	2,70	34,8	0,02874	0,00396
E-AL F 13	2,70	34,5	0,02898	0,00393
E-AL F 17	2,70	34,2	0,02924	0,00390
Aldrey	2,65	30,0	0,033	0,00360
Blei	11,35	4,76	0,21	0,0043
Cadmium	8,65	13,1	0,762	0,0038
Eisen				
rein	7,874	≈ 10	≈ 0,10	0,0065
Grauguss	≈ 7,2	3,3 … 6,6	0,3 … 1,5	≈ 0,006
Stahl	≈ 7,8	> 6,7	< 0,149	≈ 0,005
Gold	19,32	45,55	0,022	0,0038
Konstantan	8,8	2,04	0,49	0,00004
Kupfer				
rein	8,96	58	0,01724	0,00393
E-CU F 20	8,9	57	0,01754	0,00385
E-CU F 25	8,9	56	0,01786	0,00381
E-CU F 30	8,9	56	0,01786	0,00381
E-CU F 37	8,9	55	0,01818	0,00373
Messing				
CuZn40Pb2	8,5	17,9	0,056	0,0024
CuZn20	8,7	19,2	0,052	0,00165
CuZn15	8,8	22,2	0,045	0,0017
CuZn10	8,8	26,3	0,038	0,0020
Nickel	8,90	≈ 12,6	≈ 0,078	0,006
Platin	21,45	9,1	0,11	0,0038
Quecksilber	13,546	1,03	0,968	0,0008
Silber	10,50	62,5	0,0165	0,0036
Wolfram	19,3	16,68	0,06	0,0046
Zink	7,18	17,3	0,058	0,0037
Zinn	7,28	8,7	0,115	0,0042

Fortsetzung: Eigenschaft einiger ausgewählter Werkstoffe

Werkstoff	Chemisches Zeichen	Dichte kg/dm²	Spezifischer Widerstand ρ_{20} $\Omega \cdot mm^2/m$	Spezifische Leitfähigkeit κ_{20} $m/\Omega \cdot mm^2$	Schmelz-Temperatur °C
Aluminium (99,5 %)	Al	2,70	0,027	37	658
Aldrey	AlMgSi	2,70	0,0328	30,5	–
Blei	Pb	11,34	0,208	4,8	327,4
Chrom	Cr	7,19	0,130	6,7	1890
Eisen (rein)	Fe	7,87	0,100	10	1539
Gold	Au	19,3	0,022	45,7	1063
Konstantan	CuNi44	8,9	0,49	2,04	1280
Kupfer	Cu	8,9	0,0178	56	1085
Mangan	Mn	7,43	1,85	0,54	1245
Manganin	CuMn12NiAl	8,4	0,43	2,33	980
Nickel (99,5 %)	Ni	8,85	0,095	10,5	1452
Nickelin	CuNi30Mn	8,8	0,4	2,5	1180
Platin	Pt	21,5	0,098	10,2	1770
Silber	Ag	10,5	0,0167	60	960
Wolfram	W	19,3	0,055	18,2	3370
Zink	Zn	7,14	0,0625	16	419,5
Zinn	Sn	7,28	0,0115	8,7	231,8

κ_{20} Elektrische Leitfähigkeit bei 20 °C
ρ_{20} Spezifischer elektrischer Widerstand bei 20 °C
α_{20} Temperaturbeiwert des elektrischen Widerstands bei 20 °C

21.11 Temperaturfühler

Kennlinie Temperatur und Widerstand eines PTC-Thermistors

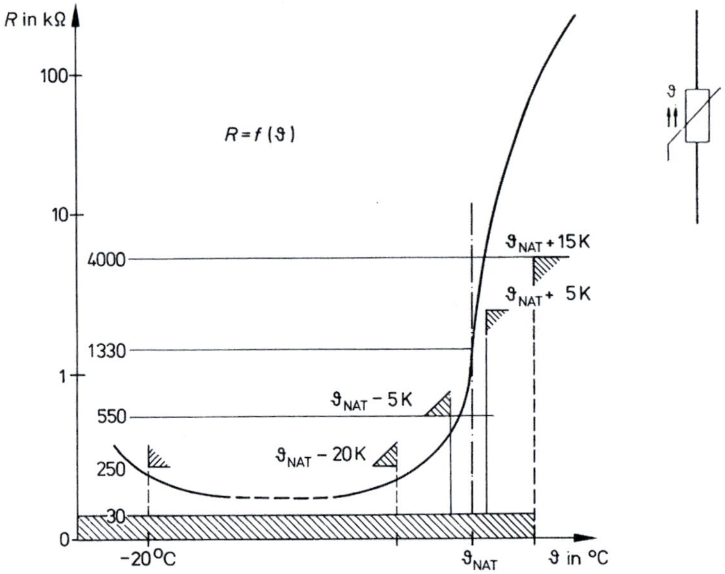

Technische Daten zur Kennlinie

Thermistoren		Drillinge	Einzel	
maximale Betriebsspannung	U_{max}	25	25	V
Nennansprechtemperatur	ϑ_{NAT}	siehe Tabelle	13...17	°C
Toleranz von ϑ_{NAT}	T	±5	±5	K
Reproduzierbarkeit von ϑ_{NAT}	ΔT	±0,5	±0,5	K
Kaltwiderstand (ϑ_U = 25 °C, $U_{KL} \leq$ 2,5 V)	R_{25}	≤ 750	≤ 250	Ω
Kaltwiderstand ($U_{KL} \leq$ 2,5 V) bei einer Kaltleitertemperatur	$\vartheta_{NAT} - T$	≤ 1 650	≤ 550	Ω
Kaltleiterwiderstand ($U_{KL} \leq$ 2,5 V) bei einer Kaltleitertemperatur	$\vartheta_{NAT} + T$	≥ 3 990	≥ 1 330	Ω
Kaltwiderstand (U_{KL} = 7,5 V) bei einer Kaltleitertemperatur	ϑ_{NAT} + 15 °C	≥ 12	≥ 4	kΩ
Thermische Ansprechzeit	t_a	< 5	< 5	s
Betriebsabschaltzeit	t_{aB}	< 3	< 3	s
Isolationsfestigkeit	U_{is} ~	2,5	2,5	kV
maximale Betriebstemperatur	ϑ_{max}	200	200	°C
obere Lagertemperatur	$\vartheta_{L\,max}$	160	160	°C
untere Lagertemperatur	$\vartheta_{L\,min}$	−25	−25	°C
Masse (typisch)	G	3,5	2	g

Kennfarben und Nennansprechtemperaturen (NAT) von PTC-Thermistoren

Nennansprechtemperatur NAT in °C	Kennfarbe außen/außen Verbindungslitzen gelb/gelb
60	weiß/grau
70	weiß/braun
80	weiß/weiß
90	grün/grün
100	rot/rot
110	braun/braun
120	grau/grau
130	blau/blau
140	weiß/blau
145	weiß/schwarz
150	schwarz/schwarz
155	blau/schwarz
160	blau/rot
170	weiß/grün
180	weiß/rot

Temperatur und Widerstand eines NTC-Widerstands (Beispiel)

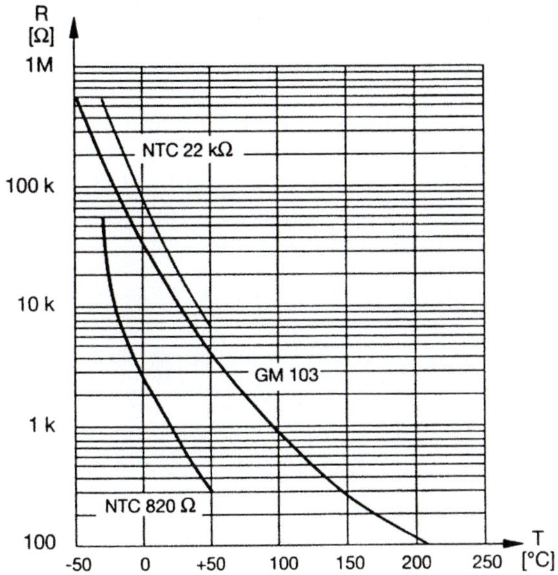

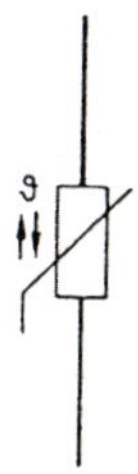

Temperatur und Widerstand eines Pt-100 Fühlers

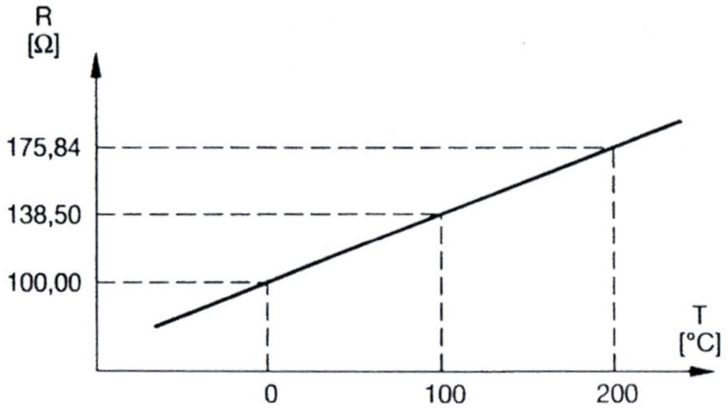

22 Netzsysteme und Schutzmaßnahmen

22.1 Übersicht der Schutzmaßnahmen

Schutzmaßnahmen gegen gefährliche Körperströme

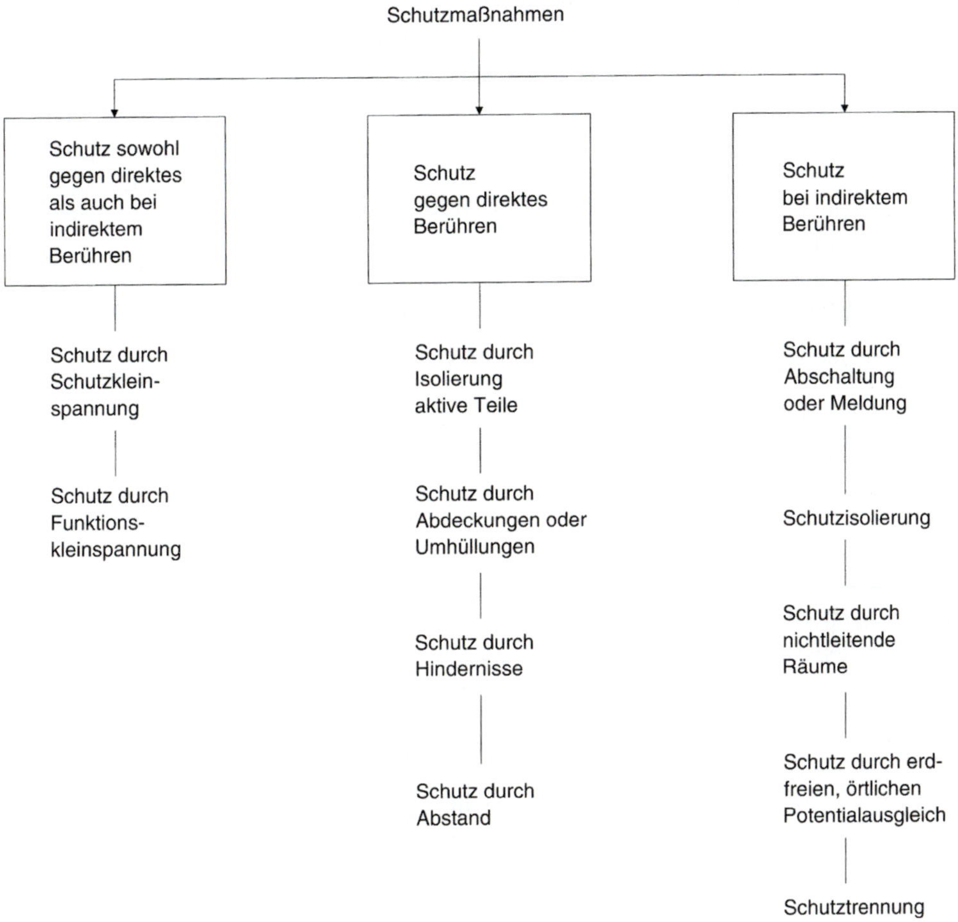

22.2 Netzsysteme

Nach DIN VDE 0100-100 werden den Buchstaben folgende Bedeutung zugeordnet:

Erster Buchstabe

Beziehung des Versorgungssystems zur Erde (Erdungsverhältnisse zur Stromquelle).

T: Direkte Erdung eines Punkts (Betriebserder).

I: Isolierung aller aktiven Teile von Erde oder ein Punkt über eine Impedanz mit Erde verbinden.

Zweiter Buchstabe

Beziehung der Körper der elektrischen Anlage zur Erde (Erdungsverhältnisse der Körper).

T: Körper sind direkt geerdet, unabhängig von der Erdung der Stromquelle.

N: Körper werden direkt mit dem Betriebserder verbunden.

Weitere Buchstaben

Anordnung des Neutralleiters und des Schutzleiters.

S: Getrennter Neutralleiter und Schutzleiter im gesamten Netz.

C: Neutralleiter und Schutzleiter kombiniert in einem Leiter, dem PEN-Leiter.

TN-S-System

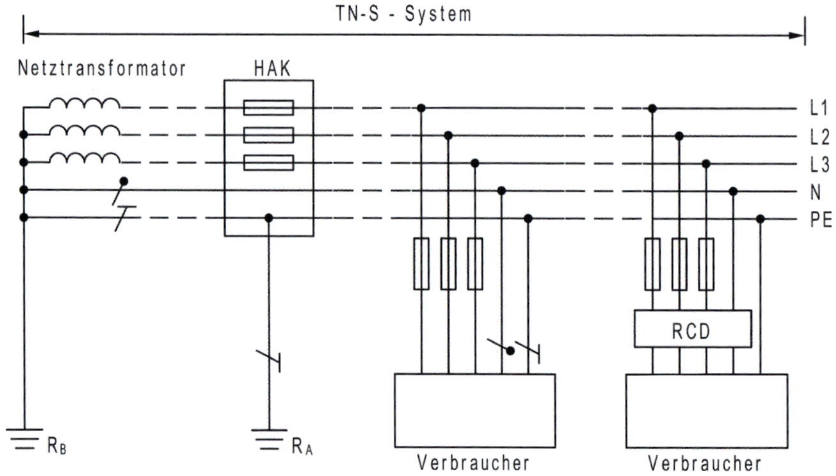

TN-C-System

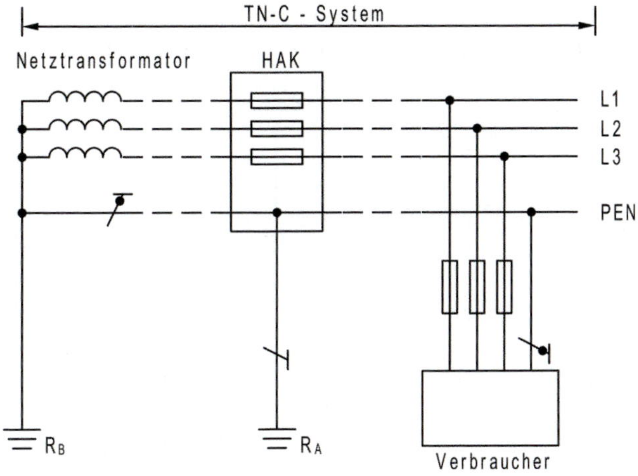

TN-C-S-System

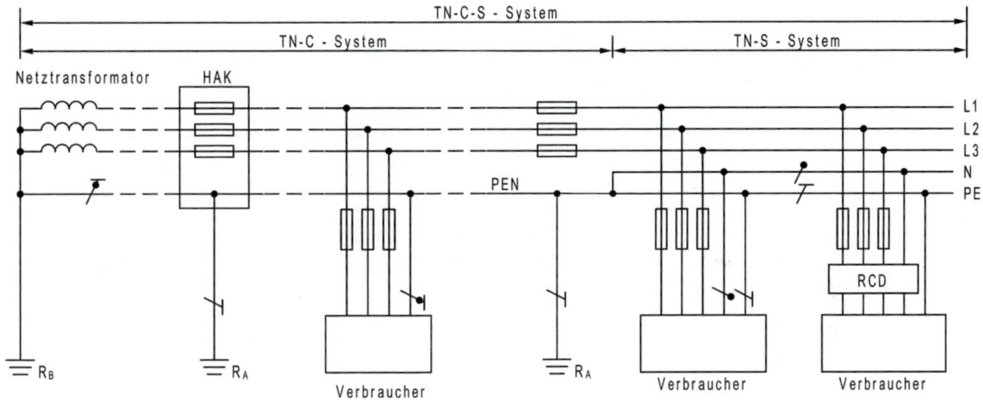

TT-System

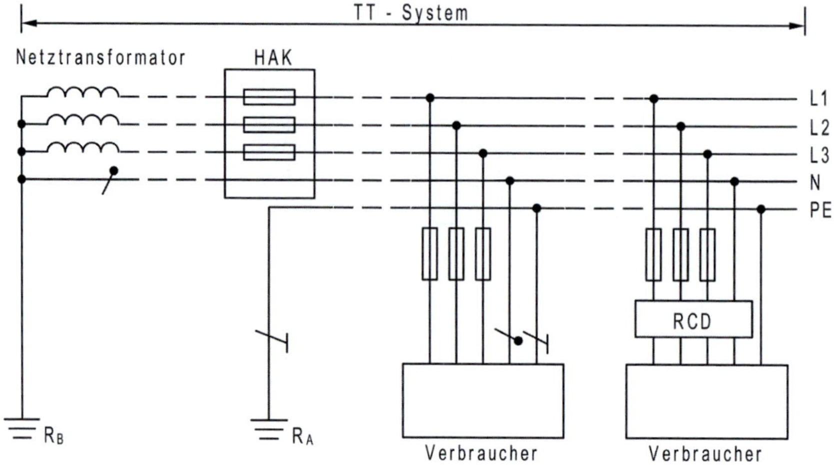

IT-System

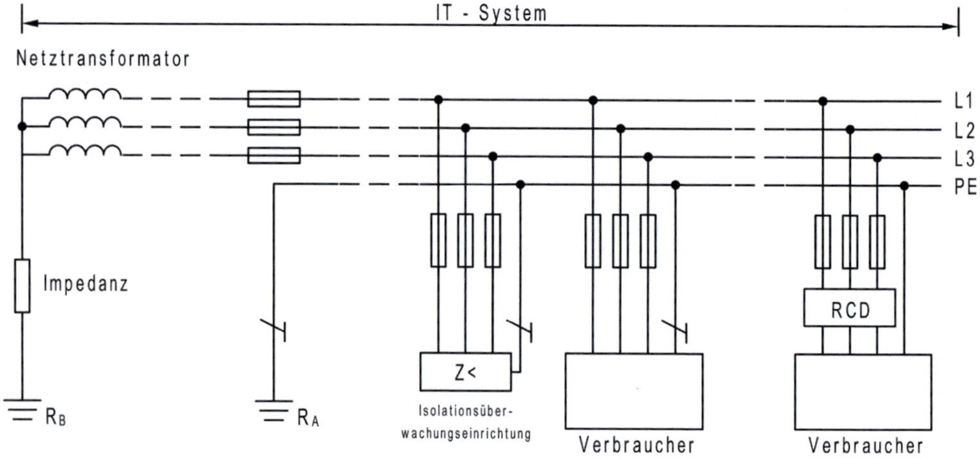

22.3 Der Schutz durch Abschaltung

Die automatische Abschaltung der Stromversorgung im Fehlerfall ist eine Schutzmaßnahme, bei der neben dem Basisschutz (Schutz gegen direktes Berühren durch Abdeckungen, Umhüllungen etc.) ein Fehlerschutz (Schutz bei indirektem Berühren) aufgebaut wird. Dieser schaltet den fehlerbehafteten Stromkreis bei einem Körperschluss in einer bestimmten Zeit ab. Dies kann nur erreicht werden, wenn die Körper der Betriebsmittel über den Schutzleiter mit dem Schutzleitersystem verbunden sind.

Des Weiteren ist die Errichtung eines Schutzpotenzialausgleichs erforderlich, bei dem alle leitfähigen Teile, wie metallene Rohrleitungen, fremde leitfähige Gebäudekonstruktionen oder metallene Zentralheizungs- und Klimasysteme eines Gebäudes etc. mit der Haupterdungsschiene verbunden werden.

Für die automatische Abschaltung der fehlerbehafteten Stromkreise können sowohl Überstromschutzeinrichtungen, wie Schmelzsicherungen oder Leitungsschutzschalter, als auch Fehlerstromschutzeinrichtungen verwendet werden.

Die Wirksamkeit der automatischen Abschaltung kann nur nachgewiesen werden, wenn die Kennlinien, Abschaltcharakteristiken und die Nennauslöse-Fehlerstromstärken der eingesetzten Überstromschutzeinrichtungen oder RCDs bekannt sind.

Exakt lassen sich dabei die Abschaltzeiten aus den entsprechenden Kennlinien herauslesen.

Für die Praxis ist es in den meisten Anwendungsfällen aber ausreichend die Werte aus der Tabelle in Schritt 3 (s. unten) zu verwenden.

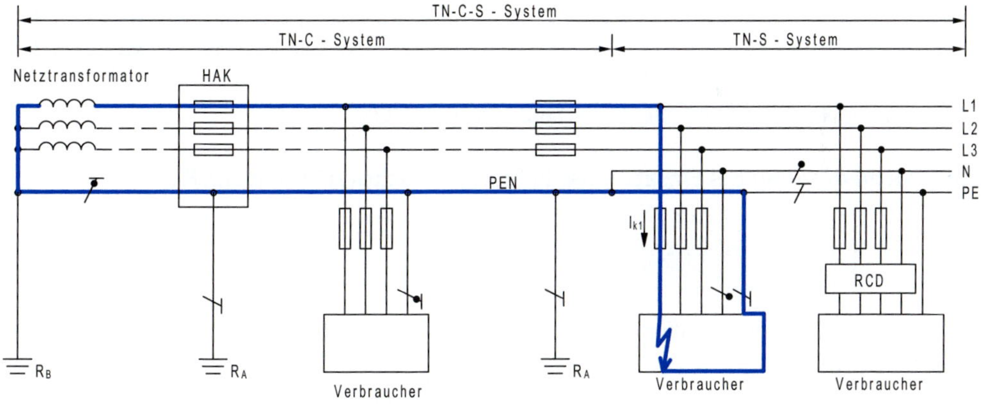

Abschaltung im TN-System mit Überstromschutzeinrichtung

Abschaltbedingung für Überstromschutzeinrichtungen

$$Z_s \le \frac{U_0}{I_a} \quad \text{oder} \quad I_a \le I_{k1} = \frac{U_0}{Z_s}$$

mit: Z_s = Schleifenwiderstand der Fehlerschleife (Widerstand zwischen Außenleiter und PE)

I_a = Abschaltstrom der Schutzeinrichtung in der erforderlichen Zeit

I_n = Nennstrom der Schutzeinrichtung

$I_{\Delta n}$ = Auslösedifferenzstrom des RCD

U_0 = Spannung Außenleiter–Erde (meist 230 V)

I_{k1} = tatsächliche einpolige Kurzschlussstromstärke

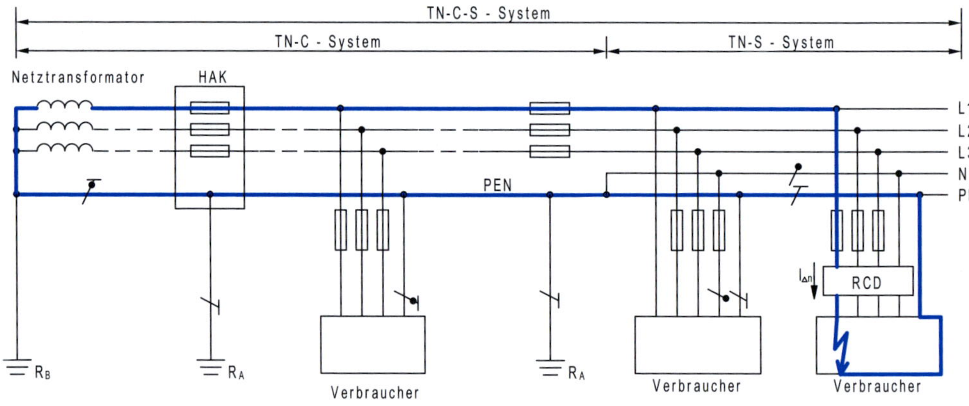

Abschaltung im TN-System mit Fehlerstromschutzeinrichtung (RCD)

Abschaltbedingung bei Einsatz einer Fehlerstromschutzeinrichtung RCD

$$Z_s \le \frac{U_0}{I_{\Delta n}} \quad \text{bei selektiven RCD:} \quad Z_s \le \frac{U_0}{2 \cdot I_{\Delta n}}$$

Sind die Abschaltströme größer als $5 \cdot I_{\Delta n}$ so werden die Abschaltzeiten bei Verwendung von RCD immer erreicht.

Der Ermittlung der geforderten Abschaltzeiten und der notwendigen Abschaltströme für Überstromschutzeinrichtungen kann mit Hilfe der folgenden Schritte erfolgen:

Schritt 1:

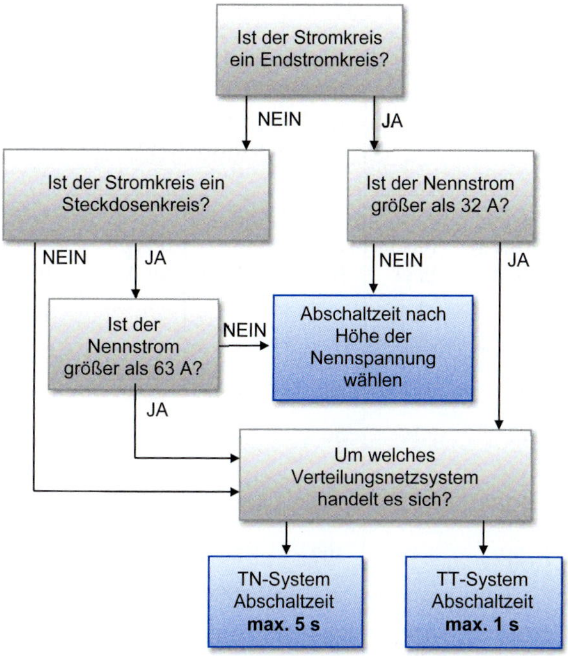

Algorithmus zur Ermittlung der Abschaltzeit (Quelle: BFS Kälte-Klima-Technik)

Schritt 2

Ermittlung der Abschaltzeit nach DIN VDE 0100-410 (Auszug)

System	$50\,V < U_0 \le 120\,V$		$120\,V < U_0 \le 230\,V$		$230\,V < U_0 \le 400\,V$		$U_0 > 400\,V$	
	AC	DC	AC	DC	AC	DC	AC	DC
TN	0,8 s	siehe Anm. 1	0,4 s	1 s	0,2 s	0,4 s	0,1 s	0,1 s
TT	0,3 s	siehe Anm. 1	0,2 s	0,4 s	0,07 s	0,2 s	0,04 s	0,1 s

Wenn in TT-Systemen die Abschaltbedingung durch eine Überstromschutzeinrichtung erreicht wird und alle fremden leitfähigen Teile in der Anlage an den Schutzpotenzialausgleich über die Haupterdungsschiene angeschlossen sind, darf die für TN-Systeme anwendbare Abschaltzeit verwendet werden.

Anmerkung 1: Eine Abschaltung kann aus anderen Gründen als dem Schutz gegen elektrischen Schlag verlangt sein.

Anmerkung 2: Wenn die Abschaltung einer Fehlerstromschutzeinrichtung (RCD) vorgesehen wird, siehe Ausnahmen in der DIN VDE 0100-410.

Schritt 3

Sicherungseinsatz nach DIN EN 60269-1 (VDE 0636-1) der Betriebsklasse gL/gG					**LS-Schalter DIN EN 60898-1 (VDE 0641-11) für die überschlägige Prüfung $t_a \leq 5$ s; $t_a \leq 0{,}4$ s Die Kurzschlussauslösung erfolgt in der Regel in $f \leq 0{,}1$ s**					
I_n in A	**I_a (5 s) in A**	**Z_s (5 s) in Ω**	**I_a (0,4 s) in A**	**Z_s (0,4 s) in Ω**	**$I_a = 5\,I_n$ (Typ B) in A**	**Z_s in Ω**	**$I_a = 10\,I_n$ (Typ C) in A**	**Z_s in Ω**	**$I_a = 12\,I_n$ (Typ K) in A**	**Z_s in Ω**
2	9,2	25,00	16	14,38			20	11,5	24	9,58
4	19	12,11	32	7,19			40	5,75	48	4,79
6	27	8,52	47	4,89	30	7,67	60	3,83	72	3,19
10	47	7,89	82	2,80	50	4,60	100	2,30	120	1,92
13	56	4,11	95	2,42	65	3,54	130	1,80	165	1,39
16	65	3,54	107	2,15	80	2,88	160	1,44	192	1,20
20	85	2,71	145	1,59	100	2,30	200	1,15	240	0,96
25	110	2,09	180	1,28	125	1,84	250	0,92	300	0,77
32	150	1,53	265	0,87	160	1,44	320	0,72	384	0,60
35	173	1,33	295	0,78	175	1,31	350	0,66	420	0,55
40	190	1,21	310	0,74	200	1,15	400	0,58	480	0,48
50	260	0,88	460	0,50	250	0,93	500	0,46	600	0,38
63	320	0,72	550	0,42	315	0,73	630	0,36	756	0,30
80	440	0,52	960	0,24						
100	580	0,40	1200	0,19						
125	750	0,31	1440	0,16						
160	930	0,25	1920	0,12						

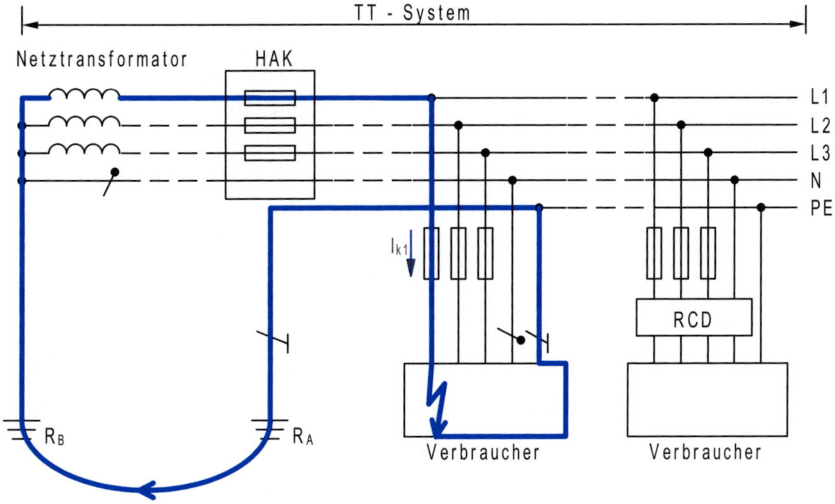

Abschaltung im TT-System mit Überstromschutzeinrichtung

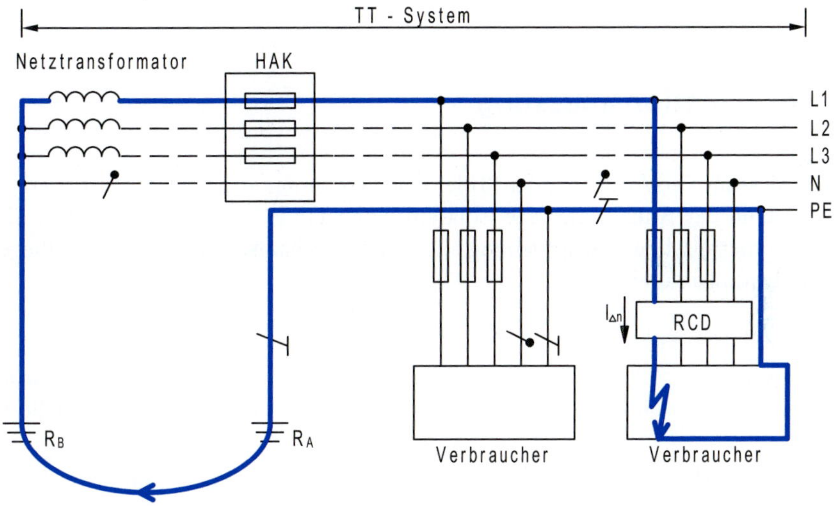

Abschaltung im TT-System mit Fehlerstromschutzeinrichtung (RCD)

Die Abschaltung darf in TT-Systemen durch Überstromschutzeinrichtungen erfolgen. Der Nachweis erfolgt wie im TN-System mit:

$$Z_s \leq \frac{U_0}{I_a}$$

Wird die Abschaltung durch einen Fehlerstromschutzschalter (RCD) realisiert, gilt:

$$R_A \leq \frac{50\ \text{V}}{I_{\Delta n}}$$

mit: R_A = Summe der Widerstände in Ohm von Anlagenerder und Schutzleiter

I_a = Strom in A, der das automatische Abschalten der Schutzeinrichtung bewirkt

$I_{\Delta n}$ = bei RCD, bei RCD selektiv: $2 \cdot I_{\Delta n}$

Z_s = Impedanz der Fehlerschleife vom der Stromquelle über den Außenleiter bis zum Fehlerort, den Schutzleiter, den Anlagenerder und dem Betriebserder zurück zur Stromquelle

22.4 Die Isolationsmessung

Mit dieser Messung verschafft sich der Prüfer einen Gesamteindruck über den sicherheitstechnischen Zustand der Anlage. Geringe Isolationswiderstände haben ihre Ursache z. B. in der Alterung, der thermischen Beanspruchung oder in der mechanischen Überlastung (Biegeradien, Druck) der Leitungen und Kabel.

Beachte:

- Die Messungen müssen mit Gleichspannungen durchgeführt werden. Das Prüfgerät muss bei einem Messstrom von 1 mA die Messgleichspannung nach der folgenden Tabelle abgeben können.
- Die Messung erfolgt bei Neuanlagen zwischen allen aktiven Leitern und dem Schutzleiter bzw. Erde und auch zwischen den aktiven Leitern, also „jeder gegen jeden“
- Wenn zu befürchten ist, dass angeschlossene Verbrauchsmittel den Messwert beeinflussen oder durch die Messung beschädigt werden könnten, sind sie während der Messung abzutrennen.
- Bei der Beurteilung der Messwerte mit angeschlossenen Verbrauchern sollte berücksichtigt werden, dass elektrische Heizgeräte Ableitströme von mehreren mA haben können.

Mindestwerte des Isolationszustands Erstprüfung

Nennspannung in Volt	Messgleichspannung mindestens	Isolationswiderstand in Ω
SELV, FELV	250 V	≥ 0,5 MΩ
Anlagen bis 500 V	500 V	≥ 1,0 MΩ
Anlagen > 500 V	1 000 V	≥ 1,0 MΩ
el. Ausrüstung von Maschinen (bis 1 kV)	500 V	≥ 1,0 MΩ

Mindestwerte des Isolationszustands Wiederholungsprüfung

Bedingungen	Ω/1 V Nennspannung
Stromkreise mit angeschlossenen und eingeschalteten Verbrauchsmitteln	300 Ω/1 V
Stromkreise mit abgeklemmten Verbrauchern	1 000 Ω/1 V Nennspannung (realer Spannungswert)
elektrische Anlagen im Freien Bereiche, die zur Reinigung abgespritzt werden angeschlossene und eingeschaltete Verbraucher	150 Ω/1 V
bei Anlagen im Freien, in Räumen oder Bereichen, die zu Reinigungszwecken abgespritzt werden ohne angeschlossene Verbraucher, aber bei geschlossenen Schalteinrichtungen	500 Ω/1 V

Mindestwerte des Isolationszustands elektrischer Betriebsmittel

Typ	Widerstand	Spannung
Schutzklasse I	> 0,3 MΩ (mit Heizelementen)[1] > 1,0 MΩ (ohne Heizelemente) > 2,0 MΩ (berührbare, leitfähige Teile ohne SL-Anschluss)	500 V DC
Schutzklasse II	> 2,0 MΩ	500 V DC
Schutzklasse III	> 0,25 MΩ	500 V DC

[1] Bei Geräten mit Heizelementen und < 0,3 MΩ muss eine Ersatz-Ableitstrommessung vorgenommen werden.

23 Zitierte DIN VDE Normen

VDE 0100-100 (DIN VDE 0100-100):2009-06; Entwurf 2021-09 Errichten von Niederspannungsanlagen – Teil 1: Allgemeine Grundsätze, Bestimmungen allgemeiner Merkmale, Begriffe. Berlin · Offenbach: VDE VERLAG

VDE 0100-410 (DIN VDE 0100-410):2018-10 Errichten von Niederspannungsanlagen – Teil 4-41: Schutzmaßnahmen – Schutz gegen elektrischen Schlag. Berlin · Offenbach: VDE VERLAG

VDE 0100-600 (DIN VDE 0100-600):2017-06 Errichten von Niederspannungsanlagen – Teil 6: Prüfungen. Berlin · Offenbach: VDE VERLAG

VDE 0113-1 (DIN EN 60204-1):2019-06 Sicherheit von Maschinen – Elektrische Ausrüstung von Maschinen – Teil 1: Allgemeine Anforderungen. Berlin · Offenbach: VDE VERLAG

VDE 0298-4 (DIN VDE 0298-4):2013-06 Verwendung von Kabeln und isolierten Leitungen für Starkstromanlagen – Teil 4: Empfohlene Werte für die Strombelastbarkeit von Kabeln und Leitungen für feste Verlegung in und an Gebäuden und von flexiblen Leitungen. Berlin · Offenbach: VDE VERLAG

VDE 0636-1 (DIN EN 60269-1):2015-05 Niederspannungssicherungen – Teil 1: Allgemeine Anforderungen. Berlin · Offenbach: VDE VERLAG

VDE 0636-2 (DIN VDE 0636):2014-09 Niederspannungssicherungen – Teil 2: Zusätzliche Anforderungen an Sicherungen zum Gebrauch durch Elektrofachkräfte bzw. elektrotechnisch unterwiesene Personen (Sicherungen überwiegend für den industriellen Gebrauch) – Beispiele für genormte Sicherungssysteme A bis K. Berlin · Offenbach: VDE VERLAG

VDE 0641-11 (DIN EN 60898-1):2020-11 Elektrisches Installationsmaterial – Leitungsschutzschalter für Hausinstallationen und ähnliche Zwecke – Teil 1: Leitungsschutzschalter für Wechselstrom (AC). Berlin · Offenbach: VDE VERLAG

DIN 47002:1987-08 Farben für Niederfrequenz-Kabel und Drähte. Berlin: Beuth (Norm zurückgezogen)

DIN IEC 60757:1986-07 Elektrotechnik; Code zur Farbkennzeichnung. Berlin: Beuth

DIN EN IEC 60757:2021-07 – Entwurf Kennbuchstaben für die Bezeichnung von Farben. Berlin: Beuth

DIN EN 81346-2:2020-10 Industrielle Systeme, Anlagen und Ausrüstungen und Industrieprodukte – Strukturierungsprinzipien und Referenzkennzeichnung – Teil 2: Klassifizierung von Objekten und Kennbuchstaben von Klassen. Berlin: Beuth

Stichwortverzeichnis

Z